FUNDAMENTE

Kursthemen

Städtische Räume im Wandel

Von
Wilfried Korby,
Arno Kreus,
Paul Lindner,
Norbert von der Ruhren und
Matthias Scholliers

mit einem Beitrag von
Franz Xaver Heckl

Klett-Perthes Verlag
Gotha und Stuttgart

Inhaltsverzeichnis

1. Die Stadt als Lebensraum

M 1.1 Die Stadt erfüllt Daseinsgrundfunktionen

108 TERRACE

M 1.2 Die Stadt bin ich: Die aus der Türkei stammende Aziza A. identifiziert sich mit ihrem Wohnort Berlin

„‚Ich bin eine Berlinerin. Nicht weil ich hier geboren bin, sondern weil mein ganzes Leben hier stattgefunden hat. Meine Freunde, meine Familie, meine Erziehung, meine Karriere, meine Katastrophen und alles andere.‘ Die aus der Türkei stammende Rapperin Aziza A. bezieht ihr Selbstverständnis in erster Linie über ihren Wohnort: ‚Ich kenne die Probleme dieser Stadt, ihre positiven wie negativen Seiten. Deshalb bin ich eine Berlinerin.‘ …
Städte haben eine Persönlichkeit, einen Rhythmus. Sie erzählen Geschichten von wichtigen Menschen oder Ereignissen, Mythen von Helden und Dämonen und Gleichnisse von Tugenden und Lastern. Gerade weil Städte Charakter haben, kann man emotionale Bindungen an seine ‚eigene‘ Stadt entwickeln. Das bedeutendste Identifikationsmoment ist hier der Ort im Sinne von Nachbarschaft und gerade *nicht* die ethnische Herkunft oder Religionszugehörigkeit. Im Gegensatz zur Abstammung oder Religion scheint der Bezug zu einer Örtlichkeit ein oberflächliches Integrationsprinzip zu sein, weil hier die Ästhetik eine entscheidende Rolle spielt: Lokalität ist gleichbedeutend mit der Orientierung an einer ‚Landschaft‘. Solidarität auf dieser Basis gründet auf miteinander geteiltem Raum statt auf gemeinsamen Werten oder Vorfahren. Sich einen Raum, Gerüche, Geräusche, Geschmäcker oder Rhythmen zu teilen – das spricht in erster Linie unsere Sinne an.“

Werner Schiffauer: Die Stadt bin ich. In: ded-Brief. Zeitschrift des Deutschen Entwicklungsdienstes, H. 2/3 (2000). Berlin 2000, S. 34f.

Ist es erstaunlich oder selbstverständlich, dass sich die junge Türkin Aziza A. derart intensiv mit ihrem Wohnort identifiziert? Geht es uns – bewusst oder unbewusst – mit unserer „eigenen" Stadt genauso? Wo liegen die Ursachen einer solchen Bindung an den unmittelbaren Lebens- und Erfahrungsraum mit all seinen „positiven wie negativen Seiten"?

Nüchtern betrachtet ist eine Stadt zunächst nur eine vom Menschen bewirkte Überlagerung eines Stücks Natur mit einem Netz von Straßen, Plätzen, Bau- und Freiflächen. Bei dieser Umgestaltung der Naturlandschaft muss der Mensch zwar auch die physisch-geographischen Voraussetzungen beachten, gleichzeitig lässt er sich aber von bestimmten politischen, ökonomischen oder religiösen Vorstellungen sowie Interessen leiten. Das heißt, in allen Kulturräumen der Erde ist die Ausgestaltung des urbanen Lebensraumes stets Spiegelbild der jeweiligen Gesellschaftsordnungen und Wirtschaftssysteme gewesen. Besonders im Aufriss der Städte zeigen sich die technischen Fähigkeiten, wirtschaftlichen Möglichkeiten und architektonischen Fantasien der Jahrhunderte. Ist es das, was uns an einer Stadt so fasziniert?

Mit wachsendem Wohlstand steigen die Nutzungsansprüche des Menschen an den Raum – und sie werden in besonderer Weise in den Städten, vor allem in den *Großstädten* und *Ballungsräumen* befriedigt. Hier stehen eine hohe Zahl differenzierter Arbeitsplätze, ein breites und spezialisiertes Warenangebot, eine Fülle von Bildungseinrichtungen ebenso zur Verfügung wie eine weite Palette an Unterhaltungs- und Freizeitmöglichkeiten. Dieses „verdichtete" Angebot hat seinen Preis, z. B. das tägliche Verkehrschaos, steigende Mieten, schrumpfende Erholungsmöglichkeiten und eine wachsende Umweltbelastung.

Sind es die vielfältigen und spezifischen Angebote, die eine Stadt als Lebensraum so attraktiv machen, die „positiven Seiten" also, für die man die „negativen Seiten" in Kauf nimmt? Oder zusätzlich individuelle Eigenarten, z. B. Möglichkeiten der Mitwirkung und Mitgestaltung in Organisationen und Vereinen, traditionelle Stadtfeste, beliebte Fußgängerzonen oder Parkanlagen, regelmäßige Aufführungen oder Konzerte, eine typische Atmosphäre, eben „Gerüche, Geräusche, Geschmäcker oder Rhythmen", die eine starke Identifikation mit der „eigenen" Stadt als Lebensraum hervorbringen?

M 1.3 *Fragebogen zur Erkundung und Bewertung der „eigenen" Stadt als Lebensraum*

1 = die positive Eigenschaft trifft voll zu
5 = die negative Eigenschaft trifft voll zu

Eigenschaft	1	2	3	4	5	Eigenschaft
gemütlich						ungemütlich
freundlich						unfreundlich
weltoffen						spießig
jung						alt
kinderfreundlich						nicht kinderfreundlich
ausländerfreundlich						ausländerfeindlich
sauber						schmutzig
innovativ						nicht innovativ
interessant						langweilig
sozial						unsozial
preiswert						teuer
aufstrebend						stagnierend
sympathisch						unsympathisch
familienfreundlich						nicht familienfreundlich
sicher						unsicher
behindertengerecht						nicht behindertengerecht
kurz Wege						lange Wege

1.1 *Bewerten Sie die Eigenschaften „Ihrer" Stadt anhand des Fragebogens M 1.3.*
Bitte bei jedem Wortpaar nur einmal ankreuzen. Ergänzen Sie ggf. diese Liste um zusätzliche Eigenschaften.

1.2 *Nennen Sie ein Merkmal „Ihrer" Stadt,*
a) das Sie besonders schätzen,
b) das Sie heftig kritisieren.

1.3 *Stellen Sie Defizite fest: Was vermissen Sie in „Ihrer" Stadt?*

1.4 *Entwerfen Sie in Kleingruppen auf der Grundlage Ihrer in Aufgabe 1.1 und 1.2 a genannten positiven Merkmale einen „Stadtslogan" oder ein „Logo" für die Stadtwerbung.*

1.5 *Präsentieren Sie Ihre Ergebnisse im Plenum und diskutieren Sie die unterschiedlichen Bewertungen „Ihrer" Stadt.*

Stadt – Wahrnehmung und Wirklichkeit

M 1.4 Die Stadt aus der „Schülerperspektive"

Fast jeder zweite Erdenbewohner lebt gegenwärtig bereits in einer Stadt. In Europa sind es knapp 75% der Bevölkerung und in Deutschland nähert sich dieser Wert der 90-Prozent-Marke. Der Alltag von immer mehr Menschen wird also durch urbane Wirtschafts-, Lebens-, Sozial- und Wohnformen bestimmt. Ein immer größerer Teil der Bevölkerung ist losgelöst vom primären Wirtschaftssektor, lebt in einer der Natur entfremdeten, mehr und mehr virtuellen Umwelt. Die Stadt ist also der unmittelbare Erfahrungsraum, in dem die meisten von uns den größten Teil ihres Lebens verbringen. Was aber bedeutet für den Einzelnen das Leben und Wohnen im urbanen Raum? Mit welchen Augen sehen wir die Stadt? Wie präsentiert sich eine Stadt zum Beispiel in ihrer Werbung, wie will sie also selbst gesehen werden? Wie wird das Phänomen „Stadt" in Kunst, Literatur und Musik wahrgenommen? Wie erfasst die Wissenschaft, insbesondere die Geographie, Urbanität als spezifischen Untersuchungsraum? Zu diesen Fragen werden im folgenden Kapitel subjektiv ausgewählte Antworten vorgestellt. Es ist eine reizvolle Aufgabe, selbst nach weiteren „Stadtansichten" zu forschen.

Als Schülerinnen und Schüler sind Sie selbst nicht nur zum weitaus überwiegenden Teil Stadtbewohner und somit von der Entwicklung „Ihrer" Stadt unmittelbar betroffen, Sie sind auch die künftigen Entscheidungsträger. Ihre Zielsetzung muss deshalb lauten: Möglichst früh – z. B. im Rahmen des „Lokale *Agenda 21*"-Prozesses – mitzudenken, mitzuplanen, mitzuhandeln. Für Sie muss der Schulstandort als der eigene unmittelbare Lebensraum zum Unterrichts- und Alltagsthema werden. Es gilt, die „eigene" Stadt reflektiert wahrzunehmen, Defizite aufzuspüren, Ursachen für die Beeinträchtigung von urbaner Lebensqualität zu ermitteln, Verbesserungsvorschläge zu entwickeln.

Von hier aus muss sich der Blick dann weiten zu einer globalen Perspektive: Welche urbanen Strukturen haben sich weltweit im Rahmen des globalen *Verstädterungsprozesses* herausgebildet? Welche aktuellen Probleme sind erkennbar? Welche Konzepte zur Gestaltung des globalen Lebensraumes „Stadt" sind im Sinne einer nachhaltigen Entwicklung wünschenswert, denkbar, realisierbar?

Stadtansichten

Meine Sicht von meiner Stadt

Um die Stadt als den eigenen unmittelbaren Lebensraum im Rahmen des Geographieunterrichts zu erforschen, bieten sich verschiedene Vorgehensweisen an, wie z. B. Stadtexkursionen, Behördenbefragungen, Interviewserien, Kontaktaufnahmen zu Institutionen der Jugendselbstverwaltung usw. Wichtig ist jeweils eine gründliche Vorbereitung auf der Grundlage klar formulierter Fragestellungen.

Wegen seiner inhaltlichen Vielfalt eignet sich das Thema „Stadt“ auch in besonderem Maße dazu, aktuelle Problemstellungen im Rahmen einer Facharbeit zu untersuchen (vgl. Methodendoppelseite 24/25). Die Gestaltung eines im Team zu erstellenden Videos über die „Heimatstadt“ zwingt dazu, sich die eigene Perspektive, die eigene „Stadtsicht“ bewusst zu machen.

***M 1.5** Aus dem Erfahrungsbericht von Christiane L. und Mario T. (Jahrgangsstufe 12) über die Gestaltung ihres Videos:*

Inhaltliche Schwerpunkte des Videos:
- Geschichte und Atmosphäre der Stadt, dargestellt anhand ausgewählter Gebäude,
- wirtschaftliche Situation, eingebaut in ein kommentiertes Interview mit dem Oberbürgermeister.

„Zuerst mussten wir uns überlegen, auf welches Themengebiet wir uns beschränken würden, da es vollkommen unmöglich war, einen Film über ganz W... zu drehen. Sehr schnell kamen wir so auf die Idee, eine Ausgabe einer von uns geschaffenen Fernsehreihe „Weltstädte erleben“ zu produzieren. Wir ... überlegten deshalb, was speziell für Fernsehzuschauer und eventuelle spätere Touristen interessant ... und zudem typisch für diese Stadt sein könnte ...

Als nächstes war es dringend nötig, ... Informationsmaterial über die Stadt ..., ihre Geschichte und Kultur zu beschaffen, damit ein anschaulicher und von den Informationen her korrekter Beitrag geleistet werden konnte. Nach mehreren Besuchen in der Stadtbibliothek war es dann an uns, Texte zum Kommentar mit einem möglichst hohen Informationsgehalt zu formulieren ...“

***M 1.6** Gestalten eines Videos*

Oberstes Prinzip beim Gestalten eines Videos ist die Anschaulichkeit. Das heißt, im Vordergrund steht das Bildhafte, Konkrete, Visuelle. Das Abstrakte tritt in den Hintergrund. Demzufolge soll der Kommentar zwar zum Verständnis des Gesagten beitragen, aber er soll knapp und in der Sprache einfach bzw. natürlich sein. Auf keinen Fall darf er zu einem bebilderten Vortrag ausufern. Ein Video kann zwar auch Strukturen dokumentieren, in erster Linie dient es aber dazu, Prozesse und Zusammenhänge aufzuzeigen. Insgesamt sollte in der Gestaltung das dynamische Element (z. B. Schwenks, „Kamerafahrten“) vorherrschen.

Folgende Einzelthemen (auch für eine Facharbeit) sind denkbar:
- Heimatstadt: Wohn- und Lebensqualität im Urteil ihrer Bürger
- Heimatstadt als Wirtschaftsstandort
- Heimatstadt: ihre touristischen Angebote
- Leben in charakteristischen Stadtvierteln
- Zusammenleben mit Minderheiten (z. B. Spätaussiedlern, Türken, Griechen)
- Wohnformen von Randgruppen
- ökologisches Wohnen (z. B. Rasendächer, Dachbegrünung, Einsatz von Solarenergie, Radwegenetze)

Die folgenden Schritte helfen bei der Gestaltung:
1. Auswahl und Definition der Problemstellung
2. Beschaffung von Informationsmaterial zur Vorbereitung von Drehbuch und Kommentar (z. B. Ortsbibliothek)
3. Klärung technischer Fragen: Beschaffung der technischen Ausrüstung (z. B. Kreismedienzentrum), Kontakte mit Fachleuten (z. B. örtlicher Film- und Videoclub)
4. Klärung organisatorischer Fragen: Mitspieler, Sprecher, Länge und Zeitplan
5. Verfassen des Drehbuchs: sachliche Fundierung, Prinzip größtmöglicher Anschaulichkeit, Knappheit des Kommentars
6. Dreharbeiten: Festlegung der Drehorte und Drehzeiten, Bereitstellung von Reservekassetten, Bereithalten eines Begleitschreibens von der Schule als Ausweis
7. Schneiden und Vertonen: Gestaltung von Vor- und Abspann; Auswahl geeigneter Musikstücke (aus rechtlichen Gründen nur für den privaten Gebrauch); Übereinstimmung von Bild, Ton und Musik

←
Wilfried Korby: Arbeitstechniken: Zukunftswerkstatt – Szenariotechnik – Portfolio – Dokumentation. In: Geographie und Schule, 26. Jg., H. 149 (6/2004) Köln: Aulis 2004, S. 23

Werbung einer Stadt: Beispiel München

„Dream City Munich
Cosmopolitan and proud, life under Munich's white and blue skies promises something for everyone. Trend merges beautifully with tradition, Maypole meets Mambo No. 5 music, even the cities architecture evokes feelings of the sunny south. Friendly streets offer more exciting contrasts as they radiate the tantalizing aroma of pretzel and beer. Munich smiles on its visitors, everyday of the week.

Traumstadt München
Von der Theresienhöhe blickt die Bavaria auf München. Sie sieht: Denkmäler, die in der Sonne funkeln. Eine Prachtstraße, die sich in eine Partymeile verwandelt. Flaneure, die den Tag genießen. Historisches Erbe und neu Erreichtes. Ausgeflippte und Zugeknöpfte. Sie spürt: In dieser Stadt kann es passieren, dass den Uhren die Minutenzeiger abhanden kommen …
Der Fortschritt spricht münchnerisch. Im Schatten von Global Playern wie BMW und Siemens boomen Softwarehäuser, Biotech-Spezialisten und Multimedia-Agenturen. In Sachen Forschung und Entwicklung liegt die Stadt ganz vorne. Auch bei Verlagen und Banken nimmt die Isarmetropole eine Spitzenposition ein …"

Bernhard Hobelsberg in: Landeshauptstadt München … (Hrsg.): Traumstadt München. München o. J.

***M 1.7** Das Bild, das München von sich selbst nach außen vermittelt*

Die Stadt in der Musik

***M 1.8** In Dur: „New York, New York" …*

Start spreading the news, I'm leaving today
I want to be a part of it – New York, New York
These vagabond shoes, are longing to stray
Right through the very heart of it … New York, …
I wanna wake up in a city, that doesn't sleep
And find I'm king of the hill – top of the heap
These little town blues, are melting away
I'll make a brand new start of it – in old New York
If I can make it there, I'll make it anywhere
It's up to you – New York, New York …
I want to wake up in a city, that never sleeps
And find I'm a number one, top of the list,
king of the hill – A number one
These little town blues, are melting away
I'm gonna make a brand new start of it – in old New York
And if I can make it there, I'm gonna make it anywhere – It's up to you – New York, New York – New York"

Text und Musik: Fred Ebb und John Kander. © EMI Unart Catalog Inc.; D/A/CH/Osteuropäische Länder: EMI Partnership Musikverlag GmbH, Hamburg

***M 1.9** … und Moll: „Streets of London"*

„Have you seen the old man
in the closed down market
kicking up the papers
with his worn-out shoes?
In his eyes you see no pride,
hand held loosely at his side
yesterday's paper
telling yesterday's news.

So how can you tell me
you're lonely
and say for you
that the sun don't shine?
Let me take you by the hand
and lead you through the streets of London,
I'll show you something
that will make you change your mind

Have you seen the old girl
who walks the streets of London,
dirt in her hair
and her clothes in rags?
She's no time for talkin',
she just keeps right on walkin',
carrying her home
in two carrier bags."

Text und Musik: Ralph McTell. © Westminster Music Ltd.; D/A/CH: Essex Musikvertrieb GmbH, Hamburg

Die Stadt in der Malerei

„Die um die Mitte des 19. Jahrhunderts einsetzende ‚erste Industrielle Revolution' hat ... Entwicklungen hervorgebracht, die das Bild der Stadt im schwärzesten Licht erscheinen lassen. Die[se] Epoche ... ist auch eine Zeit des explosiven Städtewachstums ...
Es waren vor allem Expressionisten, Schriftsteller und Maler, die das ‚soziale Chaos' der großen Städte anprangerten, indem sie die Nöte und Ängste ihrer Bewohner thematisierten und damit auch ihre eigenen Sorgen und ihre innere Bewegtheit zum Ausdruck brachten ...
In Steinhardts Bild „Die Stadt" wird diese Anklage zur apokalyptischen Vision ..."

Norbert von der Ruhren: Jakob Steinhardt – Die Stadt. In: Geographie und Schule 22. Jg., H. 124 (4/2000). Köln: Aulis 2000, S. 48

***M 1.10** Jakob Steinhardt (1887–1968): Die Stadt, 1913, Öl auf Leinwand, 61 x 40 cm*
Nationalgalerie, Staatliche Museen zu Berlin, Stiftung Preußischer Kulturbesitz

***1.6** Führen Sie eine der auf S. 9 angeregten Untersuchungen in „Ihrer" Stadt durch.*
***1.7** Erstellen Sie im Team anhand der angeführten Hinweise ein Video über Ihre „Heimatstadt" (M 1.5 und M 1.6).*
***1.8 a)** Untersuchen Sie, welches Image die Stadt München verbreitet und welche Zielgruppen mit der Werbung angesprochen sind.*
***b)** Vergleichen Sie die Aussagen in der Werbung mit dem aktuellen Münchner Jahreswirtschaftsbericht (www.muenchen.de).*
***1.9** Fächerübergreifend: Interpretieren Sie in Zusammenarbeit mit dem Fach Musik die Lieder auf S. 10 und stellen Sie fest, wie der Lebensraum Stadt jeweils gesehen wird.*
***1.10** Erläutern Sie – auch vor dem historischen Hintergrund der Entstehungszeit – die „Anklage" bzw. „apokalyptische Vision", die in dem Bild „Die Stadt" von J. Steinhardt zum Ausdruck kommt.*

Die Stadt – Vorzugsraum ...

Skytrain von Siemens in Bangkok

„Max Weber hat in seinen Analysen der ‚abendländischen Rationalität' den europäischen Städten einen zentralen Platz zugewiesen. Die mittelalterlichen Städte waren demnach die Kerne und Vorformen einer ökonomischen und politischen Entwicklung, die im weltweiten Siegeszug von Kapitalismus und Demokratie vollendet wurde. Der von freien Bürgern getragenen, gemeinschaftlichen Selbstverwaltung und der rechtlichen und politischen Autonomie verdankten die Städte jene Kraft, die sie zu Zentren der Modernisierung machte. Das war in keiner anderen Region der Welt so, und daher wurde der Begriff „Europäische Stadt" Kennzeichen für ein Entwicklungsmodell, das sich durch größte Dynamik und Macht auszeichnete."

Hartmut Häußermann: Die Neuerfindung der Stadtgesellschaft. In: Deutscher Bundestag (Hrsg.): [Wochenzeitschrift] Das Parlament, Nr. 37, 8. 9. 2003. Berlin 2003, S. 1

***M 1.11** Die Stadt als dynamisches Element*

Städtischer Müßiggang

„Als ich mein Elternhaus verließ und im Zentrum eine eigene Wohnung bezog, begann ich in der Geburtsstadt die Großstadt zu suchen. Ich frühstückte in Cafés, vorzugsweise am Bahnhof. Ich ließ mich durch unbekannte Straßen und über Plätze treiben. Gern speiste ich in belebten Kaufhausrestaurants. Alles Vertraute und Bekannte, Gegenden, in denen auch ich zwangsläufig erkannt worden wäre, umging ich weiträumig. Orte, an denen ich hätte mit Namen angesprochen werden können, mied ich. Und redete doch jemand mich unvermittelt an, rief mich gar mit Namen, erschrak ich und versuchte augenblicklich unter fadenscheinigen Ausflüchten in die Anonymität zu entkommen.
Namenlos zu sein ist ein idealer Zustand vorgeburtlicher Art. Keinerlei Pflichten, keinerlei Verantwortung scheint auf dem Namenlosen zu lasten. Die Namenlosigkeit verspricht Freiheit, mehr noch, Unverwundbarkeit. Ein herrliches Gefühl, eins zu sein mit dem gaffenden Volk!"

Barbara Oetter: Über die Vor- und Nachteile der Anonymität der Großstadt. In: Das Parlament, a. a. O., S. 8

***M 1.12** Vorteile der Anonymität in der Stadt*

New York – 11. 9. 2001

„Der Ort der größten Verwundbarkeit – nicht nur der USA, sondern jeder Nation – liegt in der Stadt. Dies hat der Anschlag vom 11. September auf tragische Weise gezeigt. New York und seine Skyline, ... ist nicht einfach eine lokale Sehenswürdigkeit ... Vielmehr sind die zerstörten Türme des World Trade Center ebenso wie die stolz aufragende Freiheitsstatue, Ellis Island, die Met oder Brooklyn Bridge zentrale Bestandteile des amerikanischen Nationalgefüges und Nationalgefühls. Hoch emporragender Stolz, die Macht des Geldes, der Wille zur Identität, die weltpolitische Rolle als Freiheitsheld ... zeigen sich in den vielen Gesichtern dieser Stadt.
Die gesellschaftliche Mitte des Landes zu treffen durch den Beschuss seines urbanen Zentrums ... war deshalb viel mehr als nur ein gewagtes politisches Attentat."

Ilse Helbrecht: Urbane Revolution entlang alter, kolonialer Grenzen. In: Das Parlament, a. a. O., S. 6

M 1.13 *Ort der größten Verwundbarkeit*

Wohnwabenwelt von São Paulo

„Nirgendwo kann man sich so einsam und verlassen fühlen wie im Dickicht der Städte. Es gibt unwirtliche Betonwüsten, Stahlgerippe, aalglatte Glasfassaden, an denen die Erinnerung nicht haften kann, die das Gedächtnis entleeren. Stundenlang durchquert man die Stadt, vorbei an Einkaufszentren, die in ihrer prunklosen Hässlichkeit einander gleichen wie ein Dinosaurierei dem andern. Betrachtet Fassaden, blinde Fenster, hinter denen Menschen verdämmern, Biographien zerfallen. Es sollen schon Gestorbene vor dem laufenden Fernsehgerät gesessen haben. Nur langsam drang ihr Geruch hinaus zu den Lebenden, die sich tot stellten ...
Das ist die andere Seite der Medaille ... Wie heißt es? Er ging in die Stadt, sein Glück zu machen. Sie kam unter die Räder, wurde zermahlen im unaufhörlich sich drehenden Getriebe."

Barbara Oetter, ebenda

M 1.14 *Einsamkeit in der Stadt*

1.11 *Stellen Sie fest, welche Bewertungen des Lebensraumes Stadt in den Materialien M 1.11 – M 1.14 zum Ausdruck kommen.*

1.12 *Setzen Sie sich mit diesen verschiedenen Bewertungen in einer Plenumsdiskussion auseinander.*

Der geographische Stadtbegriff

Zwei Schlösser, eine Stadtmauer und ganze neun Einwohner (einer fehlt): Fürstenau – die kleinste Stadt der Welt!

***M 1.15** Fürstenau/Schweiz – schon eine Stadt?*

Die vorangegangenen Seiten haben gezeigt, wie eine Stadt auf subjektive Weise wahrgenommen und bewertet wird bzw. wie Städte sich selbst darstellen und gesehen werden wollen. Was aber sind wesentliche, objektiv erfassbare Grundmerkmale einer Stadt? Welche Eigenschaften und Funktionen, welche Mindestgröße muss eine Siedlung aufweisen, damit sie als Stadt bezeichnet werden kann? Sind Konzentrationen von Bevölkerung und Wirtschaft in den Ausmaßen, wie sie z. B. in Japans „Hauptstadtregion Tokyo" vorliegen, mit dem Begriff „Stadt" überhaupt noch erfassbar?

Der statistische Stadtbegriff ist wegen der von Staat zu Staat sehr unterschiedlichen administrativen Abgrenzung sowie Festlegung von Mindestgrößen wenig aussagekräftig (M 1.16). Wiederholt ist vorgeschlagen worden, zur internationalen Vergleichbarkeit der Stadtentwicklung bzw. Verstädterung einen Mindestgrößen-Schwellenwert von 20 000 Einwohnern zu vereinbaren. Bis heute aber basieren selbst die Statistiken der Vereinten Nationen noch auf den nationalen Definitionen von „Stadt".

Auch **der rechtlich-historische Stadtbegriff** ist wenig praktikabel. Er bezeichnet jede Gemeinde, die irgendwann im Laufe ihrer Geschichte das *Stadtrecht* erhalten hat, als Stadt („Titularstadt"). Zwar beinhaltete im europäischen Mittelalter die Verleihung des Stadtrechtes besondere Privilegien wie Marktrecht, Zollrecht, Gerichtsbarkeit und Aufhebung der Leibeigenschaft („Stadtluft macht frei!"). Im Zuge der Industrialisierung hat sich aber die auf alten Stadtansichten noch erkennbare – räumlich scharfe – Trennung zwischen Stadt und Umland (vgl. S. 43) mehr und mehr aufgelöst. Darüber hinaus verloren vor allem in Deutschland ab Anfang des 19. Jh.s viele Titularstädte ihr Landgericht oder andere zentrale Einrichtungen und mussten als Folge des Abzugs der Behörden meist auch einen deutlichen Rückgang von Handel und Handwerk hinnehmen. Ein solcher Bedeutungsverlust führte also dazu, dass derartige Gemeinden ihre ursprünglich städtischen Funktionen nicht mehr oder nur begrenzt ausübten, allerdings ohne den Stadttitel zu verlieren.

***M 1.16** Statistische Untergrenze von Städten in ausgewählten Staaten*

Einwohnerzahl	Staaten
200	Island, Dänemark, Finnland, Schweden, Norwegen, Spanien
1 000	Kanada
2 000	Frankreich, Deutschland
2 500	USA
5 000	Österreich
10 000	Niederlande, Argentinien, Griechenland, Schweiz, Portugal, Malaysia, Senegal
50 000	Japan

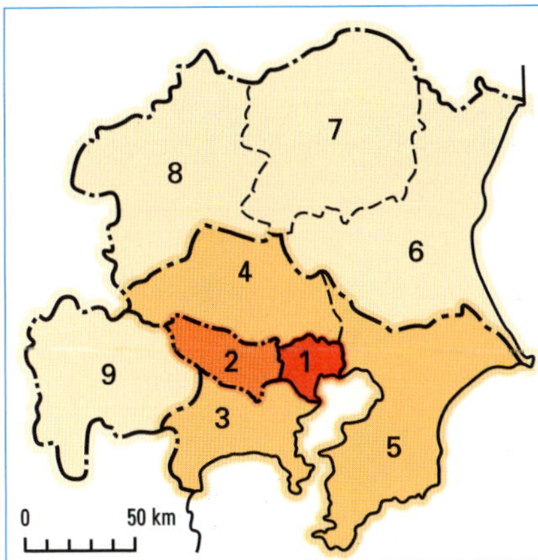

		Fläche (km²)	Bevölkerung (1 000)	Bevölkerungsdichte (Ew./km²)
1	Tokyo-ku (23 Stadtbezirke)	621	8 140	13 100
2	Tokyo (Westregion Santama*)	1 481	3 934	2 656
	Präfektur Tokyo-to	2 102	12 074	5 744
3	Kanagawa-ken	2 415	8 489	3 515
4	Saitama-ken	3 767	6 938	1 841
5	Chiba-ken	4 996	5 926	1 186
	Metropolregion Tokyo	13 280	33 427	2 571
6	Ibaraki-ken	6 095	2 989	490
7	Tochigi-ken	6 408	2 004	313
8	Gunma-ken	6 363	2 024	318
9	Yamanashi-ken	4 201	888	211
	Hauptstadtregion	36 347	41 332	1 137

***M 1.17** Tokyo – noch eine Stadt?*

Nach: www.stat.go.jp/info/link/2.htm (1.3.2000, jap.); Bearbeitung: W. Flüchter/H. Krähe

* einschließlich der zur Präfektur Tokyo gehörigen Inseln (60 000 Ew., bis mehr als 1 000 km südlich vom Festland)

Genauso wie der statistische erfasst also auch der rechtlich-historische Stadtbegriff jeweils nur ausgewählte Aspekte des räumlichen Systems „Stadt", was die Anwendbarkeit stark einschränkt.

Der geographische Stadtbegriff dagegen ist komplexer und berücksichtigt sowohl quantitative wie qualitative Bestimmungskriterien.

***M 1.18** Kriterien des geographischen Stadtbegriffs*

„Trotz der verschiedenen Ausprägungen von Stadt lassen sich aus der Sicht der Geographie acht Kriterien für eine Stadtdefinition zusammenstellen. Sie eignen sich ..., um epochen- und kulturübergreifend das Wesen der Stadt in seinen Grundzügen zu charakterisieren.

1. Zentralität ist das wesentliche Kennzeichen der Stadt. Zentralität bedeutet Bedeutungsüberschuss. Die Stadt hat Funktionen, die auch auf ihr Um- und Hinterland gerichtet sind … [vgl. S. 140–142]
2. Städte weisen zu allen Zeiten und in allen Kulturen eine an Bevölkerung und Fläche regional unterschiedliche Mindestgröße auf … [M 1.16].
3. Hohe Bebauungs- und Bevölkerungsdichten bedingen die Geschlossenheit der Ortsform. Zumindest in ihren inneren Teilen haben sich Städte morphographisch in allen Kulturen und Epochen als verhältnismäßig kompakte Siedlungs- und Baukörper mit hoher Wohnstätten- und Arbeitsplatzdichte von ihren Randzonen abgehoben, … [Allerdings sind heute] durch Sub- und Desurbanisierung vor allem Großstädte mittlerweile bis zur Unkenntlichkeit mit ihrem Umland verschmolzen, sodass die ‚Geschlossenheit der Ortsform' als Kriterium für Stadt an Bedeutung eingebüßt hat.
4. Zum Wesensmerkmal von Städten zählt die funktionsräumliche Gliederung in Viertel. Städte zeichnen sich durch einen hohen Grad an funktionaler Differenzierung aus. Eine entscheidende Determinante bilden die in Abhängigkeit von der jeweiligen Lage unterschiedlichen Bodenpreise, die bestimmte Nutzungen priorisieren, andere hingegen ausschließen … [vgl. S. 109ff.]
5. Städte weisen eine ausgeprägte soziale und ethnische Differenzierung ihrer Bevölkerung auf. Zu allen Zeiten war Stadt ein Ort sozialer Kontraste, die sich in einer Segregation nach Quartieren unterschiedlichen Wohnstatus widerspiegelten. Während in der vorindustriellen Stadt das Stadtzentrum das statushöchste Viertel darstellte und die ärmeren Bevölkerungsteile an den Rändern der Stadt lebten, kehrte sich das Muster während des Industriezeitalters um. Die hohen Bodenwerte in den zentralen Lagen und die durch die Zunahme des Verkehrs abgewerteten Standortvorteile der Innenstadt führ-

ten zu einer Verlagerung der Oberschicht-Wohngebiete an die Peripherie …

6. Städte sind aus politischer, gesellschaftlicher und technologischer Sicht normative Innovationszentren. Vor allem in den kreativen städtischen Milieus der Großstädte entwickeln sich neue gesellschaftliche Trends, Normen und Wertvorstellungen, die auf unterschiedlichen Wegen (Medien, persönliche Erfahrungen) in den ländlichen Raum eingetragen werden. Darüber hinaus sind Städte auch technologische Innovationszentren. Hier werden Ideen geboren, finden Basisinnovationen statt und werden technische sowie wirtschaftliche Neuerungen ausprobiert und umgesetzt …
7. Städte profitieren in erheblicher Weise von den Ressourcen des ländlichen Raumes. Die Abhängigkeit der Stadt von ihrem Umland war zu allen Zeiten ein wesentliches Merkmal der Stadt-Umland-Beziehung, wenngleich ihre Dimensionen im Industriezeitalter und in der Postmoderne zugenommen haben. Der auf dem Land erwirtschaftete Überschuss an Nahrungsmitteln bildete stets die Voraussetzung für die Existenz außerlandwirtschaftlicher Berufe in der Stadt ... Von besonderer Bedeutung ist die ökologische Ausgleichsfunktion des ländlichen Raums. Offene Flächen, Parks, Fluren, Wälder und Seen stellen aus ökologischer Perspektive notwendige Ergänzungsräume dar, die ihren Zweck aber auch als Naherholungslandschaften für die städtische Bevölkerung erfüllen. Wichtig ist ferner die Funktion des ländlichen Raumes als Standort ‚sperriger' Infrastruktureinrichtungen [z. B. Trinkwassertalsperren, Sondermülldeponien, Großflughäfen] …
8. Die Stadt ist ein ökologisch stark belasteter bzw. überlasteter Raum. Vor allem Großstädte weisen Verdichtungsschäden auf, die durch Emissionen, Verkehrs- und Industrielärm, Wasserverunreinigungen, Flächenversiegelungen etc. hervorgerufen werden. In den Megastädten der Entwicklungs- und Schwellenländer zeigen sich diese Probleme und ihre Folgewirkungen in voller Schärfe." [vgl. S. 63–74]

Klaus Zehner: Stadtgeographie. Gotha: Klett-Perthes 2001, S. 25–28

Stadtgrößenklassen ermöglichen es, Städte nach ihrer Größe und den häufig eng damit zusammenhängenden Funktionen zu typisieren. Dies erfolgt in der Regel nach Einwohnerschwellenwerten.

M 1.19 *Städtetypen der amtlichen deutschen Statistik*

Landstadt	2000–5000 Ew.
Kleinstadt	>5000 –20000 Ew.
Mittelstadt	>20000 – 100000 Ew.
Großstadt	>100000 Ew.

Schwierigkeiten bereitet allerdings die Erfassung, Abgrenzung und auch innere Gliederung der *Agglomerationen*, die in den letzten Jahrzehnten durch die anhaltenden Prozesse der *Metropolisierung* bzw. *Megapolisierung* (vgl. S. 21; S. 63–74) entstanden sind und die die Millionengrenze – wie das Beispiel Tokyo (M 1.17) zeigt – weit hinter sich gelassen haben. Hierfür sind weitergehende Bezeichnungen, Schwellenwerte und Gliederungskriterien vorgeschlagen worden.

M 1.20 *Gliederung/Abgrenzung von Metropolen*

„Die Metropole in ihrer gegenwärtigen Größe und monozentrischen Struktur sei hier … als Metropolitane Agglomeration … bezeichnet. Eine praktikable Lösungsmöglichkeit zu ihrer weltweit vergleichbaren Bestimmung bietet das seinerzeit für das Gebiet der BRD vor nunmehr über 30 Jahren entwickelte Stadtregionen-Modell von Boustedt [vgl. M 4.44, S. 129].
Da sich sämtliche Metropolen im Zuge ihrer rasanten Bevölkerungsentwicklung seit (unterschiedlich) langer Zeit zusätzlich über das Kerngebiet ausgedehnt haben, soll (muss) die Metropolitane Agglomeration folgende Bereiche (Zonen) umfassen:
A: die Kernstadt/Core City
B: das Kerngebiet/Core Area und
C: die verstädterte Zone/Urbanized Area.
Weitere Kriterien sind eine monozentrische Struktur und eine Mindestgröße von 1 Mio. Einw. sowie eine Mindestdichte von 2000 Einw./km² für die gesamte Metropolitane Agglomeration.[*]
Megastadt: Statistisch: Metropolitane Agglomeration mit mehr als fünf Mio. Einwohnern." [**]

*Dirk Bronger: Metropolen, Megastädte, Global Cities. Darmstadt: Wissenschaftliche Buchgesellschaft 2004. ** S. 14 und * S. 42.*

M 1.21 Die Stadt multikulturell, aber auch segregiert – Berlin-Kreuzberg

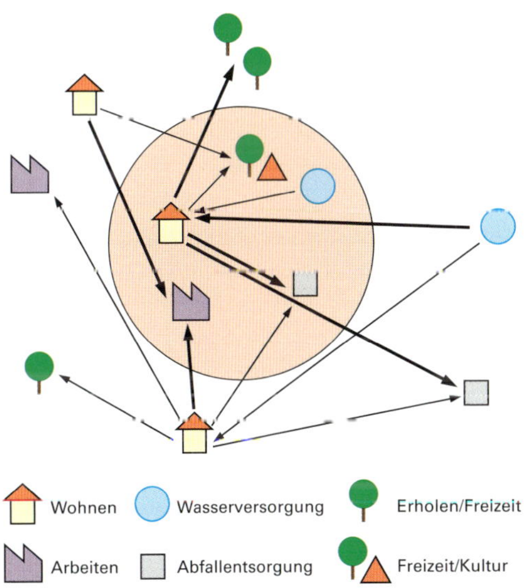

M 1.22 Stadt-Umland-Beziehungen im Modell

Nach Brigitte Adam/Antonia Blach: Räumliche Arbeitsteilung in Großstadtregionen – interkommunale und raumordnerische Konfliktskategorien. In: Informationen zur Raumentwicklung, Jg. 1996, H. 4/5. Bonn: Bundesanstalt für Landeskunde und Raumordnung 1996, S. 188

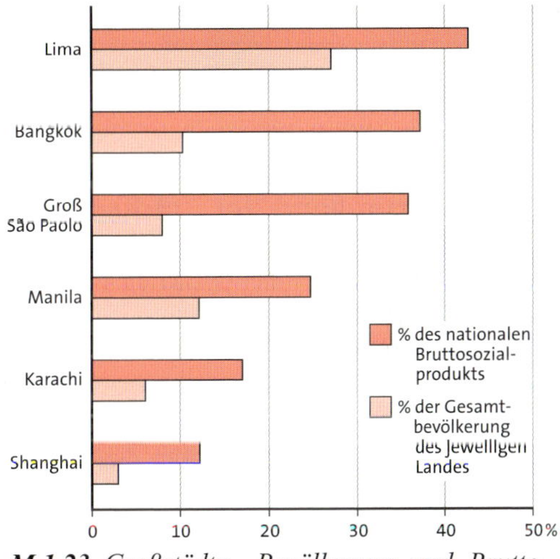

M 1.23 Großstädte – Bevölkerung und Bruttosozialprodukt

Nach Peter Hall/Ulrich Pfeiffer: Urban 21. Der Expertenbericht zur Zukunft der Städte. Stuttgart/München: Deutsche Verlagsanstalt 2000, S. 76

1.13 *Beantworten Sie die bei M 1.15 und M 1.17 gestellten Fragen. Benutzen Sie hierzu die Kriterien des geographischen Stadtbegriffs (M 1.18).*

1.14 *Erläutern Sie – unter Einbeziehung von M 1.21–M 1.23 – die einzelnen Kriterien des geographischen Stadtbegriffs.*

1.15 *Nennen Sie weitere Möglichkeiten, die einzelnen Kriterien zu messen oder dokumentieren.*

1.16 *Wenden Sie die Kriterien des geographischen Stadtbegriffs auf Ihre „Schulstadt" an.*

Verstädterung/Urbanisierung als weltweite Prozesse

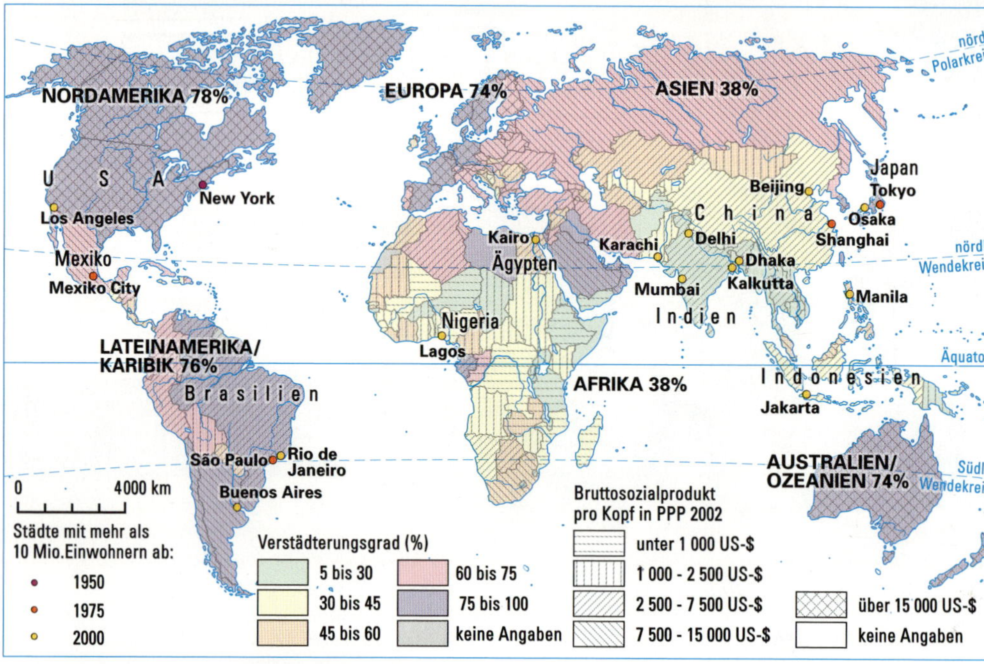

M 1.24 *Verstädterungsgrad auf der Erde Anfang des 21. Jh.s (städtische Bevölkerung in %)*

Deutsche Stiftung Weltbevölkerung (Hrsg.): Datenreport 2004. Hannover 2004, S. 6–15

Das „Jahrtausend der Städte“

Wenige Jahre nach Beginn des 21. Jh.s läßt die Menschheit einen weiteren wichtigen Markstein hinter sich: Erstmalig in ihrer Geschichte lebt die Mehrheit der ca. 6 Mrd. Menschen in urbanen Räumen. Wir sind eingetreten in das „Jahrtausend der Städte“. Bis 2025 wird sich die Zahl der Stadtbewohner auf der Erde von 2,4 Mrd. (1995) auf nahezu 5 Mrd. verdoppeln. Das bedeutet einen Anstieg der städtischen Bevölkerung weltweit von 47 auf über 61 %. Dieser gewaltige Zuwachs konzentriert sich überwiegend auf die weniger entwickelten Länder (M 1.26).

M 1.25 *Strategien zur Bewältigung*

„Diese Herausforderung muss lokal bewältigt werden durch ein Management der räumlichen Entwicklung und durch effiziente Transportsysteme. Sie muss global beantwortet werden durch erneuerbare Energien als Überlebensvoraussetzung und durch mehr und mehr Recycling, um der ... Ressourcenknappheiten Herr zu werden ...

Es wird oft so aussehen, als sei der Fortschritt winzig, doch die Verbesserungschancen sind riesengroß. Städtische Gesellschaften sind offener und weniger kontrolliert als ländliche Gesellschaften. Städte bieten den Menschen mehr Chancen, Netzwerke zu knüpfen und sich in Systeme der Arbeitsteilung einzuklinken. Dadurch entsteht zunächst höhere Produktivität und letztlich größere Prosperität und Wohlstand. In solchen hoch verdichteten Systemen der Interaktion schwappt jede Kreativität in andere Bereiche über ...

Die Verstädterung ist somit zwar eine entwicklungspolitische Grundvoraussetzung, doch bietet sie keine Entwicklungsgarantie. Es bleibt eine zentrale Herausforderung für das neue Jahrhundert, das städtische Wachstum zugunsten eines wirtschaftlichen Fortschritts zu beeinflussen, es mit ökologisch nachhaltigen Entwicklungsanforderungen zu vereinbaren und dabei Ausgrenzungen zu verringern.“

Peter Hall/Ulrich Pfeiffer: Urban 21. Der Expertenbericht zur Zukunft der Städte. Stuttgart/München: Deutsche Verlagsanstalt 2000, S. 11

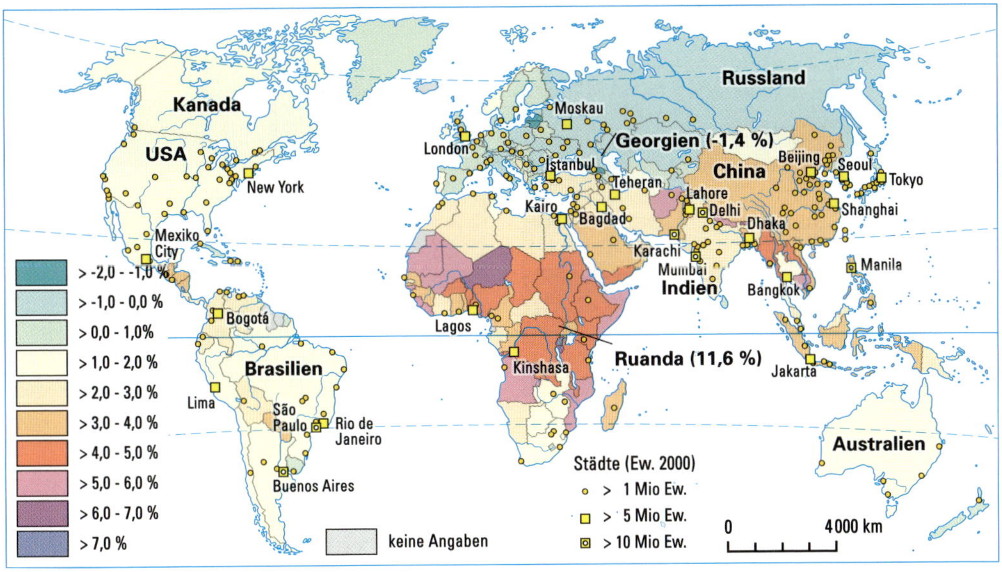

M 1.26 Jährliche Wachstumsraten der städtischen Bevölkerung 2000–2005 (in %)

Deutsche Stiftung Weltbevölkerung (Hrsg.): Weltbevölkerungsbericht 2004. Hannover 2004. S. 130–133

Ursachen der Verstädterung

M 1.27 Wachstum regional differenziert

„Das Wachstum der Stadtbevölkerung hat drei direkte Ursachen. An erster Stelle steht das „natürliche" Eigenwachstum der Stadtbevölkerung aufgrund des Überschusses der Geburten über die Sterbefälle. Hinzu kommen die städtischen Nettogewinne der Migrationsbewegungen zwischen Stadt und Land. Außerdem erhöht sich die statistische Stadtbevölkerungszahl durch Klassifizierung vormals ländlicher Lokalitäten als nunmehr städtische Gebiete. Das Gewicht der einzelnen Faktoren ist je nach Region unterschiedlich: In Entwicklungsländern – ohne China – ist jedoch nach wie vor das ‚natürliche' Wachstum der Stadtbevölkerung der Hauptfaktor.
Die durchschnittliche Kinderzahl je Frau ist in den Städten der Entwicklungsländer geringer als auf dem Lande. Der Verstädterungsprozess bewirkt insofern u.a. die Dämpfung einer seiner eigenen Faktoren. Die geringere durchschnittliche Kinderzahl in den Städten wird aber kompensiert durch die dort jüngere Altersstruktur. Denn es sind überproportional jüngere Menschen, die vom Land in die Stadt migrieren und damit zum Wachstum der Zahl potenzieller Eltern in Städten beitragen."

Ingomar Hauchler u.a. (Hrsg.): Globale Trends 2002. Frankfurt am Main: Fischer Taschenbuch Verlag, S. 103

Die Städte der Industrieländer europäischer Prägung sind in einem *Verstädterungsprozess* entstanden, dessen Ursachen nicht nur in der natürlichen Bevölkerungszunahme lagen. Sie wuchsen in erster Linie aufgrund von Zuwanderungen.
Woher diese Anziehungskraft? Neben der allgemeinen Faszination der Städte war es in der Neuzeit zunächst die Industrialisierung mit ihrem vielfältigen Angebot neuer Erwerbsmöglichkeiten, die erhebliche Binnenwanderungen auslöste. Die *Tertiärisierung* beim Übergang zur Dienstleistungsgesellschaft war dann für die Arbeitskräfte gekennzeichnet durch die Zunahme der Beschäftigtenanteile im Dienstleistungssektor. Viele Standorte von Dienstleistungseinrichtungen sind an Städte bzw. Großstädte gebunden. Nur so können diese Zentren ihre umlandbezogenen Funktionen erfüllen. Sie bieten bis in das Stadtumland hinein attraktive Arbeitsplätze an. Voraussetzung für die damit verbundene räumliche Trennung von Wohn- und Arbeitsplatz ist die gestiegene *Mobilität* auf der Grundlage der Massenmotorisierung. Sie ist Hauptantriebskraft einer weitergehenden, insbesondere flächenhaften Verstädterung im *Umland* der großen urbanen Zentren.

M 1.28 Physiognomische Verstädterung: Fasanenhofsiedlung Stuttgart

M 1.31 Verstädterung unter Einfluss der Tertiärisierung: HafenCity Hamburg

Merkmale des Verstädterungsprozesses

M 1.29 Grundbegriffe zur Verstädterung

Der Begriff „*Verstädterung*" kennzeichnet die Vermehrung, Vergrößerung und Ausdehnung von Städten nach Zahl, Fläche und/oder Einwohnern. Er erfasst also quantifizierbare Faktoren, während der Begriff „*Urbanisierung*" mehr im qualitativen Sinn auch Ausbreitungs- und Diffusionsprozesse städtischer Lebens-, Wirtschafts- und Verhaltensweisen einschließt. Beide Ausdrücke werden aber häufig synonym verwendet.
Der *Verstädterungsgrad* misst den Anteil der Stadtbevölkerung an der Gesamtbevölkerung eines Gebietes, Landes oder Staates (vgl. M 1.24), während die *Verstädterungsrate* den Zuwachs der städtischen Bevölkerung bzw. des Verstädterungsgrades ausdrückt. Bei internationalen Vergleichen ist allerdings zu beachten, dass häufig die nationalen Definitionen für Städte bzw. „urban areas" zugrunde gelegt werden (vgl. S. 14).
Verstädterung lässt sich aber nicht nur statistisch, sondern auch physiognomisch erfassen. Sie äußert sich in einer Ausbreitung urbaner Bau- bzw. Siedlungsformen, Einrichtungen und Flächennutzungen im ländlichen Raum.

Unter dem Einfluss ökonomischer Rahmenbedingungen wie der Industrialisierung oder *Tertiärisierung* verändern Städte auch ihre Funktionen und inneren Strukturen (vgl. S. 109ff.). Diese funktionale *Verstädterung* zeigt sich z. B. in einer Binnendifferenzierung der Stadt durch die räumliche Anordnung unterschiedlicher Flächennutzungsarten mit Wohn-, reinen Arbeits- oder Gewerbe- sowie Mischgebieten. Es kommt zur Ausbildung einer funktionalen Gliederung mit Hauptgeschäftszentrum (*City*), Vierteln des Großhandels und der Leichtindustrie, Wohnvierteln von unterschiedlichem Status, Nebengeschäftszentren, Industrievororten sowie eines Pendlereinzugsbereiches im Umland.
Die Stadt-Umland-Beziehungen führen auch zu einer Angleichung von Normen und Werthaltungen der Bevölkerung. Bestimmte Haushaltsstrukturen (z. B. Kleinfamilie, Singles), Konsummuster oder Organisationsformen der Arbeitswelt breiten sich in den ländlichen Raum hinein aus. Diese soziologische Verstädterung wird auch als „*Urbanisierung*" bezeichnet (vgl. M 1.29).

M 1.30 Ausbreitung urbaner Eventkultur: Strandkai SportResorts Hamburg

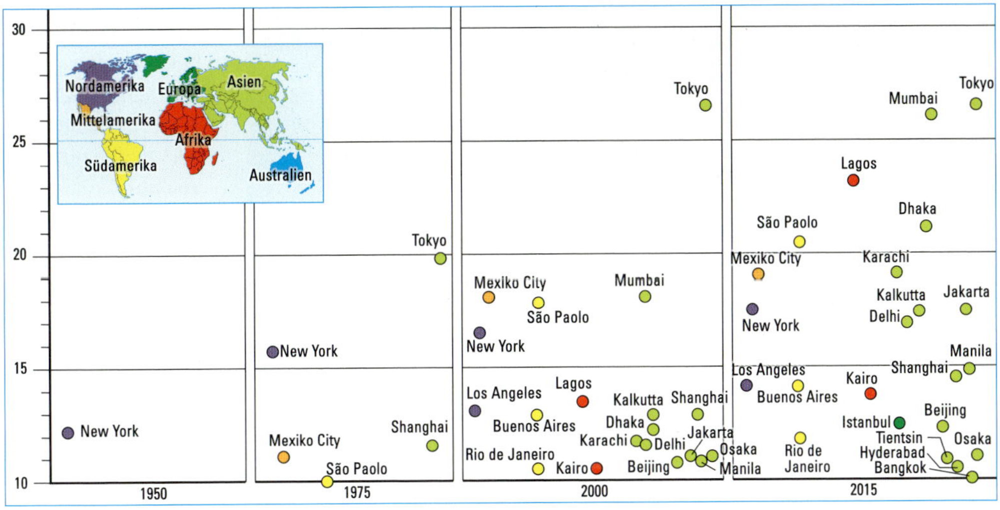

M 1.32 Megastädte der Welt (> 10 Mio. Ew.) von 1950 – 2015 (in Mio. Ew.), vgl. auch M 1.24

Nach Ingomar Hauchler u. a. (Hrsg.): a. a. O., S. 103

Megapolisierung

M 1.33 Extreme Dynamik bei zunehmender Überlastung

„In diesem weltweiten Urbanisierungsprozess kommt den Megastädten eine entscheidende Bedeutung zu. Diese liegt zum einen in der neuen Qualität der Quantitäten (‚mass matters'): neue Dimensionen großer Bevölkerungsballungen auf dichtem Raum mit immenser Flächenausdehnung und gravierender Zunahme infrastruktureller, sozioökonomischer und ökologischer Überlastungen zählen zu den Kennzeichen von Megastädten. Andererseits entwickeln diese teilweise eine extreme Dynamik der demographischen, wirtschaftlichen, sozialen und politischen Entwicklungsprozesse, und bei schwacher administrativer Steuerung werden Megastädte besonders verwundbar für Versorgungsengpässe, soziale Desorganisation, politische Unruhen und Naturrisiken.

Unterschiedlichen Definitionen zufolge werden als Megastädte nach rein quantitativer Abgrenzung diejenigen Metropolen der Welt bezeichnet, die eine Bevölkerung von mehr als 5 Mio., mehr als 8 Mio. oder mehr als 10 Mio. Einwohnern aufweisen. Einige Autoren legen zusätzlich einen Mindestwert der Einwohnerdichte (mind. 2 000 Ew./km²) fest und beziehen nur Städte mit monozentrischer Struktur ein, wodurch polyzentrische Agglomerationen wie beispielsweise das Ruhrgebiet ... ausgeschlossen werden. Ein Streit um eine verbindliche Definition von „Megastadt" ist letztlich müßig, da jede Festlegung von Grenzwerten subjektiv und somit diskutabel bleibt ...

Derzeit leben in Megastädten knapp 400 Mio. Menschen, davon 320 in Entwicklungsländern. In einigen dieser Städte – Mexiko, Sao Paolo, Seoul, Mumbai und Jakarta – haben sich die Bevölkerungszahlen zwischen 1970 und 2000 fast verdreifacht.

Die Megastädte in Entwicklungsländern unterliegen einer Vielzahl spezifischer Probleme mit auffälligen strukturellen Gemeinsamkeiten." (vgl. S. 63 – 74)

Frauke Kraas: Megacities. Megastädte als Risikoräume – Globale Herausforderungen der urbanen Revolution. In: Lothar Beckel (Hrsg.): Mega Cities. Salzburg: GEOSPACE Verlag 2001, S. 17ff.

1.17 *Erläutern Sie Chancen und Herausforderungen des weltweiten Verstädterungsprozesses.*

1.18 *Stellen Sie Beziehungen zwischen dem Verstädterungsgrad und dem Entwicklungsstand ausgewählter Länder her (M 1.24).*

1.19 *Beschreiben Sie anhand M 1.29 – M 1.31 einzelne Merkmale des Verstädterungsprozesses.*

1.20 *Sammeln Sie Berichte und Informationen in den Medien über aktuelle Probleme einer Megastadt und stellen Sie die Ergebnisse Ihrer Beobachtung in strukturierter Form im Plenum vor.*

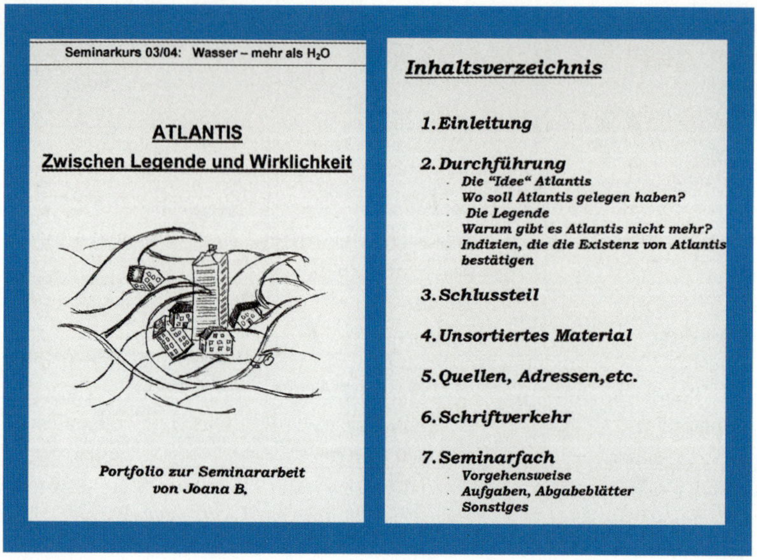
Seminarkurs 03/04: Wasser – mehr als H_2O

ATLANTIS

Zwischen Legende und Wirklichkeit

Portfolio zur Seminararbeit von Joana B.

Inhaltsverzeichnis

1. Einleitung

2. Durchführung
- *Die "Idee" Atlantis*
- *Wo soll Atlantis gelegen haben?*
- *Die Legende*
- *Warum gibt es Atlantis nicht mehr?*
- *Indizien, die die Existenz von Atlantis bestätigen*

3. Schlussteil

4. Unsortiertes Material

5. Quellen, Adressen, etc.

6. Schriftverkehr

7. Seminarfach
- *Vorgehensweise*
- *Aufgaben, Abgabeblätter*
- *Sonstiges*

Was ist ein Portfolio? In der Bankensprache wird damit ein Depot bezeichnet, das die Anlagearten und die Entwicklung eines Vermögens erfasst. Es stellt also eine lückenlose Bestandsaufnahme aller finanziellen Transaktionen dar. Im künstlerischen Bereich versteht man darunter eine Mappe, in der ein Kunststudent über einen längeren Zeitraum hinweg seine Entwürfe, Skizzen, Gemälde usw. sammelt, um dann die besten Arbeiten auszuwählen und für eine Bewerbung zum Beispiel an einer Akademie vorzulegen.

Mit diesen beiden Beispielen sind zwei wesentliche Grundtypen von Portfolios charakterisiert:

- Ein Entwicklungsportfolio dokumentiert die Phasen eines Prozesses bis zum gegenwärtigen Zustand. Es dient als Reflexionshilfe für einen Rückblick, bei dem Ziele, Ideen, Entscheidungswege, Erfahrungen und Zwischenergebnisse analysiert werden. Auf dieser Grundlage werden weitere Entscheidungen geplant und getroffen.
- Ein Beurteilungs- oder Vorzeigeportfolio bietet zwar auch einen Überblick über den gesamten Arbeitsprozess, es enthält aber nur die besten Zwischenprodukte und Ergebnisse. Der Betrachter erhält also einen guten Überblick über die Leistungsfähigkeit und das Engagement des „Produzenten“.

Beide Portfoliotypen können bei bestimmten Arbeitsformen auch im schulischen Bereich gewinnbringend genutzt werden.

Ein Entwicklungsportfolio bietet sich als unterstützende Technik zum Beispiel bei der Erstellung eines Referates oder einer Seminarfacharbeit an. Hierbei werden von Beginn an wie in einem „Werkstattbuch“ sämtliche Ideen, Fragestellungen, Zielformulierungen, Lösungswege mit allen Irrungen sowie Um- und Abwegen, Materialien, Zwischenergebnisse, Entwürfe zu Einzelkapiteln und zur gesamten Arbeit chronologisch festgehalten. Auf diese Weise wird nicht nur der eigene Erkenntnisfortschritt dokumentiert. Die Analyse der jeweils erreichten Zwischenergebnisse bietet auch die Grundlage dafür, die weiteren Arbeitsschritte inhaltlich und zeitlich zu planen. In diesen Phasen der Zwischenbewertung sollen aber nicht nur Selbstreflexionen stattfinden, die Teilergebnisse sollen vielmehr auch mit Freunden, Mitschülern oder dem betreuenden Lehrer diskutiert werden. Auf diese Weise entwickelt sich das Portfolio zu einer Dokumentation des kontinuierlichen Arbeits- und Reflexionsprozesses. An dessen Ende steht nicht nur ein intensiv diskutiertes und damit gut fundiertes Referat bzw. eine entsprechende Facharbeit, sondern auch ein individuell und kreativ gestaltetes „Tagebuch“ über die eigene „Forschertätigkeit“.

Die Portfoliotechnik fördert also das selbst gesteuerte Lernen sowie die Fähigkeit zur Strukturierung komplexer Sachverhalte und zur Reflexion. Die gewonnenen Erfahrungen und Erkenntnisse sind die Grundlage für späteres wissenschaftliches Arbeiten an Universität oder Hochschule.

Der Einsatz einer (Entwicklungs-)Portfoliotechnik lässt sich in die auf der Folgeseite aufgeführten Schritte gliedern.

1. Problemstellung
Formulieren Sie das Ziel, die Fragestellung Ihres Referates, Ihrer Facharbeit.
Überprüfen Sie diese Problemstellung in Zusammenarbeit mit einem betreuenden Fachlehrer, mit Freunden oder Mitschülern. Ist sie „fruchtbar“, zu weit oder zu eng gefasst? Korrigieren oder ergänzen Sie ggf. im Laufe Ihrer Recherchen die Fragestellung Ihrer Arbeit.

2. Geordnete Materialsammlung
Legen Sie eine Mappe oder einen Ordner an und sammeln Sie von der ersten Stunde Ihrer Arbeiten an dem Projekt in geordneter Form sämtliche Konzeptionen, spontanen Strukturskizzen oder Mind Maps, Notizen, Skizzen, Exzerpte, Ergebnisse von Quellenstudien, Planungen der einzelnen Arbeitsschritte, Einsichten und Erkenntnisse, Ideen zur Visualisierung usw.

3. Zwischenergebnis und seine Überprüfung
Formulieren Sie gemäß Ihren Planungen nach einem bestimmten Zeitraum ein Zwischenergebnis (z. B. den Entwurf für ein Teilkapitel oder eine Rohfassung der gesamten Arbeit) und diskutieren Sie diesen aktuellen Stand Ihres Projektes mit Freunden, Mitschülern, dem betreuenden Lehrer. Lassen Sie hierbei auch die wissenschaftlichen Grundlagen Ihrer Aussagen überprüfen, um sachliche Fehler möglichst frühzeitig auszuschließen.

4. Ergänzung der Konzeption
Nutzen Sie die Ergebnisse Ihrer Diskussionen und Befragungen aus Schritt 3, um Defizite und damit Ansatzpunkte für weitergehende Untersuchungen festzustellen. Ergänzen Sie ggf. Ihre Konzeption und planen Sie auf dieser Grundlage inhaltlich und zeitlich die weiteren Arbeitsschritte.

5. Wiederholung der Schritte 3 und 4
Halten Sie alle Ergebnisse aus den Schritten 3 bzw. 4 in Ihrem Portfolio fest und wiederholen Sie diese beiden Schritte, bis Sie nach kritischer Selbstreflexion zu dem Schluss kommen, dass Sie nun auf fundierter Grundlage Ihr Referat, Ihre Facharbeit fertig stellen und einer interessierten Öffentlichkeit präsentieren können.

6. Fertigstellung und Präsentation
Benutzen Sie Ihr „Portfolio“ als Grundlage zur Ausformulierung und Fertigstellung Ihrer Facharbeit sowie Leitfaden für das Kolloquium, also zur Präsentation Ihrer Ergebnisse. Stellen Sie hierbei – z. B. in Form einer Wandzeitung oder einer kleinen Ausstellung – auch Ihr „Portfolio“ vor, das Ihren persönlichen Arbeits- und Erkenntnisprozess dokumentiert.

7. Rückblick
Reflektieren Sie abschließend Ihre Anwendung der Portfolio-Technik:
- Welche Einzelschritte, Vorgehensweisen haben sich bewährt?
- Welche Erkenntnisse für die Erstellung weiterer Referate, für ein späteres wissenschaftliches Arbeiten haben Sie gewonnen?
- Standen Aufwand an Arbeit bzw. Zeit und Ertrag in einem ökonomisch vertretbaren Verhältnis?

Ein Beurteilungs- oder Vorzeigeportfolio bietet Möglichkeiten für neue Formen der Leistungsbewertung. Zusätzlich zu schriftlichen oder mündlichen Lernkontrollen können die in einer Mappe zur Begutachtung vorgelegten und dokumentierten Arbeits- und Lernprozesse mit ihren Ergebnissen in die Gesamtnote einbezogen werden. Wichtig hierbei ist, dass vor Beginn der Arbeiten bestimmte Ziele und Standards – am besten schriftlich – vereinbart werden. Hierzu gehören:
- Termine für Beratung, Abgabe, Präsentation
- Festlegung der in die Mappe aufzunehmenden „Produkte“ (z. B. sämtliche erfolgreichen Lösungswege, Zwischenergebnisse, Reflexionen, Endprodukt)
- Definition von Qualitätsstandards (z. B. Umfang, sinnvoll gestaltetes Deckblatt, Inhaltsangabe, sprachliche Sorgfalt, grafische Genauigkeit, Kreativität, Quellenangaben und Zitierweise)
- Art der abschließenden Präsentation (z. B. Vortrag im Plenum mit entsprechenden Visualisierungen, Dokumentation, Wandzeitung, Ausstellung o. ä.)
- Kriterien der Bewertung (z. B. Sorgfalt, Erfüllung der vereinbarten Qualitätsstandards, Durchdringung der Thematik, Qualität der Präsentation usw.).

Anfertigen einer Facharbeit,

Wegen seiner inhaltlichen Vielfalt eignet sich das Thema „*Verstädterung*" in besonderem Maße dazu, aktuelle Problemstellungen zu formulieren und diese im Rahmen einer Facharbeit zu untersuchen. Das Anfertigen einer solchen Facharbeit – z. B. nach den im Folgenden aufgeführten Arbeitsschritten – bietet die Chance, mit Prinzipien und Formen selbstständigen Lernens vertraut zu werden und sich auf das Studium sowie auf das Arbeiten in Hochschulseminaren vorzubereiten.

1. Vorüberlegung: Eingrenzung des Themas
Das vorgegebene Thema einer Facharbeit umfasst in der Regel ein mehr oder weniger weit gestecktes Inhaltsfeld, innerhalb dessen sich der Verfasser erst eine eigene Fragestellung erarbeiten muss. Das Problem „Verstädterung – ein weltweiter Prozess" zum Beispiel kann im schulischen Rahmen (begrenzte Zeit, Vorgabe eines maximalen Seitenumfangs) nicht erschöpfend in allen Aspekten untersucht werden. Der Verfasser muss deshalb das Thema eingrenzen und sollte dabei folgende Aspekte berücksichtigen:

- Inwieweit fühlt er sich selbst betroffen, in welche Richtung zielt also sein Erkenntnisinteresse, was soll das Ergebnis der Arbeit sein, welches Ziel bzw. welche Absicht verfolgt er damit?
- Wo liegen die Interessen der Mitschüler bzw. (späteren) Zuhörer, welche Informationen und Zusammenhänge sind für sie wichtig und welche Vorkenntnisse sind bereits vorhanden?
- Welchen Beitrag leistet die Facharbeit zur Behandlung des gesamten Kursthemas, welche Kenntnisse müssen also vermittelt werden (Sachinteresse)?

Ist dieser Klärungsprozess abgeschlossen, sollte das Thema leicht verständlich und klar, aber auch so „spannend" formuliert werden, dass das Interesse der Zuhörer/Leser geweckt wird.
Beispiel: „Die Stadt der Zukunft – Alptraum oder schöne neue Welt?"

2. Informationsbeschaffung
Um sich einen ersten Überblick über das zu bearbeitende Themenfeld zu verschaffen, kann es sich lohnen, zunächst ein enzyklopädisches Lexikon (z. B. Brockhaus oder Meyers) zu Rate zu ziehen. Der entsprechende Stichwortartikel liefert – auch über die Querverweise – bereits eine Reihe von Grundinformationen sowie Literaturangaben. Aktuellere Titel mit spezialisierten Fragestellungen müssen dann aber in den Bibliotheken durch eine Katalogrecherche (mit Computer und/oder Internet) ermittelt werden. In Hintergrundberichten mit tagespolitischen Bezügen, wie sie immer wieder in überregionalen Tageszeitungen oder Nachrichtenmagazinen erscheinen, haben Journalisten zu einem bestimmten Thema häufig wichtige Informationen aus verschiedenen Quellen zusammengetragen. Eine Stichwortanfrage bei den entsprechenden Archiven kann helfen, solche Artikel aufzuspüren. Einen Leitfaden für die Suche und das weitere Vorgehen insgesamt bietet auch der „ENCARTA Recherche-Planer" (Microsoft).

3. Erstellen einer Gliederung
Beim Anfertigen einer Facharbeit ist es schon in einem frühen Stadium notwendig, eine Gliederung zu entwerfen. Der Autor sollte hierzu bereits über eine Reihe von Grundinformationen und Ideen verfügen, andererseits hilft ihm aber eine solche Disposition, gezielt nach weiteren Informationen für bestimmte Kapitel zu suchen. Eine Methode, einen „roten Faden" für die zu verarbeitenden Informationen zu finden und eine Gliederung zu erstellen, ist das Mindmapping, das Sie schon in den unteren Klassenstufen kennen gelernt haben (vgl. auch die Internetbegleitung dieses Schülerbuches).

4. Sichtung der Sekundärliteratur
Bei der Suche nach Informationen ist es häufig notwendig, sich Texte rasch zu erschließen, das Wichtigste „herauszufiltern" sowie die inhaltliche und logische Gliederung zu erfassen. Folgende Verfahren können das erleichtern:

- Einen ersten Überblick über einen Sachtext bieten die Disposition (beim Buch), Einleitung oder Textende, Überschriften und Untertitel.
- Beim Exzerpieren wird der grundsätzliche Gedankengang durch das Herausschreiben von Kernaussagen festgehalten.
- Die Gliederung eines Textes in Sinnabschnitte mit selbst entwickelten Überschriften vertieft das Textverständnis, hält die wesentlichsten Informationen und die Argumentationslinie des Autors fest.

– Ein Text kann auch dadurch erschlossen werden, dass zu ihm Fragen formuliert werden, die sich aus der Problemstellung der eigenen Facharbeit ergeben haben.

Die verwendete Sekundärliteratur muss vollständig und genau angegeben werden. Für die Zitierweise (vgl. auch die Angaben unter den Quellentexten dieses Schülerbuches) gilt folgende Grundregel:
Name und Vorname des Autors: Titel, Erscheinungsort und Erscheinungsjahr (ggf. mit Auflage), Seitenangabe; bei Zeitschriften auch Hinweis auf die Jahrgangs- und Heftnummer. Übernahmen aus Internetveröffentlichungen müssen durch Angabe der Web-Adresse kenntlich gemacht werden.

5. Anlegen eines Arbeitsordners
Um die Fülle an Informationen rechtzeitig zu kanalisieren, um Ideen für Einleitung, Hauptteil oder Schluss zu sortieren und das Literaturverzeichnis immer auf dem neuesten Stand zu halten, sollte rechtzeitig ein Arbeitsordner angelegt werden. Das kann ein Aktenordner mit Trennblättern oder ein Karteikartensystem mit folgender Minimalgliederung sein: Titelblatt, Disposition, Einleitung, einzelne Hauptkapitel, Schlussteil, Literaturverzeichnis. Die Ergebnisse der Literaturbearbeitung oder sonstige Aufzeichnungen werden nun auf DIN-A4-Blättern oder Karteikarten festgehalten und entsprechend eingeordnet. Bei den Literaturauszügen sollte zwischen „Zitaten", „Paraphrasen" (sinngemäße Wiedergabe) und „eigenem Kommentar" unterschieden werden. Für die Anlage der DIN-A4-Blätter bzw. Karteikarten empfiehlt es sich, eine Kopiervorlage z. B. nach dem Muster von M 1.34 herzustellen.

❶		❷
❸	❹	❺

❶ verwendete Sekundärliteratur entsprechend den Zitierregeln
❷ Titel des Kapitels, ggf. Unterkapitels
❸ Schlagworte zum Textauszug
❹ Literaturauszug, als „Zitat" oder Paraphrase gekennzeichnet
❺ eigener Kommentar

***M 1.34** Muster für eine Kopiervorlage zur systematischen Literaturauswertung*

6. Abfassen der Facharbeit
Hierbei sind bestimmte formale und inhaltliche Aspekte zu beachten.
– Deckblatt: Es enthält Titel der Arbeit, Name des Verfassers, Jahrgangsstufe sowie Datum der Abgabe und kann ansprechend gestaltet werden (z. B. mit Foto/Grafik zum Thema).
– Gliederung (Inhaltsverzeichnis): Sie lässt in logischer Zuordnung von Ober- und Unterkapiteln (z. B. durch Nummerierung) in übersichtlicher Form den „roten Faden" erkennen und enthält auch die Seitenangaben.
– Einleitung: In ihr werden die Problemstellung sowie das Anliegen skizziert. Sie gibt auch Hinweise auf den Gang der Untersuchung.
– Durchführungsteil: Neben dem Inhalt sollte hier auch auf die sprachliche Form, auf die korrekte Verwendung von Fachbegriffen, auf die grafische Ausgestaltung und das Layout geachtet werden.
– Schlussteil: Fasst die wichtigsten Ergebnisse knapp zusammen. Es wird z. B. auch geprüft, ob das in der Einleitung formulierte Anliegen eingelöst werden konnte.
– Literaturverzeichnis: Es muss in korrekter Form sämtliche verwendeten Quellen oder Werke der Sekundärliteratur anführen. Als Muster kann das Literaturverzeichnis dieses Schülerbuches dienen.

***M 1.35** Tipps für einen möglichen Vortrag (Kolloquium)*

- Zeitbedarf genau kalkulieren
- Anschaulichkeit herstellen durch klare Gliederung und lebendige Sprache
- Kreativität beim Medieneinsatz entwickeln (z. B. Tafelbild, Karten, Overheadprojektor, Power Point-Präsentation ...)
- Vortragstechniken (Rhetorik) beachten
- Thesenpapier/Exposé erstellen und vorher verteilen

2. Verstädterung und Stadtentwicklung in unterschiedlichen Räumen

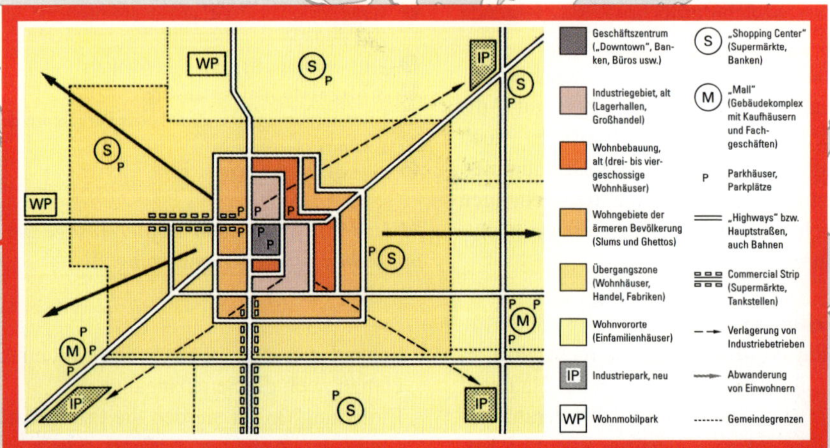

Modell der Großstadtregion in den USA Ende des 20. Jh.

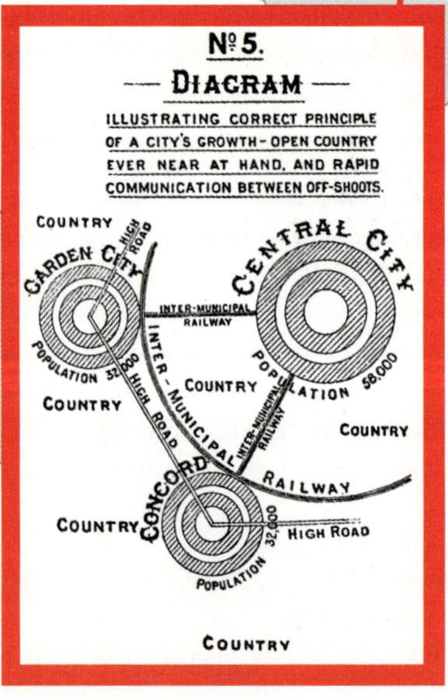

Gartenstadtmodell von E. Howard Ende des 19. Jh.

M 2.1 Stadtentwicklungsmodelle und -konzepte zu verschiedenen Zeiten in unterschiedlichen Kulturräumen

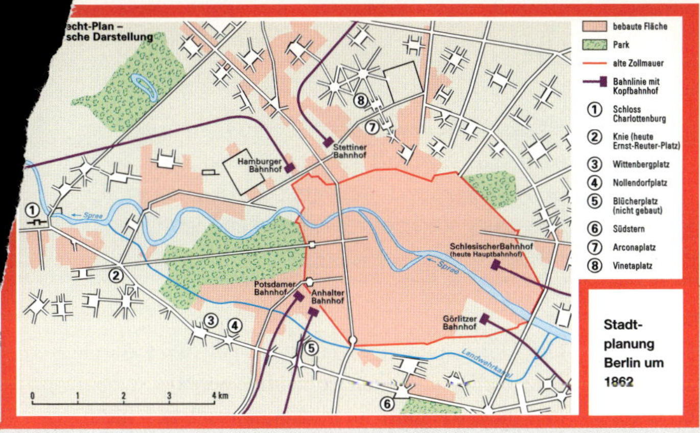

Stadtplanung Berlin um 1862

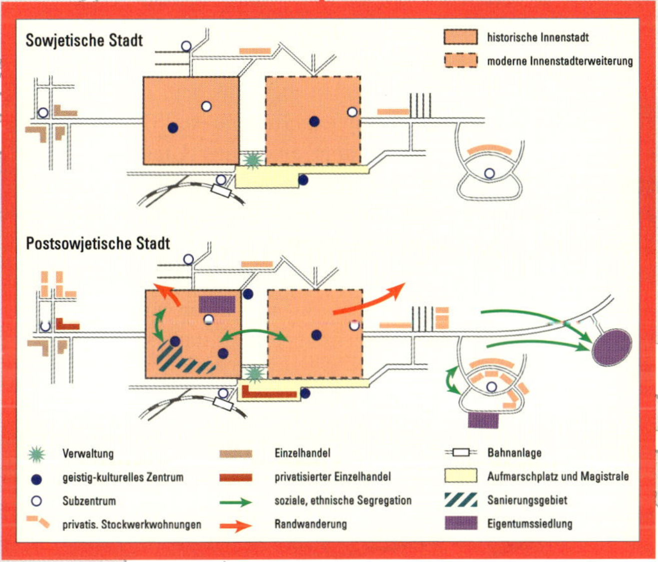

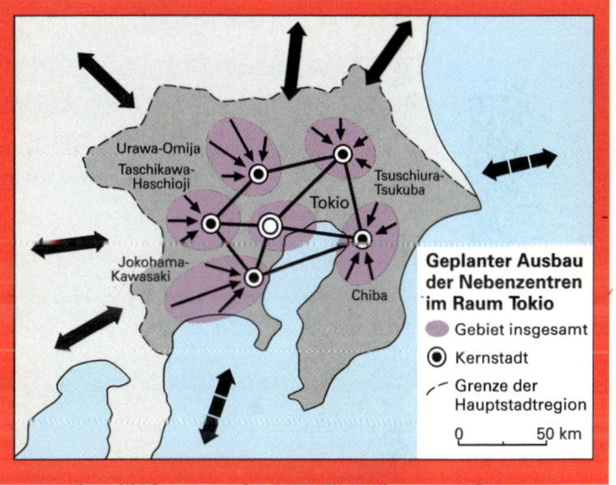

Geplanter Ausbau der Nebenzentren im Raum Tokio

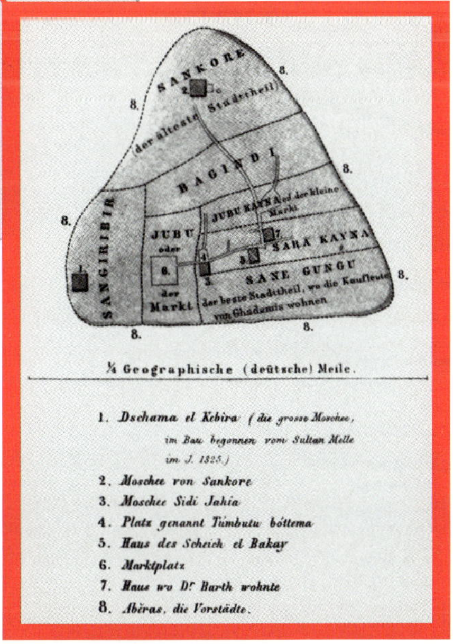

Tombouctou (Timbuktu) in der 1. Hälfte des 19. Jh.

Herausbildung von Stadttypen

M 2.2 Entstehung von Stadttypen

„Im Zuge des Verstädterungsprozesses sind Bevölkerungskonzentrationen entstanden, die sich je nach Lage und Größe in ihrer äußeren Gestaltung sowie inneren Struktur deutlich unterscheiden. Eine Metropole in Südamerika hat sich in ihren traditionellen Bauformen und funktionalen Gliederungen anders entwickelt als eine deutsche Großstadt. Vor dem Hintergrund des jeweiligen Kulturraumes entsteht eine Stadt als das Produkt der in jeder historischen Epoche dominierenden gesellschaftspolitischen, ökonomischen und technischen Einflüsse. Auf diese Weise haben sich in den verschiedenen Kulturerdteilen von Europa über den Orient und Ostasien bis nach Nord- und Lateinamerika spezifische kulturgenetische Stadttypen herausgebildet. In ihrem aktuellen Erscheinungsbild und in ihren Strukturen spiegeln sie den gesellschaftlichen Wandel der letzten Jahrhunderte wider. Dabei muss beachtet werden, dass sich soziale Veränderungen stets rascher vollziehen als die Umformung der städtischen Bausubstanz. Deren Beharrungsvermögen (Persistenz) sorgt für das Nebeneinander traditioneller und moderner Strukturen im Erscheinungsbild der verschiedenen Stadttypen."

Wilfried Korby: Das Jahrtausend der Städte. Terra global, S II Arbeitsmaterial. Gotha: Klett-Perthes 2004, S. 10

Die Herausbildung von Stadttypen wird durch eine Reihe von Determinanten geprägt, wobei dies überwiegend nicht monokausal geschieht, sondern in einem multikausalen Zusammenspiel verschiedener Rahmenbedingungen und Einflussfaktoren. Nach der jeweiligen Dominanz bestimmter Charakteristika kann man im Wesentlichen die in M 2.3 dargestellten sechs Typisierungsmerkmale ausgliedern.
Warum nimmt man überhaupt eine Typisierung von Städten vor, stellen diese doch in der Regel hochgradig komplexe Systeme dar? Eine Typisierung bedeutet aber eine unter Umständen verfälschende Reduzierung auf ein oder wenige Merkmale. Die (vorläufige) Reduzierung einer Stadt auf einen bestimmten Typus hat jedoch den Vorteil, dass ein besonders wesentliches Element prägnant beschrieben wird und damit auch wesentliche Problemstellungen der Stadt sichtbar werden.

M 2.3 Typisierungsmerkmale für Städte

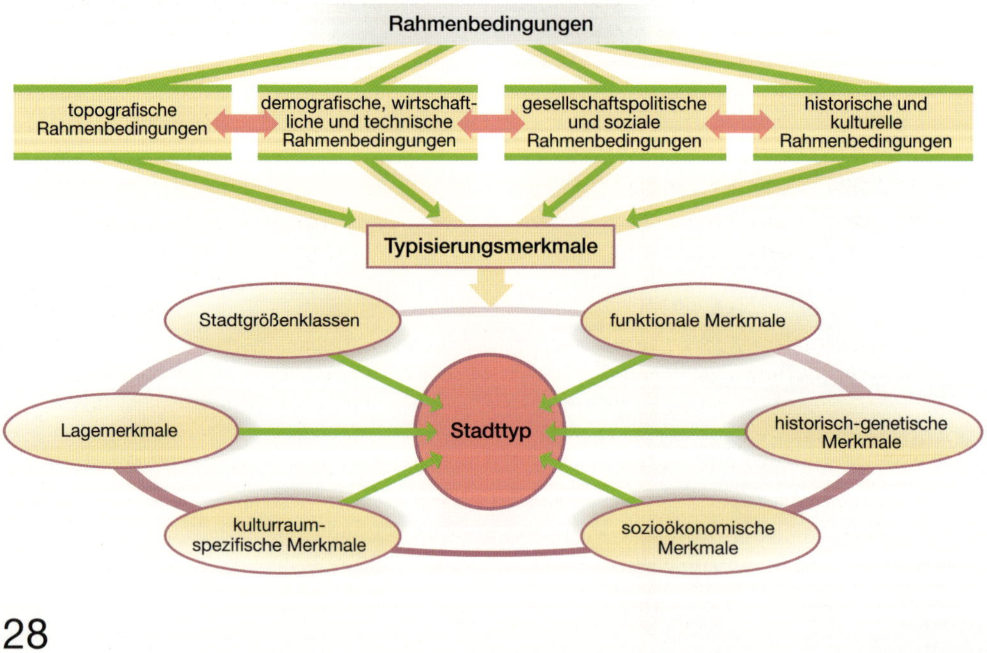

Ein Beispiel: Die *Metropole* eines Dritte-Welt-Landes ist ein vielschichtiges Gebilde, ihr typischstes Merkmal unter sozioökonomischem Aspekt (s. u.) ist aber das „informelle Hyperwachstum". Der entscheidende Problembereich mit dem entsprechenden Handlungsbedarf sind also die durch ein ungesteuertes Riesenwachstum ausgelösten Schwierigkeiten (vgl. auch S. 67–75).

Stadtgrößenklassen. Man kann die Größe von Städten nach Einwohnerschwellenwerten definieren, sodass statistische Städtetypen entstehen. So handhabt es z. B. die amtliche deutsche Statistik. Es gibt für dieses Verfahren allerdings keine weltweit gültigen Standards (vgl. S. 14–16 mit M 1.19 sowie S. 21).

Lagetypen von Städten. Dominierendes Merkmal dieses Typus ist die geografische oder topografische Lage der Stadt. Aus zahlreichen Möglichkeiten seien exemplarisch Küstenstädte, Passstädte oder Städte in Brückenlage genannt. Deutlich wird, dass die Lage oft in Beziehung zur Stadtgenese oder zur wichtigsten städtischen Funktion gesetzt werden kann (z. B.: Küstenstadt – Hafenfunktion).

Funktionale Stadttypen. Hierzu zählen die Städte und Städtegründungen, bei denen ein funktionaler Schwerpunkt gesetzt wurde. Dieser kann politisch sein, wie es bei den Residenzstädten des Absolutismus der Fall war oder in den heutigen Hauptstädten. Eine zweite Schwerpunktsetzung kann kultureller Art sein, wie man sie in Bischofsstädten oder in Universitätsstädten findet. Drittens sind hier Städte mit besonderen Wirtschafts- oder Verkehrsfunktionen zu nennen, z. B. Handelsstädte, Industriestädte oder Hafenstädte.

Historisch-genetische Stadttypen. Gerade in Mitteleuropa ist die Entwicklung der Städte stark von ihrer Gründungszeit und ihrem Gründungsanlass geprägt. Dieser Aspekt ist vor dem Hintergrund der oben genannten Persistenz besonders wichtig, stellt er doch z. B. die heutige Stadtplanung vor die Anforderung, einen Ausgleich zwischen dem Bewahren wertvoller alter Substanz und einer zukunftsfähigen Um- bzw. Neugestaltung der Städte zu schaffen.
Wesentliche Städtegründungsphasen in Mitteleuropa sind: die römische Epoche, das Mittelalter, das Zeitalter des Absolutismus und der Aufklärung, das Industriezeitalter sowie das 20. Jh. (Näheres hierzu s. S. 40–47).

Sozioökonomisch bedingte Stadttypen. Der von der „Weltkommission Urban 21" erstellte „Expertenbericht zur Zukunft der Städte" (2000) unterscheidet nach diesem Merkmal drei Typen:
– die „Stadt des informellen Hyperwachstums" in ärmeren Ländern; gemeint sind die jeweiligen *Metropolen* in Entwicklungsländern, deren Wachstumsprozesse so schnell ablaufen, dass sie ökonomisch, sozial und administrativ überfordert sind (z. B. Lagos/Nigeria: jährliche Wachstumsrate 1975–1995 5,85 %, Bevölkerungsanstieg in der gleichen Zeit von 3,3 Mio. auf 10,3 Mio. Menschen),
– die „dynamisch wachsende Stadt" in den Schwellenländern und jungen Industriestaaten, die sich durch eine hohe demografische Dynamik auszeichnet (z. B. Kuala Lumpur/Malaysia: Anteil der unter 15-Jährigen 25,6 %, Durchschnittsalter der Bevölkerung 26,6 Jahre, jährliches Bevölkerungswachstum 1990–2000 1,3 %),
– die „reife Stadt der Überalterung mit abnehmender Dynamik" in den hoch entwickelten Räumen der Erde (z. B. Wien: Stagnation beim Bevölkerungswachstum, 1999–2000 0,4 %; mehr über 65-Jährige (15,9 %) als unter 15-Jährige (14,6 %); zunehmender Anteil einkommensschwächerer Ausländer über 35 % entlang des Westgürtels).

Kulturgenetische Stadttypen. Da jede Gesellschaft in Abhängigkeit von den ökonomischen, kulturellen und politischen Gegebenheiten ihren eigenen Stadttypus schafft, ist die Zahl der kulturraumspezifischen Stadttypen außerordentlich groß. Grundsätzlich lassen sich neben den europäischen Städten vor allem die drei auf den folgenden Seiten dargestellten Typen unterscheiden: die angloamerikanische Stadt, die lateinamerikanische Stadt sowie die islamisch-orientalische Stadt, außerdem die chinesische Stadt (s. S. 172–177 und Internetbegleitung dieses Buches).

Kulturraumspezifische Stadttypen und ihr Wandel

Die Betrachtung der drei hier behandelten außereuropäischen Stadttypen erfolgt aus historischer Perspektive. Im Laufe der Zeit haben sie sich jedoch z. T. grundlegend verändert, sodass viele der ursprünglichen Charakteristika heute kaum noch erkennbar sind.

Die angloamerikanische Stadt

Nordamerikas Städte sind jung. Die meisten wurden erst im 18. und 19. Jh. gegründet, zu einem Zeitpunkt also, da die Hauptphase der Städtegründungen in Mitteleuropa bereits mehr als ein halbes Jahrtausend zurücklag (vgl. S. 40 mit M 2.17). Die Gründungen in den USA erfolgten vornehmlich im Zuge der Erschließung des Landes, zunächst durch die Briten in den 13 Kolonien an der Ostküste, später im Rahmen der Landnahme, z. B. im Zusammenhang mit dem Bau der großen Kontinentalbahnen ab ca. 1880.
Die angloamerikanischen Städte sind also ein junges Element in der Kulturlandschaft der USA. Sie hatten im Gegensatz zu vielen Städten in Mittel- und Südamerika keine vorkolonialen Vorgänger. Es fehlen ihnen zudem städtebauliche Elemente wie sie z. B. die europäische Stadt aufweist: eine *Altstadt*, ein zentraler Marktplatz, eine Stadtmauer, eine Burg oder ein Schloss. Andererseits spiegeln die angloamerikanischen Städte sehr deutlich Werte und Einstellungen der Gesellschaft wider, die sie erbaut hat. Sie waren nie kulturelle Zentren. Die Amerikaner haben ihre Städte vielmehr hauptsächlich nach wirtschaftlichen und pragmatischen Gesichtspunkten angelegt und ausgestaltet. Insofern sind sie auch ein Spiegelbild dessen, was man als „American Way of Life“ bezeichnet.

M 2.4 Stadtland USA

„Amerikanische Städte sind bekanntlich ganz anders als etwa europäische, indische oder chinesische Städte. Sie sind keine deutlich verdichteten Siedlungszentren in einer anderweitig offenen ländlichen Kulturlandschaft, sondern sie bedecken amorph ausgedehnt ganze Landstriche und Landschaften. Sie sind nicht kompakt und auf ein Zentrum ausgerichtet, sondern zentrifugal aufgelöst und mit dem ländlichen Umland zu einem vielkernigen, vielzelligen Stadtland zusammengewachsen.“

Lutz Holzner: Stadtland USA: Die Kulturlandschaft des American Way of Life. Gotha: Perthes 1996, S. 9

Grund- und Aufriss. Neben dem stark flächenhaften Ausufern der „Stadtlandschaften“ ist die US-amerikanische Stadt vor allem durch zwei Merkmale gekennzeichnet:
1. das schachbrettartige Straßennetz und
2. die Hochhausbebauung in den Großstadtkernen.

Der Schachbrettgrundriss mit den in der Regel nord-südlich und west-östlich verlaufenden Straßen wurde vornehmlich durch die Einführung des quadratischen Landvermessungssystems (Land Ordinance = Vermessung in Quadratmeilen große so genannte Sections) gefördert, das ab 1785 in allen Gebieten westlich der Appalachen Anwendung fand. In den meisten Städten wurde jede Quadratmeile in 12 Baublöcke mit einer Seitenlänge von ca. 100 m aufgeteilt.
Die Konzentration von Wolkenkratzern in den Großstadtkernen ist im Wesentlichen eine Reaktion auf den Raummangel und die hohen Grundstückspreise in diesem Stadtbereich. Nach Hofmeister (1980) ist der Wolkenkratzer „die erste eigenständige Leistung der amerikanischen Architektur und Symbol für die amerikanische Gesellschaft“.

Funktionale Gliederung und Wandel. Die meisten anglo-amerikanischen Städte lassen sich in mehrere Teilbereiche mit je eigenständiger Physiognomie und eigenständigen Funktionen gliedern, wie sie nebenstehend M 2.5 zeigt. Diese modellartige Abbildung stellt ferner dar, wie es im Zuge umfangreicher Wanderungen von zunächst Bevölkerung, später auch von Gewerbe- und Dienstleistungsbetrieben in den letzten Jahrzehnten zu weitreichenden Umstrukturierungen kam. Sie haben das Gesicht der US-amerikanischen Städte z. T. grundlegend verändert. In dem Maße, wie die *Downtown* ihre Attraktivität nicht nur als Wohngebiet, sondern auch als Arbeitsplatz für Pendler eingebüßt hat, hat das suburbane Gebiet als Wohn- und Wirtschaftsraum an Bedeutung gewonnen.

M 2.5 Schematische Skizze der US-amerikanischen Stadt zu Beginn des dritten Jahrtausends

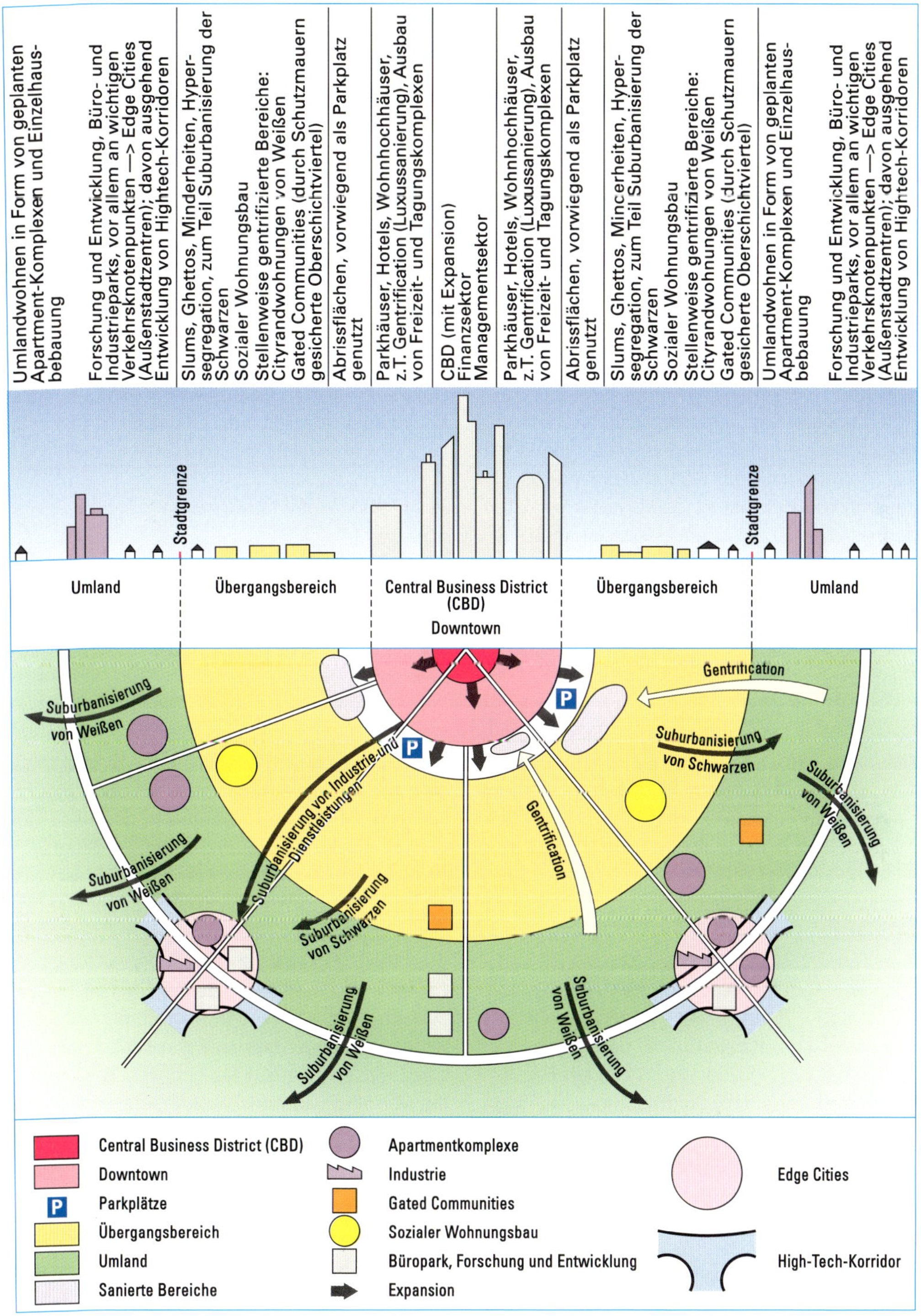

Nach Roland Hahn: USA. Perthes Länderprofile. 2. Aufl. Gotha: Perthes 2002, S. 44

Die lateinamerikanische Stadt
Die gegenüber Angloamerika frühere Besitzergreifung Lateinamerikas durch die Spanier und Portugiesen sorgte dafür, dass hier bereits um 1600 über 200 Städte existierten. Diese wuchsen nicht etwa aus kleinen Marktorten heran, sondern entstanden fast ausschließlich aus planmäßigen Gründungen. Um 1580 war bereits die Hauptgründungsphase abgeschlossen. Damit waren wesentliche Elemente und Grundstrukturen der heutigen Städte in Lateinamerika geschaffen.

***M 2.6** Erscheinungsbild der kolonialzeitlichen lateinamerikanischen Stadt*

„Die heutigen lateinamerikanischen Städte … sind in ihrer strukturellen und sozialräumlichen Gliederung noch stark von der Entwicklung in der früheren Kolonialzeit geprägt. Diese hat in den ehemals spanischen Gebieten einen Idealtyp der spanischen Kolonialstadt hervorgebracht, der sich an europäischen Vorbildern …, wahrscheinlich aber auch an Grundformen in den indianischen Hochkulturreichen orientierte … Durch die auf königliche Anordnungen … zurückgehenden Bauvorschriften ergaben sich folgende Merkmale der spanischen Kolonialstadt in Lateinamerika …:

- regelmäßiger Schachbrettgrundriss mit Seitenlängen der Quadrate … von gut 100 Metern; …
- Mittelpunkt der Stadt war immer eine plaza mayor, d. h. ein Hauptplatz als unbebautes Quadrat;
- an den vier Seiten der plaza wurden die wichtigsten Repräsentationsbauten (Kathedrale, Rathaus, Regierungs-, Gerichtsgebäude, Schulen und Klöster) und daran anschließend die Wohnhäuser der führenden Familien (Oberschicht) errichtet, die oft prunkvolle Adelspaläste oder vornehme Bürgerhäuser mit großen Innenhöfen (Patio-Häuser …) darstellten bzw. -stellen;
- mit zunehmender Entfernung vom Zentrum nahmen Größe und Ausstattung der Häuser und damit der Sozialstatus ab; damit war die spanische Kolonialstadt hinsichtlich ihres sozialräumlichen Gefüges (Sozialgefälle vom Kern zum Rand) Musterbeispiel eines vorindustriellen Stadttypus …;
- Handel und Gewerbe konzentrierten sich in der Nähe der randlich angesiedelten Märkte;
- weiter außerhalb lagen die Hüttensiedlungen der Indianer und z. T. auch der Sklaven, d. h. der untersten Sozialschichten, die meist durch unbebautes Land von der eigentlichen Stadt getrennt waren.“

Heinz Heineberg: Grundriss Allgemeine Geographie: Stadtgeographie. Paderborn u. a.: Schöningh 2000, S. 259–261

Jüngere Entwicklungen. Seit Mitte des vergangenen Jahrhunderts hat sich das Erscheinungsbild der lateinamerikanischen Stadt z. T. grundlegend geändert. Dabei lassen sich mehrere Entwicklungsphasen unterscheiden.

***M 2.7** Wandel der Stadtstruktur*

„Erste Tendenzen einer Auflösung traditioneller funktionaler und sozialräumlicher Strukturen zeichneten sich schon während der 60er Jahre des 19. Jahrhunderts ab. Vor allem die Kommerzialisierung des Stadtzentrums, wo sich nach der Unabhängigkeit der lateinamerikanischen Staaten zunehmend Handelshäuser, Banken, Unternehmensverwaltungen und Einzelhandel niedergelassen hatten, führte zur Verdrängung der Oberschicht, die sich nun in der Nähe der neu angelegten Parks am Rande der Stadt niederließ. Die Weltwirtschaftskrise 1929 und der Wunsch, sich vom krisenanfälligen Weltmarkt zu lösen, führten ab 1930 zur beschleunigten Industrialisierung lateinamerikanischer Städte. Das Zentrum erfuhr einen funktionalen, vor allem aber sozialräumlichen Wandel. Anstelle der aufgegebenen und abgerissenen Patio-Häuser wurden billige Massenmietshäuser (‚conventillos‘) errichtet. Vor allem an den Stadträndern entstanden nun Industrieviertel und Arbeitersiedlungen. Die durch den raschen wirtschaftlichen Umbruch stimulierte Landflucht hatte die Bildung von Hüttenvierteln zur Folge. Diese Umbrüche sind durchaus vergleichbar mit dem Wandel, den die mittel- und westeuropäische Stadt zu Beginn des Industriezeitalters erfahren hat.“

Klaus Zehner: Stadtgeographie. Gotha: Perthes 2001, S. 182

Kennzeichen der jüngsten Entwicklungsphase der lateinamerikanischen Städte sind zum einen das ungebremste Wachstum und zum anderen eine verstärkte Polarisierung der städtischen Wirtschaft in einen *formellen* und einen *informellen* Sektor. Hand in Hand damit geht eine immer stärkere soziale *Segregation* und *Fragmentierung* einher, die sich einerseits in den randstädtischen *Marginalsiedlungen* bemerkbar machen und andererseits in den so genannten „condeminios“. Letztere sind abgeschlossene, für die Öffentlichkeit nicht zugängliche Siedlungen besonders der Oberschichtenbevölkerung, vergleichbar den *Gated Communities* in den nordamerikanischen Städten.

***M 2.8** Modell der sozialräumlichen Differenzierung lateinamerikanischer Metropolen zu Beginn des 3. Jahrtausends*

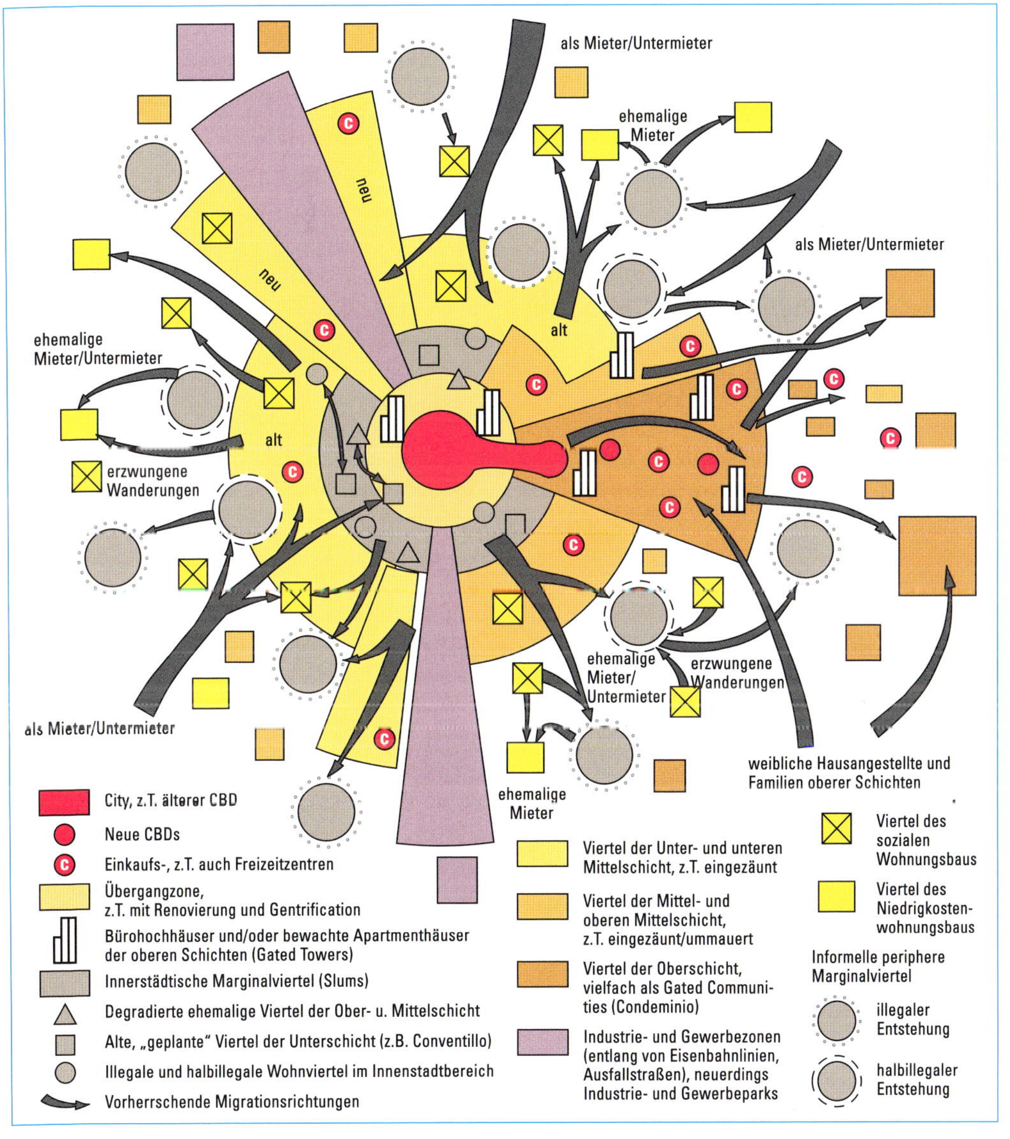

Nach J. Bähr/G. Mertins in Günter Mertins: Jüngere sozialräumlich-strukturelle Transformationen in den Metropolen und Megastädten Lateinamerikas. In: Petermanns Geographische Mitteilungen, 147. Jg., H. 4. Gotha: Perthes 2003, S. 53

Die islamisch-orientalische Stadt
Mit einer Stadtgeschichte, die bis ins dritte Jahrtausend v. Chr. zurückreicht, verfügt der Orient über die ältesten Stadtkulturen der Erde. Als eigenständiger Kulturkreis reicht der „Orient" über annähernd 9000 km von Marokko im Westen über den gesamten nordafrikanischen Kontinent bis nach Pakistan im Osten. Es ist das geschlossene Hauptverbreitungsgebiet des Islam, der die gesamte Gesellschaft und Kultur dieses Raumes geprägt und einen eigenständigen Stadttyp hervorgebracht hat.

***M 2.9** Erscheinungsbild und Funktionen der Altstadt (Medina)*

„Der islamisch-orientalische Stadttyp ist in einer rentenkapitalistisch organisierten Agrargesellschaft entstanden, in der der Islam als vorherrschende Religion die Stadt als religiöses und politisches Zentrum definierte.
Als typische Strukturelemente treten hervor:
- das Sackgassen-Grundrissmuster der Wohnquartiere, das dem Streben nach Schutz der Privatsphäre entspricht, gelten doch die großen Durchgangsstraßen zu den Stadttoren als öffentlicher Besitz, die Sackgassen aber als gemeinschaftlich-privater Bereich, als äußerer Schutzkordon für das eigene Haus,
- scharf abgegrenzte Wohnquartiere mit in der Regel um einen Innenhof angeordneten und nur auf diesen hin geöffneten Wohnhäusern, was ebenfalls die Intimität des Familienlebens garantieren soll,
- die Freitagsmoschee als religiöser und gesellschaftlicher Mittelpunkt sowie kleinere Moscheen innerhalb der einzelnen Stadtviertel,
- der Suq (arabisch; auch Souk oder Suk) bzw. Bazar (persisch), der … das Handels-, Gewerbe- und Finanzzentrum darstellt und in dem auch die rentenkapitalistischen Landeigentümer als Kaufleute, Geldverleiher und Verleger des ländlichen Heimgewerbes ihren Sitz haben,
- Stadtmauern sowie Burg- und Palastanlagen als Ausdruck politischer Macht,
- spezielle Stadtviertel für ethnische bzw. religiöse Minderheiten (z. B. für Christen, Juden)."

Wilfried Korby: a. a. O., S. 14

Wandel der islamisch-orientalischen Stadt.

***M 2.10** Entwicklung zur einer bipolaren Stadt*

„Infolge der Überprägung durch die britischen und französischen Kolonialmächte einerseits und durch die moderne Weltwirtschaft andererseits hat sich das Bild der traditionellen islamisch-orientalischen Stadt seit Beginn des 20. Jahrhunderts wesentlich verändert.
Neben der Altstadt entwickelte sich eine Neustadt mit regelmäßigem Straßennetz, repräsentativen Plätzen, mehrgeschossigen Miets-, Geschäfts- und Bürokomplexen sowie offenen Wohnvierteln der Ober- und Mittelschicht, letztere vor allem in landschaftlich bevorzugten Lagen.
In der Neustadt konzentrierte sich ferner der gehobene Tertiärbereich mit Banken, Großkaufhäusern, Hotels und Verwaltungsgebäuden; eine City nach europäischen Vorbild entstand, vornehmlich zwischen Altstadt und Neustadt. So entwickelte sich im Laufe der Verwestlichung die islamisch-orientalische häufig zu einer zweipoligen Stadt mit einem modernen CBD in geringer Entfernung von der Medina.
Zweipolig ist die heutige islamisch-orientalische Stadt auch noch in einem anderen Sinne. Auch die Wohngebiete sind zweigeteilt: Mit dem Auszug besonders junger und wohlhabender Bevölkerungsgruppen aus der Enge der Medina verfällt diese mehr und mehr. Im Gegenzug rücken ‚Neu-Städter' nach, die den ländlichen Raum wegen des hohen Bevölkerungsdrucks und der unzureichenden Lebens- und Wirtschaftsverhältnisse verlassen. Es kommt zu einer Überbelegung der Wohnbereiche der Medina, teilweise auch zu Slumbildung. Gleichzeitig entwickeln sich am Rande der Großstädte Hüttenviertel der Armen, die so genannten bidonvilles.
Da die Industrialisierung in den orientalischen Ländern in aller Regel erst spät einsetzte, kam es auch nicht zu einer stärkeren Durchmischung von Wohn- und Industriegebieten. Die größeren Industriebetriebe siedelten sich vor allem an den großen Ausfallstraßen an der Peripherie der Städte an."

Nach Norbert von der Ruhren: Leitbilder der Stadtentwicklung in außereuropäischen Kulturkreisen. In: Norbert von der Ruhren (Hrsg.): Leitbilder der Stadtentwicklung. Köln: Aulis 2003, S. 32

M 2.11 Grundriss der Stadt Tetuan/Marokko

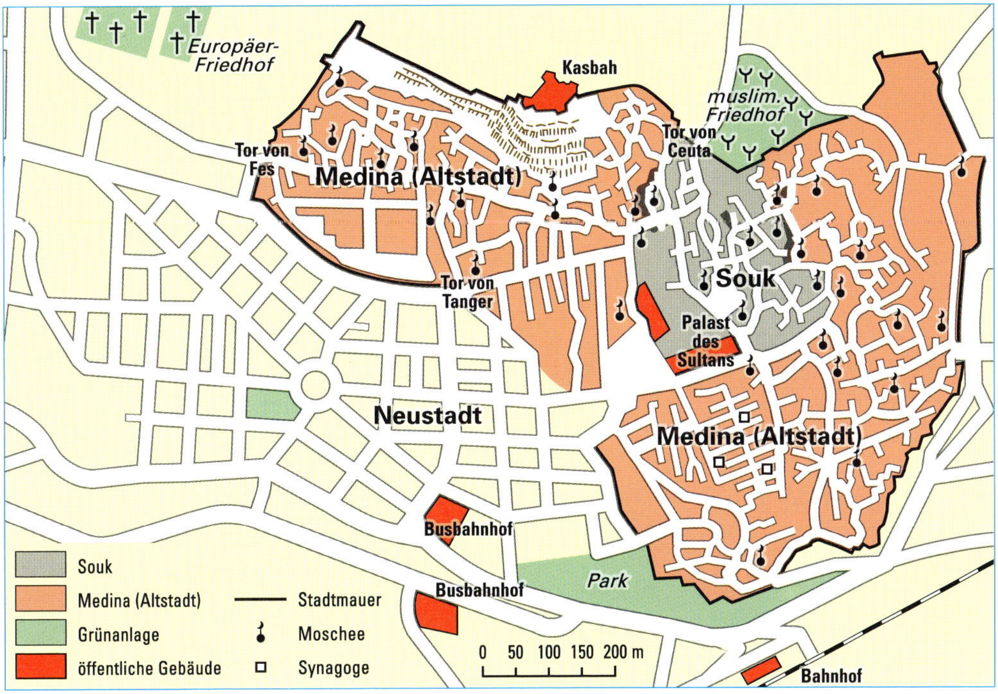

2.1 *Konkretisieren Sie beispielhaft die Determinantengruppe „demografische, wirtschaftliche und technische Rahmenbedingungen" aus M 2.3. Erläutern Sie, inwiefern das Zusammenspiel aus demografischen Entwicklungen sowie wirtschaftlichen und technischen Aspekten an der Herausbildung eines Stadttypen nach S. 29 teilhaben kann.*

2.2 *Nennen Sie weitere Beispiele für „Lagetypen von Städten" und für „funktionale Stadttypen" (s. S. 29).*

2.3 *Ordnen Sie Ihren Schulort in das System der Stadttypen ein (S. 28–29). Lässt sich eine solche Zuordnung überhaupt problemlos vornehmen? Welche Determinanten haben Gründung und Entwicklung des Ortes entscheidend beeinflusst?*

2.4 *Internetrecherche: Stellen Sie anhand der Website von Wien (www.wien.at) Informationen und Daten über die Stadt zusammen, mit deren Hilfe Sie die Aussage, dass Wien eine „reife Stadt der Überalterung mit abnehmender Dynamik" ist, überprüfen können.*

2.5 *Interpretieren Sie die schematische Skizze der US-amerikanischen Stadt (M 2.5) und erläutern Sie die dargestellten Strukturen und Prozesse.*

2.6 *Nennen Sie typische Kennzeichen der Städte des kolonialen Lateinamerikas (M 2.6).*

2.7 *Erläutern Sie die Veränderungen, die sich in der postkolonialen Entwicklungsphase der lateinamerikanischen Städte vollzogen haben (M 2.7 und M 2.8).*

2.8 *Fassen Sie, ausgehend vom „Modell der sozialräumlichen Differenzierung lateinamerikanischer Metropolen zu Beginn des 3. Jtsd.s" (M 2.8) den Entwicklungsprozess und die sozialräumliche Differenzierung lateinamerikanischer Großstädte zusammen.*

2.9 *Nennen Sie typische Kennzeichen der traditionellen islamisch-orientalischen Stadt (M 2.9, M 2.11).*

2.10 *Erstellen Sie selbst eine Schemaskizze/ein Modell der islamisch-orientalischen Stadt, vergleichbar den beiden Schemata der angloamerikanischen bzw. lateinamerikanischen Stadt (M 2.5 und M 2.8; s. hierzu auch S. 36–37).*

2.11 *Bei allen drei vorgestellten kulturgenetischen Stadttypen kann man von einer „dualen Struktur" und einer „fragmentierten Stadt" sprechen. Erklären und belegen Sie diese Ausdrücke.*

Modelle – abstrakt und langweilig?

Die Frage, was Modelle eigentlich sind, ist schnell beantwortet: Sie sind abstrahierende und generalisierende Abbildungen der Realität. Das heißt: Die oft komplexen Sachverhalte der Wirklichkeit werden vereinfacht und auf einer abstrakten Ebene dargestellt.
Zwingend stellt sich damit die Frage nach dem Sinn von Modellen. Er liegt im Erfassen und Verstehen des Regelhaften in den Objekten und Prozessen, die „modelliert“ werden. Hierbei dient die Vereinfachung dazu, Einzelaspekte und ihre Zusammenhänge besser sichtbar und damit leichter erfassbar zu machen.

M 2.12 Original und Modell

„Dabei ist es meistens der Fall, dass das Original zwar in einigen Punkten anders aussieht oder funktioniert als in der Modelldarstellung; es wird aber unterstellt, dass das Prinzip ähnlich oder gleich ist. Man versucht also, die Einflussfaktoren und Zusammenhänge auf die für die gerade vorliegende Fragestellung wesentlichen zu reduzieren und damit überschaubarer zu machen, dieses Prinzip besser herauszuarbeiten, als es in der Realität sichtbar ist. Das bedeutet nicht, dass man die vielen anderen Kriterien des Originals, die vielleicht vorhanden sind, und die Einflüsse, die darauf wirken, nicht erkennt oder ihre Existenz verneint, sondern sie werden nur zum Zwecke der Demonstration vernachlässigt, um dafür die Teile der Realität, deren gegenseitige Beeinflussung und Abhängigkeit dargestellt werden soll, deutlicher sichtbar zu machen.“
Helmut Köck (Hrsg.): Grundlagen des Geographieunterrichts. In: Handbuch des Geographieunterrichts Bd. 1. Köln: Aulis 1986, S. 35

Ist mithilfe des Modells einmal ein Verständnis erreicht, so kann sein Nutzen noch weiter gehen. Es bietet die Möglichkeit, zukünftige Entwicklungen in dem dargestellten Teilaspekt der Realität zu prognostizieren oder zu simulieren.
Im Unterricht unterscheidet man zwei Möglichkeiten, mit Modellen zu arbeiten: Man kann einmal an einem vorgegebenen Modell arbeiten (deduktives Vorgehen), man kann aber auch selbst ein Modell im Unterricht entwickeln und so neben dem inhaltlichen Ertrag Einblicke in die Bildung von Modellen gewinnen (induktives Arbeiten).
Die Beschäftigung mit Modellen muss also keineswegs etwas Langweiliges sein. Sie sind sowohl in der Wissenschaft als auch in der Schule wichtige Instrumente, um sich durch Vereinfachen, Veranschaulichen und Abbilden dem Prinzipiellen in unserer Wirklichkeit zu nähern – im konkreten Fall den städtischen Strukturen und Entwicklungen.

Modelle von Städten machen also nicht nur gegenwärtige Strukturen erkennbar, sie geben auch Aufschluss über die Prozesse, die zum heutigen Erscheinungsbild beigetragen haben. Sie schärfen damit, wie bereits gesagt, den Blick für wesentliche Einzelaspekte und können so eine Grundlage und Hilfe für die zukunftsgerichtete *Stadtplanung* sein.

M 2.13 Modell der Altstadt (Medina) im islamischen Orient

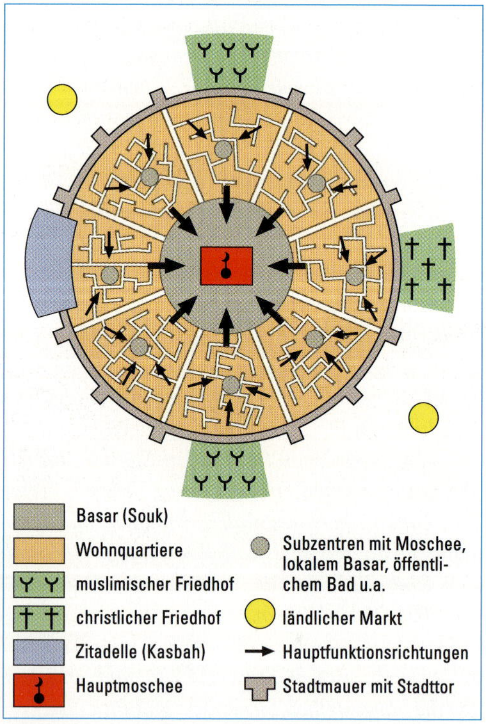

Arbeitsschritte bei der Modellbildung (am Beispiel von Damaskus).

1. Raumbegegnung: Einführung in einen Raumausschnitt, in dem ein Sachverhalt, eine Struktur oder Beziehungen modellhaft dargestellt werden sollen.
→ Hier: Damaskus.
2. Raumproblem: Was soll modellhaft dargestellt werden? Die Problemfrage muss konkretisiert werden.
→ Hier: historische, soziale und funktionale Differenzierung der Stadt Damaskus.
3. Raumanalyse: Erkennen der wesentlichen geografischen Elemente auf der Basis der im zweiten Schritt konkretisierten Problemfrage.
→ Hier z. B.: funktionale und soziale Differenzierung und ihr räumliches Verteilungsmuster; relevante Hauptstadtfunktionen; Straßengrundriss als Indiz historischer Entwicklungsphasen.
4. Raumdarstellung: Überlegung, welcher Darstellungselemente man sich bei der grafischen Umsetzung bedient, welche im Hinblick auf das Analysierte relevant bzw. notwendig sind.
→ Hier z. B.: Signaturformen; Farbgestaltung; Beschriftungen; Legende.
5. Sicherung: Überprüfung des Modells an der Wirklichkeit; eventuell Diskussion über die Aussagemöglichkeiten und -grenzen des erarbeiteten Modells.
→ Hier: Vergleich des Modells der islamischen Stadt (s. Aufgabe 2.12) mit der „Wirklichkeit", der Kartenvorlage von Damaskus.

Bildet eine Karte wie die von Damaskus (M 2.14) die Basis für unsere Arbeit, so haben wir es im Grunde schon mit einer Art von Modell zu tun, da der Plan bereits Vereinfachungen und Generalisierungen enthält. Die beiden ersten der o.g. Schritte sind hier also bereits durchgeführt worden.

2.12 *In Material M 2.13 finden Sie eine modellhafte Darstellung der typischen islamischen Altstadt, wie sie bis ca. 1850 entstanden ist. Erweitern Sie diese Abbildung mithilfe des Stadtplans von Damaskus (s.u.), in dem die Altstadt sowie die Stadterweiterungen seit der Mitte des 19. Jh.s zu sehen sind, sodass ein Gesamtmodell der „islamisch-orientalischen Stadt" entsteht.*
Sie können den Grundriss der Stadt Tetuan (M 2.11 auf S. 35) ergänzend hinzuziehen.

M 2.14 *Grundriss einer islamisch-orientalischen Stadt – Damaskus (nach K. Dettmann, ergänzt und aktualisiert)*

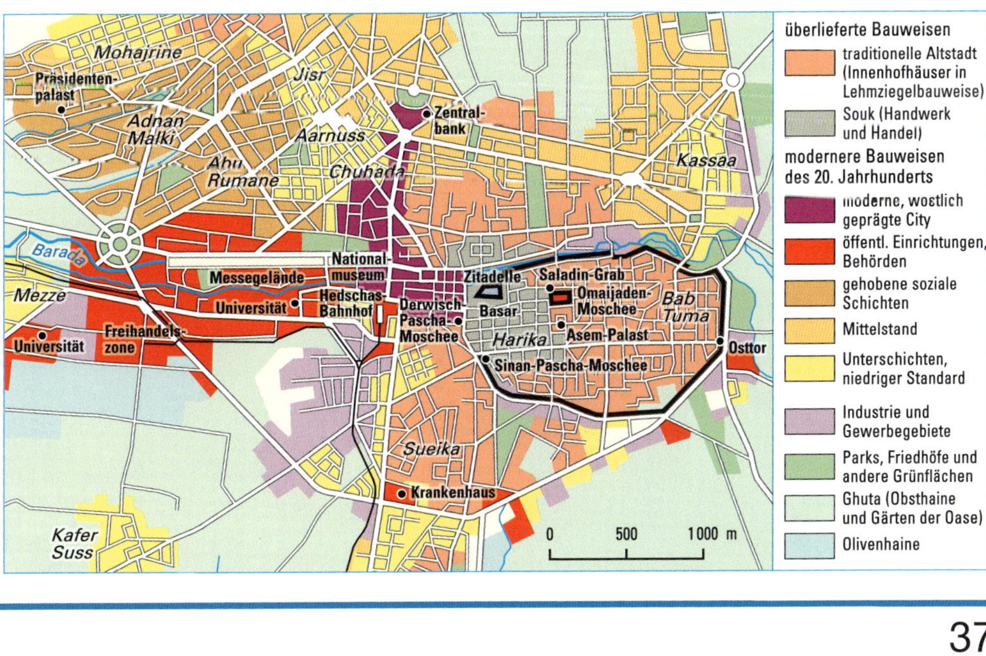

Verstädterung und Stadtentwicklung in den Industrieländern – Beispiel Deutschland

***M 2.15** Aachen, das heutige Stadtbild als Spiegel einer jahrhundertelangen Entwicklung*

Kartengrundlage: Topographische Karte 1 : 25 000, Blatt 5202 Aachen

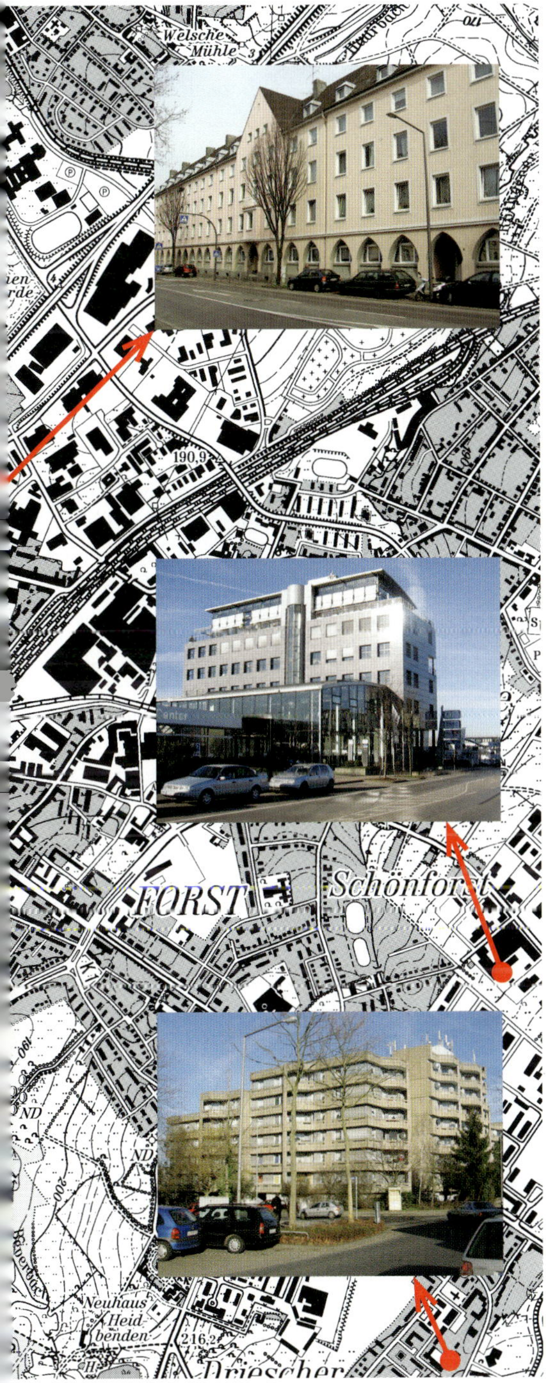

Man kann die Gegenwart nicht verstehen und die Zukunft nicht planen, wenn man die Vergangenheit nicht kennt!

Was auf den ersten Blick eher wie eine These für die Begründung des Geschichtsunterrichts erscheint, trifft in gleicher Weise auf die Beschäftigung mit der Genese von Städten zu. Erst die Betrachtung, wann und unter welchen Bedingungen Städte gegründet worden sind und unter welchen Rahmenbedingungen sie sich vom Zeitpunkt ihrer Gründung bis heute entwickelt haben, lässt ein Verständnis des aktuellen Erscheinungsbildes unserer Städte zu. Das aber ist wiederum notwendig, um in einer immer urbaner werdenden Kultur und Gesellschaft Maßstäbe, Programme und Projekte für eine zukünftige Stadtentwicklung zu erarbeiten. Das Ziel, die Stadt zum „Lebensraum der Zukunft" zu gestalten, kann nur im Einklang von Vergangenem, Gegenwärtigem und Zukünftigem gelingen.

Eine erste Konkretisierung dieser Gedanken liefert die Darstellung von Aachen, mit 256 000 Einwohnern heute eine mittlere Großstadt im äußersten Westen Deutschlands. Schon der Grundriss zeigt unterschiedliche Elemente einzelner Epochen der Stadtentwicklung, und spätestens die aktuellen Fotos machen klar, dass einzelne städtische Viertel in ihrem Erscheinungsbild von unterschiedlichen Zeiten geprägt worden sind.

Welche Bedeutung das hat, wird besonders im Kern der Stadt mit seinem mittelalterlichen Ursprung deutlich, denn genau diese mittelalterliche Stadt ist heute die *Innenstadt* Aachens – so wie das in zahlreichen mitteleuropäischen Städten der Fall ist. Das heißt: Man findet einerseits ein unregelmäßiges, enges Straßennetz vor sowie eine alte und z.T. erhaltenswerte und denkmalgeschützte Bausubstanz. Andererseits sind die früheren Städte und späteren Stadtkerne heute weitgehend mit der *City* und ihren Funktionen wie Einkaufen, Administration und Freizeit/Unterhaltung identisch, die ebenso moderne wie komplexe, aber auch zukunftsfähige Strukturen erfordern. Dies und die Auswirkungen des Zweiten Weltkriegs – die starken Zerstörungen und der rasche Wiederaufbau, oft unter dem Diktat einer heute als steril empfundenen Funktionalität – wirken erschwerend für eine Planung.

Historische Stadttypen

Die römische Stadt

Zeugnisse römischer Bautätigkeit finden sich im heutigen Erscheinungsbild der Städte nördlich der Alpen nur noch sehr vereinzelt, z. B. die Porta Nigra in Trier. Jedoch beginnt unter dem Einfluss Roms, der bis an Rhein und Donau reicht, die erste Städtegründungsphase im mitteleuropäischen Raum. Die Zerstörungen im Zuge des Untergangs des Weströmischen Reiches und der Völkerwanderung im 5. Jh. verschütteten diese römischen Ursprünge im wahrsten Sinne des Wortes, aber Städte wie Trier, Mainz, Koblenz oder Köln sind sichtbare Beispiele für römische Gründungen.

Die mittelalterliche Stadt

Zwischen 1100 und 1400 fand in Mitteleuropa die intensivste Phase der Städtegründungen statt. Gleichzeitig erlebten bereits bestehende Siedlungen ein – wenn auch oft bescheidenes – intensives Wachstum (Auffüllungsprozess innerhalb der vorgegebenen Grenzen wie Wälle oder Stadtmauern), bedeutendere Städte sogar ein extensives, also auch in die Fläche gerichtetes Wachstum, was sich im Bau eines zweiten Stadtmauerrings niederschlug. Man muss allerdings bedenken, dass sich unser heutiger Begriff von Stadt nur sehr bedingt auf die damaligen Verhältnisse übertragen lässt. Es gab zwar im mitteleuropäischen Raum rund 3 000 Städte, aber die allermeisten von ihnen hatten nur wenige Einwohner und häufig über Jahrhunderte hinweg ein geringes Bevölkerungswachstum. Dennoch gehört die mittelalterliche Stadt zu den ganz wesentlichen Elementen ihrer Zeit, hat wichtige politische, wirtschaftliche und gesellschaftliche Impulse gesetzt und wirkt bis heute im Stadtbild und in der Stadtstruktur fort (vgl. S. 14).
Was aber waren die Anlässe und Impulse für diese große Zahl von Städtegründungen? Es gab kirchliche und fürstliche Gründungen, bedeutsame Impulse kamen aber auch vom aufstrebenden Bürgertum. „Stadtluft macht frei“ – die vom Individuum gewonnene Unabhängigkeit von geistlichen oder weltlichen Grundherren dokumentierte sich in der wachsenden Bedeutung der Kaufmannsgilden und Handwerkerzünfte, sodass nicht von ungefähr neben der Hauptkirche das Rathaus sowie der Marktplatz und an ihm die Patrizierhäuser die Physiognomie der Stadt dominierten, Ausdruck bürgerlichen Selbstbewusstseins und Wohlstands.
Man differenziert zwischen verschiedenen mittelalterlichen Stadttypen mit z. T. unterschiedlichen Intentionen, Funktionen und/oder Stadtbildern.

M 2.16 Modell des römischen Köln

M 2.17 Städtebildungsepochen in Mitteleuropa

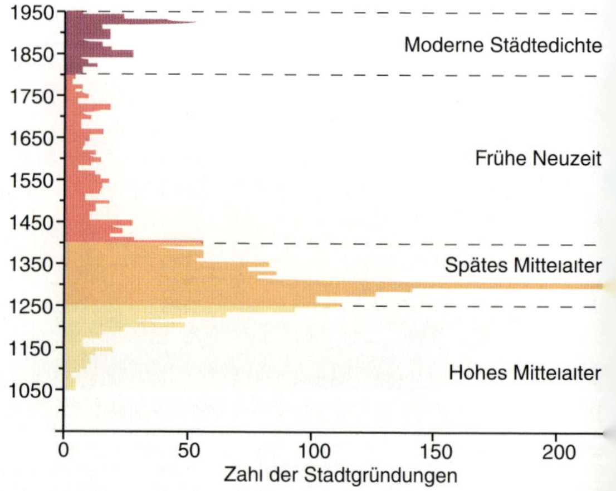

(rund 2 000 erfasste Stadtgründungen)

***M 2.18** Mittelalterliche Stadttypen*

„Frühmittelalterliche Keimzellen (8./9. Jh.) für die Stadtentwicklung waren z. B. befestigte Königshöfe (Beispiel: Dortmund) oder die Domburgen der Bischofssitze, wie in Münster/Westf. Daneben entstanden – häufig an eine Burg angelehnt – kaufmännische Siedlungen, die so genannten Wikorte, ... als sich die Kaufleute zu Gilden zusammenschlossen.

Mutterstädte (bis ca. 1150) nannte man oft die nur mühsam mit der Fürstenpfalz oder der Kirchenburg zusammengewachsene, bereits differenzierte Siedlung der königlichen Kaufleute. Ihr Zentrum wurde der Markt. Wie das Beispiel von Münster zeigt, veränderten die mittelalterlichen Städte durch Stadterweiterungen häufig ihre ursprüngliche Form. Das ging soweit, dass … [zunächst] selbstständige Städte … zu so genannten Doppelstädten (Hamburg, Brandenburg) oder sogar Gruppenstädten (Hildesheim, Bremen, Braunschweig) zusammenwuchsen.

Nach dem Vorbild der Mutterstädte entstanden zwischen 1150 und 1240 Gründungsstädte als planmäßig angelegte Stadtanlagen. Sie wurden vor allem in günstiger Verkehrslage errichtet, und zu ihrem eigentlichen Mittelpunkt wurde mehr und mehr der Marktplatz. Dessen quadratische Anlage steigerte oft die Regelmäßigkeit der Stadtanlage, … [zu ihnen gehörten östlich der Elbe auch die Kolonisationsstädte, wie beispielsweise Breslau/heute Wrocław, Polen].

Bescheidene Gründungen, die aber zwischen 1200 und 1300 in großer Zahl und Dichte im ganzen Deutschen Reich entstanden, waren die territorialen Klein- und Zwergstädte. Mit diesen meist landesherrlichen Gründungen sollte die jeweilige Territorialmacht eine Stärkung erfahren …“

Rudolf Juchelka/Arno Kreus/Norbert von der Ruhren: Leitbilder der Stadtentwicklung. Unterrichtspraxis S II – Geographie, Bd. 15. Köln: Aulis 2003. S. 8

***M 2.19** (Diagramm und Tabelle) Bevölkerungsgrößen mittelalterlicher Städte in Europa im 14./15. Jh.*

Nach Fritz Röhrig: Die europäische Stadt im Mittelalter. Göttingen: 1975

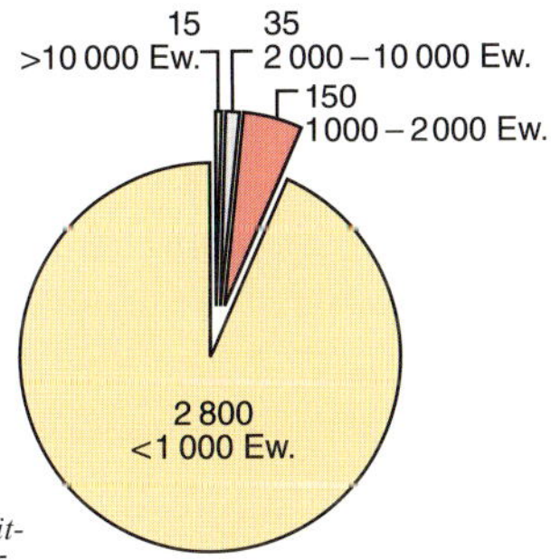

Einwohnerzahl der größten Städte im deutschen Sprachraum	
Köln	>30 000
Lübeck	ca. 25 000
Straßburg, Nürnberg, Danzig, Ulm	ca. 20 000
Frankfurt am Main, Breslau, Zürich, Erfurt	ca. 10 000 – 18 500
Einwohnerzahl der größten Städte Europas	
Paris	>100 000
Florenz (im 16. Jh. auch Venedig, Neapel, Palermo)	ca. 100 000
Mailand	ca. 85 000
London	ca. 30 000 – 40 000

***M 2.20** Erfurt – Aufriss der mittelalterlichen Stadt aus der Schedelschen Weltchronik von 1493*

Frühneuzeitliche Stadttypen

Besonders zwischen 1550 und 1800 lag eine Phase, in der die Neugründung von Städten auf geringem Niveau stagnierte (M 2.17). Gründe gab es mehrere, wie z. B. den Zerfall der Hanse, die ja an der Gründung und am Ausbau zahlreicher Städte beteiligt war, oder die Reduzierung der mitteleuropäischen Bevölkerung durch Seuchen und den Dreißigjährigen Krieg.

Dennoch gab es eine Entwicklung, die neue Stadttypen entstehen ließ, nämlich die Machtzunahme der Fürsten im Zeitalter des Absolutismus. Sie gründeten:

- Bergbaustädte (z. T. schon vor 1550) zur Gewinnung und Verarbeitung von Erzen (Zellerfeld, Clausthal, Freiberg, Annaberg),
- Exulantenstädte mit z. T. planmäßigen Erweiterungen der Residenzanlagen zur Ansiedlung von vor der Gegenreformation geflohenen Protestanten (Altona, Homburg, Glückstadt/Elbe, Freudenstadt, Nowawes bei Potsdam, heute P.-Babelsberg) sowie vor allem
- Fürstenstädte, die Festungs- oder Garnisionsstädte einerseits und die Residenzstädte andererseits. Bei einer idealtypischen barocken Residenzstadt bestand die Aufgabe des Straßennetzes in der Hinführung zum baulich und funktional wichtigsten Komplex, dem Schloss, also dem Sitz der absoluten Macht.

***M 2.21** Mannheim – von der Festungsstadt über die Fürstenresidenz bis zur Gegenwart*

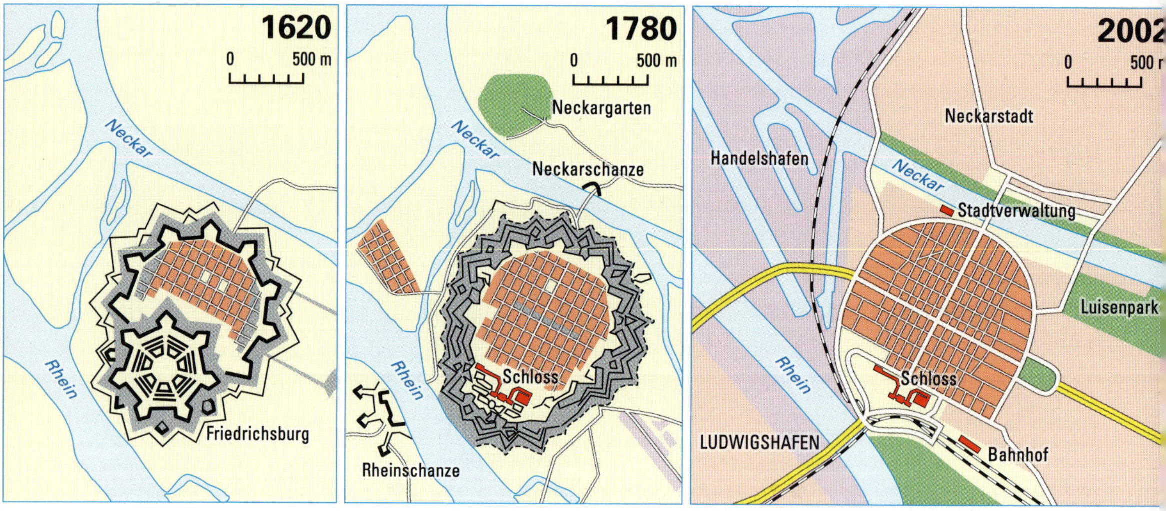

2.13 *Beschreiben Sie die typischen Merkmale einer römischen Stadt (M 2.16).*

2.14 *Fachübergreifend: Fertigen Sie zu der Abb. „Städtebildungsepochen in Mitteleuropa" (M 2.17) eine Zeitleiste an, die für den gleichen Zeitraum bedeutsame politische und gesellschaftliche Ereignisse enthält. Markieren Sie hierbei die Stellen, die eine offensichtliche Verknüpfung mit dem Vorgang der Städtegründungen aufweisen.*

2.15 *Beschreiben und erläutern Sie anhand des Aufrisses von Erfurt (M 2.20) die wesentlichen Charakteristika der mittelalterlichen Stadt.*

2.16 *Zeichnen Sie – falls Ihr Schul- oder Heimatort ebenfalls eine mittelalterliche oder frühneuzeitliche Gründung ist, ggf. auch im Ergebnis einer Stadtexkursion (Methodendoppelseite 50 bis 51) – einen generalisierten Grundriss der Stadt mit den wesentlichen Merkmalen ihrer Entstehungsepoche.*

2.17 *Mannheim gehört in Deutschland zu den herausragenden Beispielen von absolutistischen Fürstenstädten.*

a) Beschreiben Sie ausgehend von M 2.21 die Entwicklung der Stadtstruktur Mannheims zwischen 1620 und heute.

b) Erläutern Sie, welche politischen, gesellschaftlichen oder wirtschaftlichen Intentionen bzw. Veränderungen hier sichtbar werden. Ziehen Sie hierzu auch ergänzende, z. B. historische Quellen heran.

Industrielle Revolution und Städtewachstum

So bedeutsam und zahlreich auch die Stadtgründungen bis zum Beginn des 19. Jh.s waren, so erlebten die Städte Deutschlands und Mitteleuropas doch mit Beginn der Industriellen Revolution um 1850 bis dahin unbekannte Umbrüche. Sie entsprachen in ihrer Intensität den radikalen wirtschaftlichen und gesellschaftlichen Veränderungen. Das, was in England bereits rund 100 Jahre vorher eingesetzt hatte, erreichte nun Kontinentaleuropa: Die Anwendung der Dampfmaschine, des Koksverhüttungsverfahrens, der Eisenbahn und später auch der kontrollierten Verwendung der elektrischen Energie revolutionierten im 19. Jh. die Wirtschaft, indem sie z. B. den Untertagebau von Steinkohle oder die industrielle Massenproduktion ermöglichten, den Massenguttransport oder die Erzeugung und Verwendung von Stahl. Benötigt wurden hierzu ungeheure Mengen an Arbeitskräften, was zweierlei bedingte: Einmal siedelten sich die neuen Industriebetriebe in unmittelbarer Nähe potenzieller Arbeitskräfte an, also in direkter Nachbarschaft der bereits bestehenden Städte; zum anderen initiierten sie den Zustrom von Millionen hoffnungsvoller, Arbeit suchender Menschen vom Land in die Städte (*Landflucht*).

Die umwälzenden Veränderungen zeigten sich insbesondere in zwei Aspekten, die eine enge Verzahnung erfuhren – in der Entstehung der neuen sozialen Schicht der Arbeiterklasse sowie in der Notwendigkeit, diesen zahlreichen Menschen neuen städtischen Wohnraum zu geben. Entsprechend explosiv setzte das Städtewachstum ein.

***M 2.23** Einwohnerzahl ausgewählter Ruhrgebietsstädte und des Gesamtraums im 19. Jh.*

	1816/18	1858	1871	1905
Essen	24 812	71 718	143 860	476 227
Dortmund	20 307	61 576	110 354	381 126
Duisburg	19 272	51 289	72 972	313 705
Bochum	11 787	32 299	65 673	284 320
Gelsenkirchen	5 910	9 082	32 982	218 941
Oberhausen	7 079	21 248	32 290	132 851
Mülheim	10 859	27 848	38 694	103 693
Recklinghausen	4 866	6 797	7 387	62 408
Ruhrgebiet insgesamt	221 537	474 416	723 867	2 613 897
Zum Vergleich Gesamtraum	1950	1961	1986	2001
(gerundet, in Mio.)	4,60	5,70	5,18	5,34

(zusammengestellt nach Regionalverband Ruhrgebiet)

M 2.22
Preston, Nordwestengland, 1948 – industriell geprägte Stadtanlage aus viktorianischer Zeit

M 2.24 Dortmund – Stadtkern, gründerzeitliche Stadterweiterung und westliche Industriegebiete (Ausschnitt aus der Topographischen Karte 1 : 50 000)

M 2.25 *Entwicklung Dortmunds zur Industriestadt*

„1803 [erfolgt der] Verlust der Reichsfreiheit [und] 1815 die Eingliederung in den preußischen Regierungsbezirk Arnsberg. Dortmund ist völlig unbedeutend und verarmt – [die Stadt hat] nur noch 4000 Einwohner (um 1350: 12000!). Ab 1840 beginnt der wirtschaftliche Aufschwung [mit dem] Bergbau und später der Eisenindustrie …

[Dennoch besitzt Dortmund 1840] noch rein ländlichen Charakter. Der Hellweg bildet die Hauptverkehrsachse. Selbst Teile der alten Ummauerung sind noch erhalten …

Der erste Zug der Köln-Mindener Eisenbahngesellschaft rollt am 15. Mai 1847 in den Dortmunder Bahnhof …

Industrie und Verkehr haben den Dortmunder Raum [1894] bereits stark verändert: Im Westen und Norden ... entstanden Bergwerke und wurden Industriebetriebe angesiedelt (Rothe Erde, Union, Bergwerk Westfalia, Bergwerk Kaiserstuhl, Westfalenhütte). Auch in den Vororten haben Industrie und Bergbau Einzug gehalten: [z. B. in] Huckarde, Dorstfeld. Der Dortmund-Ems-Kanal steht kurz vor seiner Vollendung; ein Stück der neuen Trasse verläuft bereits in Höhe der Union Vorstadt – einem Arbeiterquartier der Union Stahlwerke."

Fritz Wilhelm Achilles: Dortmund und das östliche Ruhrgebiet. Paderborn: Schöningh 1983, S. 24 ff.

Gründerzeitliche Wohnformen. Neben Villenvierteln am Stadtrand sowie innerstädtischen Häuserzeilen des wohlhabenden Bürgertums mit stark gegliederten, verzierten Fassaden sind „Mietskasernen" das auffälligste städtebauliche Element des Industriezeitalters. Viertel wie Kreuzberg, Prenzlauer Berg oder Wedding in Berlin dienten der Unterbringung der neuen Gesellschaftsklasse, der Arbeiterschaft, in vier- bis fünfgeschossigen Mietshäusern mit Hinterhöfen und Quergebäuden und klein geschnittenen Ein- bis Dreizimmerwohnungen. Diese Quartiere bedürfen bis heute der baulichen, funktionalen und sozialen Sanierung.

M 2.26 *Gründerzeitliche Mietskasernenbebauung in Berlin-Kreuzberg 1910*

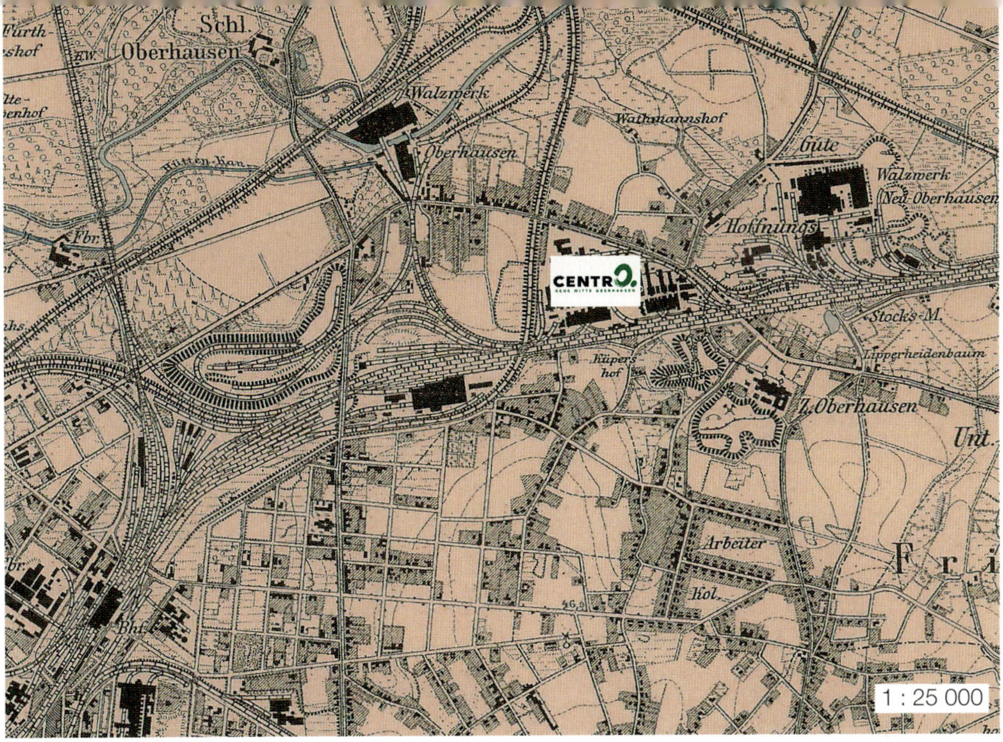

M 2.27 Oberhausen 1899 und die „Neue Mitte" am Standort des ehemaligen Thyssen-Stahlwerks

Neue Städtegründungen im Industriezeitalter. Neben das enorme Bevölkerungs- und Flächenwachstum bereits vorhandener Städte tritt im Industriezeitalter die Gründung neuer Städte, vor allem in der zweiten Hälfte des 19. Jh.s. Wo sich z. B. Unternehmen wie im Ruhrgebiet rohstofforientiert niederließen, entstanden aufgrund der fehlenden *Mobilität* der Bevölkerung Städte in unmittelbarer Nachbarschaft der neuen Unternehmen. Ein markantes Beispiel hierfür ist Oberhausen, wo in zentraler Lage der Hütten- und Stahlwerkskomplex von Thyssen entstand.

Das Beispiel Oberhausen zeigt allerdings auch in besonders prägnanter Weise, wie die Vorgänge des 19. Jh.s bis heute wirken. Als in der Folge der Stahlkrise (Ende der 1960er/Anfang der 1970er Jahre) die Thyssenhütte geschlossen wurde, befand sich ausgerechnet in der geografischen Mitte der Stadt eine ausgedehnte Industriebrache, die maßgeblich mit zum schlechten Image Oberhausens beitrug. Heute befindet sich hier in der „Neuen Mitte" das CentrO, eines der größten und am stärksten frequentierten Einkaufszentren Deutschlands, das den Charakter einer *Mall* hat. Auf dem benachbarten noch freien Grundstückskomplex soll zwischen 2004 und 2008 das Projekt „Ovision" entstehen, ein Lifescience-Park, der nach seiner Fertigstellung jährlich über eine Million Besucher anlocken soll.

Die Entwicklung zur postindustriellen Gesellschaft mit fortschreitender *Tertiärisierung* der Wirtschaft verändert also auch unsere Stadtlandschaften.

2.18 *Fertigen Sie ein Referat über die Industrielle Revolution an, bei dem Sie besonders drei Themen berücksichtigen: die technischen Innovationen, die wirtschaftlichen Entwicklungen und die gesellschaftlichen Veränderungen.*

2.19 *Interpretieren Sie den Ausschnitt aus der Topographischen Karte Dortmund (M 2.24), indem Sie die beiden hier sichtbar werdenden Stadtentwicklungsphasen herausgliedern sowie ihre auffälligen Charakteristika beschreiben und erklären.*

2.20 *„Im Mittelpunkt stand das Werk, dann kam der Mensch." Bewerten Sie die Berechtigung dieses Satzes für das Industriezeitalter. Berücksichtigen Sie dabei das Beispiel Oberhausen (M 2.27).*

2.21 *„Spurensuche": Erkunden Sie Viertel oder einzelne Straßen Ihrer Stadt, in denen ihr Wandel von einer Stadt des Industriezeitalters hin zu einer modernen Dienstleistungsstadt deutlich wird. Dokumentieren Sie diesen Wandel mit geeigneten Mitteln (Texte, Fotos ...).*

Reformbewegungen bis zum Zweiten Weltkrieg

Schon im 19. Jh. hatte es vereinzelt Versuche gegeben, dem rasanten und unkontrollierten Wachstum der Industriestädte Alternativen entgegenzusetzen, wie beispielsweise Arbeitersiedlungen mit verbesserten Wohnbedingungen im ländlichen Umfeld von Birmingham oder Liverpool. Doch erst Ebenezer Howard entwickelte ein Konzept, das den Städtebau umfassend reformieren sollte: die „*Gartenstadt*". Bevölkerungsmäßige und räumliche Begrenzungen sollten der ausufernden Expansion der Städte entgegenwirken und eine Synthese ermöglichen von städtischem und naturnahem Wohnen. Verwirklicht wurden solche Idealvorstellungen nur selten, doch wirkten die Gestaltungsprinzipien der Gartenstadtbewegung jahrzehntelang nach. Im Wesentlichen waren dies die planmäßige Anlage der Wohnareale, die der Verdichtung der Mietskasernenblöcke entgegengesetzte Offenheit der Gesamtanlage, die damit verbundene Begrünung der Anlage und vor allem die Trennung der verschiedenen Funktionen.
Der Einfluss dieser Ideen wurde auch in Deutschland wirksam, z. B. in Herne (M 2.29).

M 2.28 *Das Gartenstadtmodell von E. Howard*

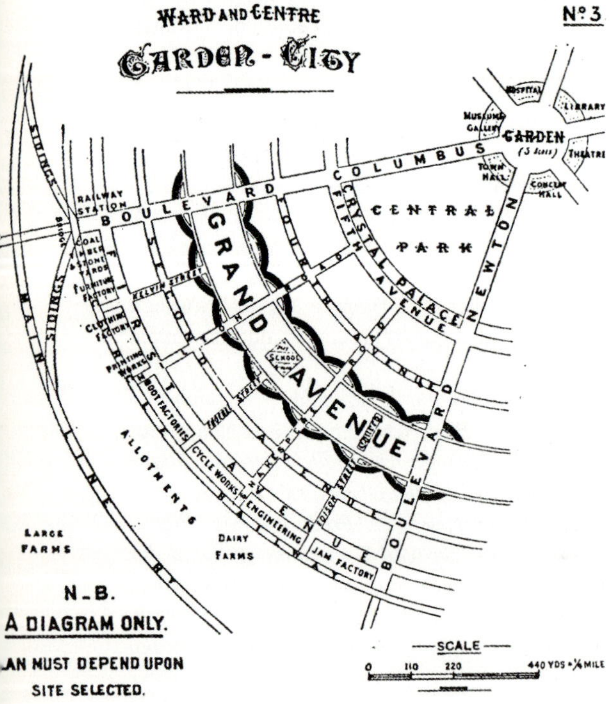

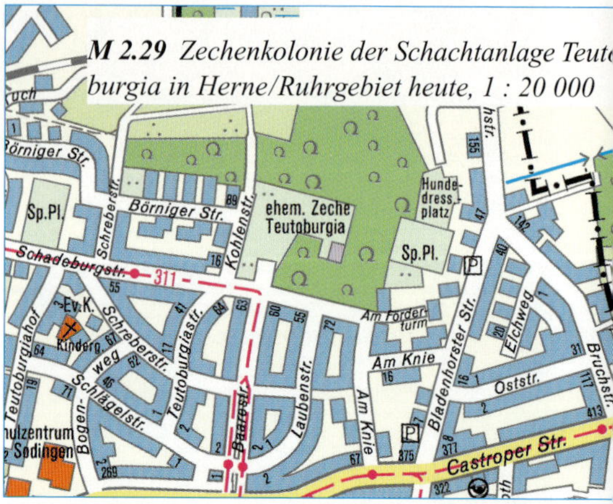

M 2.29 *Zechenkolonie der Schachtanlage Teutoburgia in Herne/Ruhrgebiet heute, 1 : 20 000*

Charta von Athen. Die Überlegungen, die zunehmende Verstädterung Europas planerisch so zu beherrschen, dass die Städte auch in Zukunft für ihre Bewohner lebenswert bleiben oder werden sollten, führten 1933 zu einem internationalen Treffen von Städteplanern mit der Verabschiedung eines Manifests.

M 2.30 *Zur Charta von Athen von 1933*

„Es handelt sich um ein Manifest mit einem programmatischen Thesen- oder Forderungskatalog (95 Leitsätze zum Städtebau), das ... 1941 anonym von LE CORBUSIER veröffentlicht wurde. Der Kern der Forderungen war die räumliche Trennung der vier Funktionen Wohnen, Freizeit, Arbeiten und Verkehr im Städtebau, d. h. eine systematische Aufgliederung der Stadt in räumlich klar getrennte Funktionsbereiche (Funktionalismus im Städtebau, funktionale Stadtgliederung). Diese Zielvorstellung von einer sog. funktionellen Stadt, die schon im Gartenstadtmodell von E. Howard Berücksichtigung gefunden hatte, hat im Städtebau der Nachkriegszeit häufig zu einer starren Zuordnung von Funktion und Fläche geführt ..."

Heinz Heineberg: a. a. O., S. 219

2.22 *Erläutern Sie die im Modell (M 2.28) sichtbar werdenden Grundprinzipien einer Gartenstadt und stellen Sie das Bild von Städtebau, das hier und in der Charta von Athen entsteht, den vorherigen Ausführungen über die Stadt des Industriezeitalters gegenüber.*

M 2.31 *Charta von Athen, Ausschnitte aus dem Zweiten Teil (95 Leitsätze)*

Aus Tilo Hilpert (Hrsg.): Le Corbusiers Charta von Athen. Texte, Dokumente. Kritische Neuausgabe, Braunschweig: Vieweg 1984, S. 199f.

Wohnen:
- Die Wohnviertel müssen künftig im Raum der Stadt die besten Standorte einnehmen.
- Eine vernünftige Wohndichte, entsprechend der durch die Natur des Geländes vorgegebenen Formen der Wohnbebauung, sollte vorgeschrieben werden.
- Die Aufreihung der Wohngebäude längs der Verkehrsstraßen muss verboten werden.
- Man muss die Hilfsmittel der modernen Technik berücksichtigen, um Hochbauten zu errichten.
- Hochbauten, in großer Entfernung voneinander errichtet, sollen den Boden zugunsten weiterer Grünflächen freimachen.

Freizeit:
- Jedes Wohnviertel muss künftig über Grünflächen verfügen, die für die rationelle Ausstattung mit Anlagen für Spiel und Sport notwendig sind.
- Die ungesunden Häuserblocks müssen abgerissen und durch Grünflächen ersetzt werden: Die angrenzenden Viertel werden dadurch gesunden.
- Die neuen Grünflächen müssen klar definierten Zwecken dienen: sie sollen die Kindergärten enthalten, die Schulen, die Zentren der Jugend oder alle Gebäude zu allgemeinem Gebrauch.

Arbeit:
- Die Entfernung zwischen Arbeitsplatz und Wohngebiet muss auf ein Minimum reduziert werden.
- Die für die Industrie bestimmten Teile der Stadt müssen unabhängig von den für das Wohnen bestimmten Teilen sein und voneinander durch Grünzüge getrennt werden.
- Die Industriegebiete müssen an Eisenbahn, Kanal und Landstraße liegen.
- Das Handwerk muss genau bezeichnete Orte im Innern der Stadt einnehmen können.
- Für die Geschäftsstadt, die der privaten oder öffentlichen Verwaltung vorbehalten ist, müssen gute Verbindungen mit den Wohnvierteln gewährleistet sein, ebenso wie mit den Industrie- oder Handwerksbetrieben.

Verkehr:
- Die Verkehrsstraßen müssen ihrem Charakter gemäß klassifiziert und entsprechend den Fahrzeugen und ihrer Geschwindigkeit gebaut werden.
- Der Fußgänger muss andere Wege als das Kraftfahrzeug benutzen.
- Die Straßen müssen nach ihrer Funktion differenziert werden: Wohnstraßen, Straßen für Spaziergänger, Durchgangsstraßen, Hauptverkehrsstraßen.
- Die großen Verkehrsströme sollten grundsätzlich durch Grünstreifen isoliert werden.

Schlussfolgerungen:
- Die Stärke der Privatinteressen ruft einen verheerenden Bruch des Gleichgewichts hervor zwischen dem Vordringen der wirtschaftlichen Kräfte einerseits und andererseits der Schwäche administrativer Kontrolle und der Kraftlosigkeit sozialen Zusammenhalts.
- Die Stadt muss auf geistiger und materieller Ebene die individuelle Freiheit und den Nutzen gesellschaftlichen Zusammenwirkens sicherstellen.
- Die Schlüssel zum Städtebau liegen in folgenden vier Funktionen: wohnen, arbeiten, sich erholen (in den freien Stunden), sich fortbewegen.
- Die Pläne werden durch die Struktur eines jeden der den vier Schlüsselfunktionen zugewiesenen Stadtteils bestimmt, und sie werden deren entsprechende Lokalisierung innerhalb des Ganzen fixieren.
- Die Stadt muss im größeren Rahmen ihrer Einflussregion untersucht werden. Ein Regionalplan hat den einfachen gemeindlichen Plan zu ersetzen.
- Das Privatinteresse wird in Zukunft dem Interesse der Gesellschaft unterstellt sein.

Le Corbusier (1887–1965) und sein Modell Voisin, 1925

2.23 *Betrachten Sie einen Stadtplan ihres Heimat- oder Schulortes: Welche Aspekte der „Gartenstadt" bzw. der „funktionellen Stadt" finden Sie?*

2.24 *Diskutieren Sie mit Ihren Mitschülern, inwieweit Ihre eigene Stadt den Ansprüchen der Charta von Athen genügt.*

Wiederaufbau und Stadtentwicklung in den beiden deutschen Staaten nach 1945

Wiederaufbau bis ca. 1960

Ohne Zweifel stellen die Zerstörungen durch den Zweiten Weltkrieg die wohl stärkste Zäsur in der jüngeren Stadtentwicklung Mitteleuropas und besonders Deutschlands dar. Dennoch muss man hier deutlich räumlich differenzieren. Der Westen Deutschlands (Aachen, Düren, Köln) bis hin zum Ruhrgebiet, die Küstenstädte (Bombardement Hamburgs im Juli 1943) und die damalige Reichshauptstadt Berlin sowie fast alle Großstädte hatten schwerste Zerstörungen durch Luftangriffe erlitten. Bodenkämpfe trafen besonders viele *Mittel-* und *Kleinstädte* im Nordosten, während dies im Süden nicht in gleichem Umfang der Fall war. Die *Großstädte* waren mit fast 50 % zerstörter Wohnungen (spätere Alte Bundesrepublik) wesentlich stärker betroffen als Mittelstädte oder Kleinstädte, die durchschnittlich ein Drittel bzw. ein Viertel ihrer Wohnbestände eingebüßt hatten.

Die Dramatik, mit der diese Zerstörungen auch städtebaulich wirkten, wird angesichts der ungeheuren Zahl der in die Städte strömenden Menschen klar: heimkehrende Soldaten, aus der Evakuierung zurückkehrende Familien sowie mehrere Millionen Flüchtlinge und Vertriebene. Unter diesem Aspekt musste eine planvolle Stadterneuerungspolitik hinter der Beschaffung von Wohnraum zurückstehen. Zwar traf dies auf ganz Deutschland zu, doch ging man seit der Gründung der Bundesrepublik (Mai 1949) und der DDR (Oktober 1949) getrennte Wege. In der Alten Bundesrepublik räumte das 1950 verabschiedete erste Wohnungsbaugesetz dem Bau von preiswerten Sozialwohnungen Vorrang ein, von denen bis 1956 alleine zwei Millionen entstanden. Es handelte sich hierbei meist um einfachen Miethausbau, der bis heute das Bild mancher Stadtviertel prägt.

1956, im zweiten Wohnungsbauförderungsgesetz, erhielt dann, wohl auch unter dem Eindruck des wachsenden Wohlstands („Wirtschaftswunder"), der Eigenheimbau die Priorität.

Unterschiedlich gestaltete sich in den beiden deutschen Staaten vor allem der Wiederaufbau der *Innenstädte*. Während im Westen in einer Mischung aus Wiederaufbau und Neubau die Innenstädte gegliedert und aufgelockert wurden und man sie im Sinne der „autogerechten Stadt" durch breite Straßen für den PKW erreichbar machte, plante man im Osten den Neuaufbau der sozialistischen Stadtzentren als Mittelpunkt der *„sozialistischen Stadt"*. Deren wichtigste städtebauliche Akzente waren die Hauptmagistralen, mindestens ein großflächiger zentraler Platz sowie zentrale Partei-, Verwaltungs- und Kulturhochhäuser.

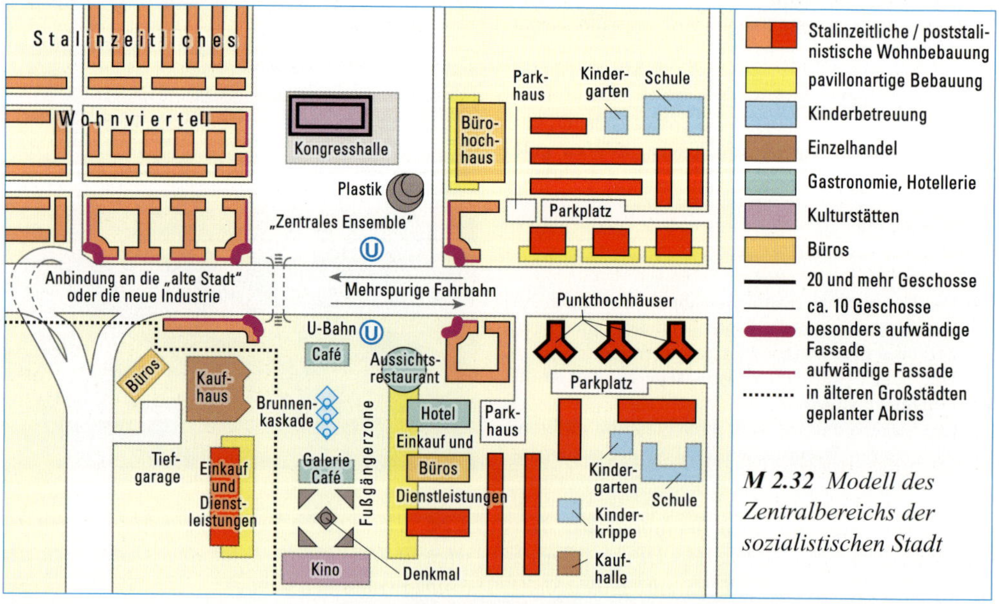

M 2.32 Modell des Zentralbereichs der sozialistischen Stadt

Nach Adolf Karger/Frank Werner: Die sozialistische Stadt. In: Geographische Rundschau 34. Jg., H. 11. Braunschweig: Westermann 1982, S. 526

Sozialistische Wohnkomplexe. In besonderer Weise spiegelt dieser Siedlungstypus die städtebauliche Entwicklung in der DDR bis weit in die 1980er Jahre wider. Er ist in den ostdeutschen Städten der Teilraum, der mit besonderen baulichen und strukturellen Problemen belastet ist und der Modernisierung und Umgestaltung bedarf.

M 2.33 Sozialistische Wohnkomplexe

„Ab dieser Zeit [ca. 1960] stellten sich in beiden Teilen Deutschlands im Städtebau … strukturelle Veränderungen ein, die in der DDR mit den Stichworten Industrialisierung und Typisierung des Bauens (‚Plattenbau') gekennzeichnet wurden. Die bereits durch die 1. Baukonferenz der DDR im Jahre 1955 eingeleitete Konzentration des sozialistischen Städtebaus auf großindustrielle Fertigungsmethoden, durch die mittels Standardtypen des Fertigmietshausbaus v.a. der Wohnungsmangel beseitigt und darüber hinaus auch der Aufbau der Stadtzentren beschleunigt werden sollten, wurde erst ab ca. 1960 in größerem Ausmaß wirksam; diese Standardisierung hat bis zur Wiedervereinigung die Stadtentwicklung in der ehemaligen DDR in ganz entscheidendem Maße geprägt. Ein herausragendes Beispiel für diese Planungsphase ist der zwischen 1959 und ca. 1965 beiderseits des 2. Bauabschnitts der Ostberliner Karl Marx Allee in moderner Großplattenmontage errichtete sozialistische Wohnkomplex … mit insgesamt rd. 4700 Wohneinheiten …"

Heinz Heineberg: a. a. O., S. 224–225

Ab 1970 wurde der standardisierte Wohnungsbau der DDR durch neue Mietwohnungsbautypen verändert und verbessert, besonders durch die Wohnungsbauserie 70 („WBS 70"). Die früher übliche Zeilenbauweise wurde dabei z.T. aufgehoben und durch andere Gebäudeformen ersetzt, sodass differenziertere Anlagen entstanden. Gleichzeitig veränderte man auch die Größenordnungen: Ging man um 1960 bei einem sozialistischen Wohnkomplex noch von 4000 – 5000 Einwohnern aus, so vergrößerte man die Dimension erheblich – bis zu 100000 Einwohnern in der neuen Wohnsiedlung in Berlin-Marzahn. Probleme der so genannten „Platte", die bis heute wirken, sind vor allem qualitative Defizite bei den Wohnungen, im Wohnumfeld und in der Versorgungsinfrastruktur.

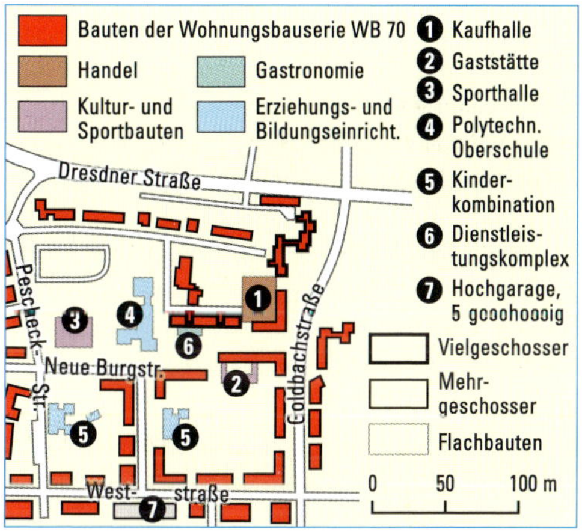

M 2.35 Planungskonzept eines sozialistischen Wohnkomplexes (Zittau – Westvorstadt)

M 2.34 Berlin-Ost: Plan des sozialistischen Wohnkomplexes an der Karl-Marx-Allee

M 2.34 nach W. Dutschke 1962/Heinz Heineberg 1977, aus Heinz Heineberg: a. a. O., S. 225; M 2.35 nach Bauakademie der DDR: Dokumentation 1966–1979, Berlin 1982, S. 69

Stadtexkursion ...

Exkursionen dienen der direkten räumlichen Begegnung mit geographischen Objekten und Sachverhalten. Der Unterricht im Klassenraum kann – unter Anwendung verschiedener Arbeitsmittel und Methoden – lediglich zu einer indirekten Vorstellung von derartigen Sachverhalten führen.
Auf stadtgeographischen Exkursionen werden direkt Eindrücke, insbesondere über bauliche Strukturen und deren Nutzungsformen, wahrgenommen. Über zusätzliches Informationsmaterial wie etwa Statistiken können zudem auf indirektem Wege vertiefende Einblicke gewonnen werden. Gleichzeitig werden entsprechend dem Exkursionsthema eigene Untersuchungen durchgeführt, wobei bestimmte Fachmethoden angewendet werden. Besonders geeignet sind diesbezüglich
- Durchführung von Messungen/Kartierungen,
- das Führen von Interviews,
- der Besuch von Facheinrichtungen, z.B. von Stadtplanungsämtern,
- der Vortrag von Kurzreferaten,
- Foto-/Videodokumentationen.

1. Exkursionsthemen

Die Vielfalt an erfassbaren stadtgeographischen Strukturen und Prozessen lässt sich thematisch beispielsweise durch folgende Schwerpunkte einschränken:
- Stadtgenese, z.B. Wandel der Physiognomie und Funktion mittelalterlicher Stadtkerne,
- städtische Sozialräume, z.B. Merkmale von Wohngebieten verschiedener Sozialschichten,
- städtische Gewerbe- und Dienstleistungsstandorte, z.B. Strukturen des Einzelhandels in einem Nebenzentrum,
- Stadtverkehr, z.B. Bedeutung des ÖPNV,
- Stadtökologie, z.B. städtische Grünflächen in ökologischer und sozialer Funktion.

Auf Kursfahrten lassen sich außerdem stadtgeographische Exkursionen zu Themen über den lokalen/regionalen Bereich hinaus durchführen.

2. Vorbereitung

Während der Vorbereitung sind inhaltliche und organisatorische Entscheidungen für den Gesamtverlauf der Exkursion zu treffen.
Ausgangspunkt ist die Untergliederung des Themas in einen Katalog von Teilfragestellungen, die während der Exkursion beantwortet werden.

***M 2.36** Teilfragestellungen zum Thema „Einzelhandelsstrukturen in städtischen Nebenzentren"*

- Lage des Nebenzentrums (NZ) in der Gesamtstadt
- Branchenspektrum des Einzelhandels im NZ
- branchenspezifische Lagemerkmale im NZ
- branchenspezifische Frequentierung
- Erreichbarkeit mit PKW, ÖPNV, Fahrrad, zu Fuß
- Einzugsgebiet des NZ
- Attraktivität der baulichen Gestaltung
- mögliche künftige Entwicklungspotenziale bzw. Existenzgefährdungen von Branchen

Auf der Grundlage eines solchen Katalogs lassen sich alle weiteren vorbereitenden Arbeitsschritte planen, vor allem
- die Bildung von Teilgruppen,
- die Beschaffung von Informationsmaterial,
- die Festlegung/Erstellung der exkursionsbegleitenden Arbeitsmittel wie z.B. Fragekataloge für Interviews oder Kartierungsgrundlagen,
- Erstellung einer Exkursionsroute und eines zeitlichen Ablaufplans,
- die Art und Weise der Dokumentation der Exkursionsergebnisse im Anschluss an die Durchführung.

3. Nachbereitung – Dokumentation

Hauptzweck der Nachbereitung ist die Zusammenfassung der Einzelergebnisse. Bildauswahl, Auswertung von Fragebögen, Wahl und Erstellung von Darstellungsmitteln – Text, Statistik, Grafik, Plakat – sind notwendige Arbeitsschritte. Die Dokumentationsformen hängen von der Themenstellung sowie der Zielgruppe ab.
Über den kursinternen Gebrauch der Ergebnisse hinaus lassen sich Exkursionen öffentlich präsentieren, z.B. als Ausstellung in der Schule, auf der Schul-Homepage oder gar in den örtlichen Medien. Aus dem Gesamtergebnis sind weitergehende problematisierende Fragestellungen abzuleiten, mit deren Hilfe die Exkursion in den Unterrichtszusammenhang eingebettet wird. So leitet etwa die Frage nach der Repräsentativität der Exkursionsthematik zur Suche nach anderen Beispielen über. Möglicherweise lassen sich erst jetzt auf der Grundlage eigener Ergebnisse differenzierte Bewertungen vornehmen, z.B. bzgl. der Angemessenheit städtebaulicher Lösungen im Hinblick auf bestimmte stadtplanerische Zielsetzungen.

4. Anregungen zur Durchführung – Das Exkursionsbeispiel Köln-Chorweiler

1.) Als Einstieg Suche nach preisgünstiger Mietwohnung über Anzeigenteil einer aktuellen regionalen Tageszeitung.
2.) Anfertigen einer Kartenskizze mit den Kölner Stadtteilen, die preisgünstige Mietwohnungen aufweisen – enthält u.a. Stadtteil Chorweiler.
3.) Erarbeitung einer Gesamtübersicht über Stadtteile unterschiedlichen Sozialstatus'.
4.) Erstellung eines Fragenkatalogs zu den Ursachen für niedrigen Sozialstatus in der Großwohnsiedlung Chorweiler.
5.) Beschaffung von Informationsmaterial über Chorweiler einschließlich Übersichtskarte.
6.) Festlegung der Untersuchungsschwerpunkte für die Durchführung, u.a.:

a) Fragebogen für Interview mit Bewohnern; Fragen können sich z. B. auf den Zufriedenheitsgrad beziehen bezüglich:
- des Wohnangebots,
- des Wohnumfelds,
- der Einkaufsmöglichkeiten,
- des Freizeitangebots,
- der sozialen Infrastruktur.

Eine weitere Differenzierung einzelner Aspekte kann erfolgen beispielsweise beim „Wohnumfeld" über die Frage nach
- dem Angebot an Grünflächen,
- der Sauberkeit,
- der Gebäudegestaltung oder
- dem Grad der Lärmbelästigung.

b) Überprüfung von Entwicklungsmaßnahmen des „Ergänzungsprogramms Chorweiler", mit dessen Hilfe Verbesserungen im sozialen, städtebaulichen, infrastrukturellen und ökologischen Bereich der Großwohnsiedlung erzielt werden sollen (M 2.37).

Die kritische Überprüfung des Ergänzungsprogramms und seiner bisherigen Erfolge könnte auch das Kernthema der Stadtexkursion Köln-Chorweiler sein. Darauf zielbezogen lassen sich Route und Standorte planen.

M 2.37 *Beispiele aus dem Ergänzungsprogramm Chorweiler* *Quelle: Stadtverwaltung Köln*

Einkaufszentrum
Mit Dachgarten und Minigolfanlage

Stadtteilbüro für Chorweiler
Die Adresse für alle Fragen und Anregungen zum Ergänzungsprogramm. Hier bekommt man Informationen, Pläne und Modelle zu Gesicht, hier trifft sich die „Stadtzeitung".

Liverpooler Platz
Demnächst der Stadtplatz mit freundlichem Gesicht. Ein lebendiger Platz mit Brunnen, Bänken und viel Grün zum Treffen und Flanieren.

M 2.38 *Verbesserung der Wohn- und Lebensverhältnisse in Köln-Chorweiler*

Umgestaltung der Elbe-Allee zugunsten des Olof-Palme-Parks im Rahmen der ersten Stufe des „Ergänzungsprogramms Chorweiler"

2.25 *Überprüfen Sie die Umsetzung der geplanten Entwicklungsmaßnahmen für Chorweiler auf einer Stadtexkursion. Protokollieren Sie Ihre Beobachtungen und führen Sie gegebenenfalls Befragungen durch. Nehmen Sie dabei eine qualitative Bewertung vor.*

2.26 *Alternativ: Konzipieren Sie nach den Anregungen dieser Methodendoppelseite eine Stadtexkursion in eine Großwohnsiedlung in der Nähe Ihres Schulortes.*

Die Hauptstadt zukunftsfähig machen – Aspekte der Stadtentwicklung Berlins nach der Wiedervereinigung

M 2.39 Berlin 2003 – Luftaufnahme über die Innenstadt nach Osten

Berlin: Metropole des wilhelminischen Kaiserreichs – Hauptstadt der ersten Republik auf deutschem Boden und Mittelpunkt der „Roary Twenties" – Reichshauptstadt des nationalsozialistischen Dritten Reichs – geteilte Stadt mit Hauptstadtfunktion im Osten und Insellage im Westteil – Hauptstadt des wiedervereinigten Deutschlands. Was für eine extrem wechselvolle Geschichte in gerade einmal gut 140 Jahren! Sie hat ihre Spuren im Stadtbild hinterlassen mit der Aufgabe, Erhaltenswertes zu integrieren, aber die Stadt insgesamt zu erneuern, umzugestalten und zukunftsfähig zu machen.

Wesentliche Aufgaben waren und sind: die Ausgestaltung zur Hauptstadt, der Ausbau und die Verknüpfung der Stadtzentren West und Ost sowie die Sanierung und funktionale Aufwertung einzelner Stadtteile, besonders im Osten der Stadt.

M 2.40 Die „Stadtgestalt" Berlins 1950–2000

„Im Vergleich … [dieser Jahre] werden die erheblichen Veränderungen des Siedlungskörpers der Stadt … erkennbar. So ist die Stadtgestalt des Jahres 1950 vor allem durch die gewaltigen Trümmerflächen in der Innenstadt gekennzeichnet, während in der Stadtgestalt des Jahres 2000 besonders die vielgeschossigen Großsiedlungen im Osten der Stadt hervortreten. Auch die raumgreifenden Verkehrsbauten in der gesamten Stadt werden sichtbar … [Für die Stadtentwicklung der letzten 50 Jahre spielten] die unterschiedlichen politischen Vorgaben in Ost-Berlin und in West-Berlin, insbesondere unter dem Eindruck der Konfrontation der Systeme, eine besondere Rolle. Alles dies führte zu widersprüchlichen Entwicklungen, Brüchen und schmerzlichen Wunden auch im räumlichen Erscheinungsbild der Stadt."

Aus http://www.stadtentwicklung.berlin.de/planen/basisdaten_stadtentwicklung/atlas/de/stadtgestalt.shtml (Nov. 2004)

Hauptstadtgestaltung. Am 20.6.1991 wurde im Deutschen Bundestag in Bonn der Beschluss gefasst Berlin zur Hauptstadt des wiedervereinigten Deutschlands zu ernennen und zu entwickeln. Seitdem hat es eine beispiellose Bautätigkeit gegeben, die das Bild vor allem der inneren Stadt stark verändert hat. 1999 zog das Parlament in den modernisierten und umgebauten Reichstag, dessen Glaskuppel mittlerweile zu einem Wahrzeichen Berlins geworden ist. 2001 wurde das Kanzleramt bezogen. Neben Ministerien und Verwaltungsgebäuden entstanden auch zahlreiche neue Botschaften.

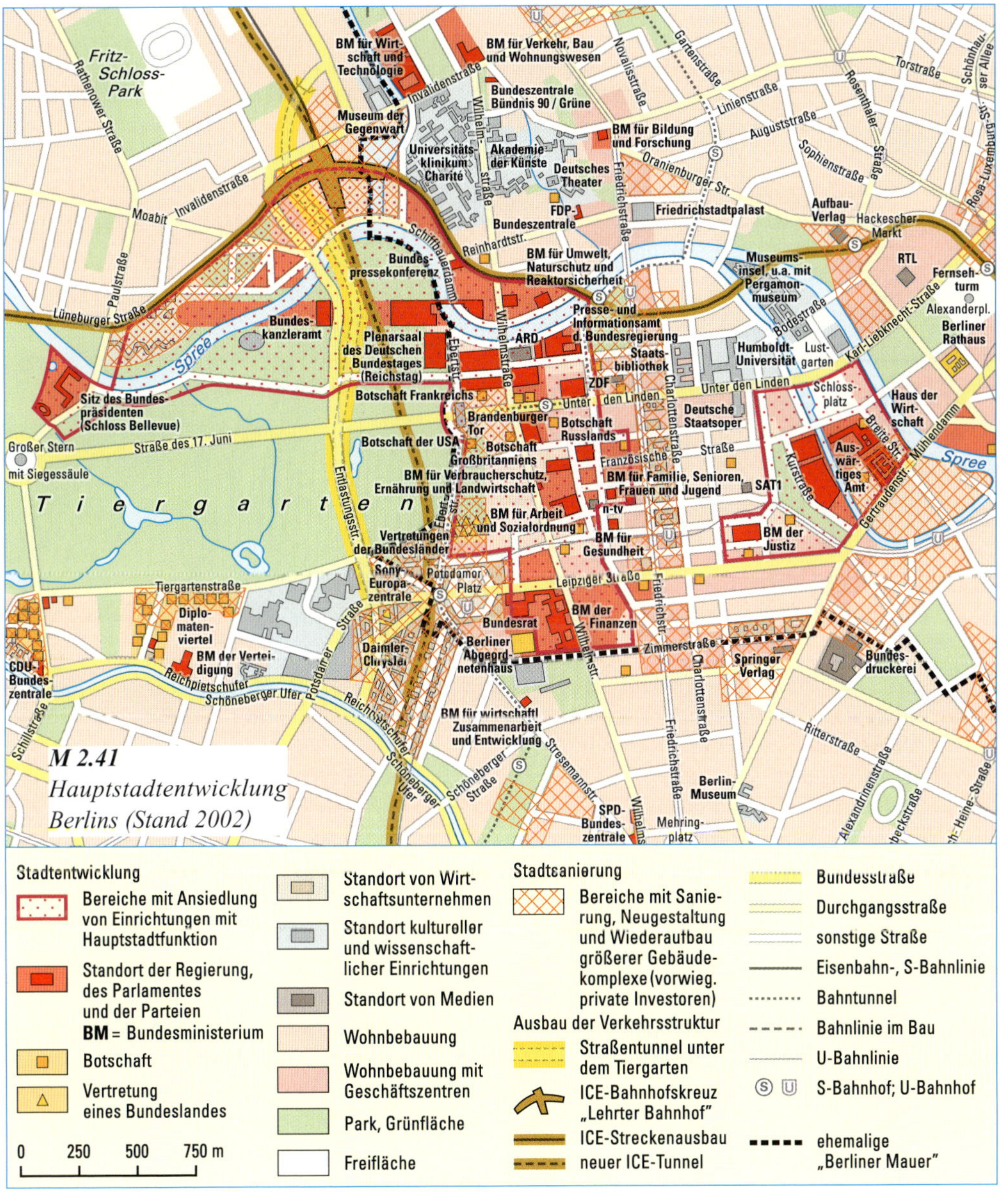

M 2.41
Hauptstadtentwicklung Berlins (Stand 2002)

2.27 *Fächerübergreifend: Ergänzen Sie auf dem Hintergrund der historischen Entwicklung die Beschreibung der Berliner Stadtgestalten (M 2.40). Unter der dort angegebenen Quelle finden Sie zwei Karten zur genaueren städtebaulichen Visualisierung des Textes. Beziehen Sie diese in Ihre Überlegungen ein.*

Ausbau des Zentrums.

↕ *M 2.42 (Modell und Quellentext linke Spalte) Zentrum Ost – Alexanderplatz um 2013 nach dem Leitbild zum Planwerk Innenstadt, Beschluss des Berliner Senats, Mai 1999*

„Im Zentrum der östlichen Innenstadt entsteht bis zum Jahr 2013 eine kompakte Hochhausbebauung. Am Alexanderplatz werden zunächst sieben Hochhäuser in einer einheitlichen Höhe von 150 Metern errichtet. Die knapp 37 Meter hohe Sockelbebauung wird jeweils durch Hochhaustürme ergänzt … Mit der Bebauung erfährt die City-Ost eine umfassende Umgestaltung zum modernen Bürostandort.
Wohnungen, Einzelhandel und Freizeiteinrichtungen sind ergänzend vorgesehen. Das Forum-Hotel an der Ostkante des Platzes wird durch drei neue Hochhäuser des Investors Interhotel ersetzt … Im Zuge des Umbaus werden auch die öffentlichen Flächen am Alexanderplatz und den umliegenden Straßen neu gestaltet."

***M 2.43** Potsdamer Platz (vgl. M 2.39 und Titelfotos dieses Schülerbuches)*

„Potsdamer Platz und der historisch bedeutsamere Leipziger Platz waren … ein Symbol für die Metropole des frühen 20. Jahrhunderts … Erst nach der Wiedervereinigung gelang es, diesen Ort als neues innerstädtisches Quartier wieder aufzubauen und die Verbindung zwischen dem historischen Zentrum und der City-West wieder herzustellen. Als Geschäftszentrum mit den Niederlassungen großer Firmen, vielseitigen Einkaufsmöglichkeiten und Freizeitangeboten … steht dieser Stadtbereich nun wieder im Fokus des internationalen Interesses."

M 2.42/2.43 aus ebenda, bauen/grosse_projekte/de/alexanderplatz.shtml sowie planen/staedtebau-projekte/leipziger_platz/

Sanierung einzelner Stadtteile – „Stadtumbau Ost“.

M 2.44 Umfang der Sanierung

„Anhand von Berlin lässt sich der immense Erneuerungs- und Entwicklungsbedarf verdeutlichen. So entfallen über 90 % der vom Berliner Senat 1993 neu festgelegten „Sanierungskulisse“ (22 Sanierungsgebiete mit rd. 81 000 Wohnungen und 116 000 Einw. [vgl. M 2.45]) auf den Ostteil der Stadt, dabei überwiegend auf die innerstädtischen Gründerzeitquartiere in Stadtbezirken wie Friedrichshain oder Prenzlauer Berg, die sich durch großflächigen baulichen Verfall auszeichneten und … immer noch durch große soziale Belastungen gekennzeichnet sind.“

Heinz Heineberg: a. a. O., S. 234

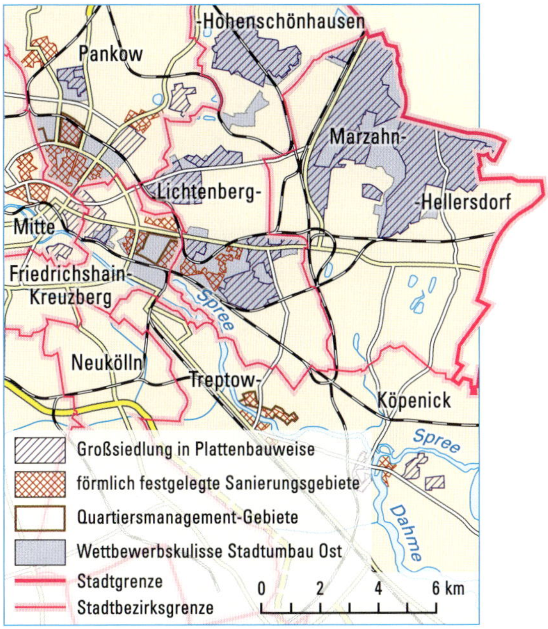

M 2.45 nach Senatsverwaltung für Stadtentwicklung Berlin auf http://www.stadtentwicklung.berlin.de/wohnen/stadtumbau

***M 2.45** Stadtumbau Berlin – Stadtumbaugebiete Ost*

***M 2.46** Stadtsanierung auch anderswo in Ostdeutschland (Leipzig: Zentrum-West)*

***2.28** Arbeitsteilige Gruppenarbeit:*
Die Materialien auf den Seiten 52–57 geben Hinweise, Eindrücke und Erläuterungen zur Situation Berlins, besonders seit der Wiedervereinigung am 3. Oktober 1990. Hierbei ist die Stadt vor bedeutende Planungsaufgaben gestellt. Analysieren Sie einen der Aspekte anhand der Materialien; ergänzen und vertiefen Sie diese, z. B. mit weiteren Fachbüchern, auch anderer Fächer wie Politik und Geschichte, oder mithilfe des Internets, beispielsweise unter der Adresse www.stadtentwicklung.berlin.de/

M 2.47 Innovationsstadtteil Berlin-Adlershof

M 2.48 Ziele und Struktur des Projekts

„Das Ziel: eine moderne Stadtstruktur mit der Science-City im Zentrum, umgeben von Medienstadt, Gewerbepark und Wohnquartieren. Mit dem Bau der ersten Einfamilienhäuser wurde 2004 begonnen.

Die Quartiere gruppieren sich um einen Natur- und Landschaftspark, der auf dem Gelände des ehemaligen Flughafens Johannistal [hier starteten zu Beginn des 20. Jh.s die ersten motorisierten Flugzeuge in Deutschland] entstanden ist.

Dort soll auch Berlins erstes Thermal-Freizeitbad mit Thermalsole in Heilwasserqualität errichtet werden.“

M 2.48 und M 2.49 nach www.adlershof.de (November 2004)

M 2.49 Science-City Berlin-Adlershof – Daten und Fakten (Stand 09/2004)

Gesamtfläche:	420 ha
Beschäftigte:	ca. 10 000
Unternehmen:	645
davon:	
Wissenschaft/Technologie	365
Medienstadt	115
Gewerbe/Dienstleistungen	165
Umsätze aller Unternehmen (einschließlich Förder- und Drittmittel):	1,07 Mrd. €
Neuansiedlungen 2002	50 Unternehmen
2003	69 Unternehmen
Insolvenzquote:	>2%
Humboldt-Universität am Standort Adlershof:	6 Institute mit 110 Professoren 600 Mitarbeitern 7 000 Studenten
Wissenschaftliche Einrichtungen:	12 außeruniversitäre mit 1500 Mitarbeitern
Infrastruktur: Hotels, Restaurants, Gesundheitszentrum, Shopping Center, Landschaftspark …	

Das Projekt Berlin „Adlershof" ist eines der erfolgreichsten Projekte des so genannten „Aufbaus Ost" und gehört heute zu den 15 größten Wissenschafts- und Technologieparks der Welt. Seit 1991 entsteht hier ein integrierter Wissenschafts-, Wirtschafts- und Medienstandort, dessen Kern der Wissenschafts- und Technologiepark mit 365 Unternehmen und zwölf außeruniversitären Instituten ist. Seine Basis ist die Vernetzung von Wissenschaft und Privatwirtschaft, auch wenn hier noch die Ansiedlung großer Unternehmen fehlt.

Durch die Anbindung an einen 66 ha großen Landschaftspark und die Nähe zu einem der wichtigsten Naherholungsgebiete Berlins, dem Müggelsee, ist er eingebettet in ein städtebauliches Gesamtkonzept mit dem Ziel, einerseits den Ostteil der Stadt durch eine multifunktionale Struktur nachhaltig aufzuwerten und andererseits die wirtschaftliche Zukunft des Standorts Berlin zu sichern.

Bonn – Hauptstadtverlust … und dann?

M 2.50 *„Es war einmal …*

… eine Zeit des großen Jammerns. Der Pleitegeier wurde gesichtet, von Phantom- und Geisterstadt war die unheilschwangere Rede … Der Bundestag entschied. Und langsam kam die große Leere ins ehemalige Regierungsviertel.

Es war einmal. Und wenn sie nicht gekommen wären, dann wäre es noch heute öd und leer. Manchmal aber werden Märchen doch wahr. Und sie kamen, anfangs wenige, dann immer mehr, bis die Parkplätze erst knapp, dann rar wurden, bis schließlich alle wieder besetzt waren.

Die Entwicklungshelfer, die Postregulierer, die Telekoms, die Gastronomen, die UN-Experten, die Rechtsanwälte, Galeristen, Unternehmer, die Rundfunkleute, die Oberpostler, die Intergrationsforscher, Museumsbesucher, Wissenschaftler, die Makler, Banker, Techniker.

Wer Spaß an Abkürzungen hat, der findet im Zukunftskarree Bundesviertel eine Rätselgrube: ISPRA, BDU, ASCO, ZEF, ZEI, DED, DIE, REgTP, GTZ, SID, DAAD, BEV, UNCCD, CMS/UNEP, UNIC, BIS, UNEVOC, DGE und so weiter."

http://www.general-anzeiger-bonn.de/index_frameset.html?/news/artikel.php?id=62350

Die Entscheidung für Berlin als Hauptstadt Deutschlands hatte auch für die „provisorische" Vorgängerin Bonn gravierende Folgen. Der Umzug von Bundestag und Bundesrat, von Ministerien, Bundesbehörden und Botschaften traf die Stadt ins Mark. Mithilfe von Fördermitteln hat man in Bonn versucht, diese Folgen (z. B. Gebäudeleerstand, Arbeitsplatzverluste) aufzufangen und der „Bundesstadt Bonn" eine Zukunft zu geben. Sichtbare Zeichen hierfür sind heute der Post-Tower, der (geplante) Telekom-Neubau oder die „Museumsmeile".

2.29 *Beschreiben und erläutern Sie Struktur und Intentionen des Projektes Science-City Berlin-Adlershof. Bewerten Sie es hinsichtlich seiner Bedeutung für Berlin.*

2.30 *Recherchieren Sie relevante Fakten und Potenziale Bonns (Atlas, Internet: z. B. Größe, Lage, Verkehrsgunst, Wirtschaftsstruktur usw.). Formulieren Sie auf dieser Basis Perspektiven der Stadt.*

Verstädterung in Entwicklungsländern

M 2.51 Historische Innenstadt von Mexiko-Stadt

„Monstruopolis" Mexiko-Stadt

M 2.52 Moloch mit gewaltigen Umweltproblemen

„Die genaue Zahl der Einwohner scheint keiner zu wissen. 18 Millionen sagt der eine, 22 der nächste, ein anderer spricht von 25 Millionen Menschen. Die Stadt, in der rund ein Viertel der mexikanischen Bevölkerung lebt, gilt als die am schnellsten wachsende Agglomeration der Erde. Im Jahr 2025 werden hier, so eine Prognose, 32 Millionen Menschen leben. Oder mehr.
Nacht für Nacht rollen aus allen Himmelsrichtungen des Landes Tausende von Lastwagen heran und laden an der Central de Abasto, dem mit einer Fläche von knapp 330 ha weitläufigsten Großmarkt der Welt, mehr als 30000 Tonnen Lebensmittel ab. Der größte Teil davon wird von 85000 Händlern, Boten und Fuhrleuten in der Stadt verteilt. Mit dem, was übrig bleibt, wird der Rest des Landes versorgt.
Jeden Tag scheidet Mexiko-Stadt 20000 Tonnen Müll aus, die abgeholt und auf immer größeren Halden abgeladen werden. Nur etwa 15 Prozent des Abfalls – Glas, Metall, Papier, Pappe und Plastik – werden von einer straff organisierten Mafia, sog. Pepenadores, aussortiert und einer Wiederverwendung zugeführt.
Der Rest wird verbuddelt. Die Erde zum Zuschütten des Mülls wird unterdessen knapp und muss aus immer größeren Entfernungen herbeigeschafft werden. Eine Müllverbrennung oder systematische Kompostierung von Müll, der immerhin zur Hälfte aus organischen Stoffen besteht, gibt es bisher nicht. Offizielle Begründung: zu teuer.
Eine Zeitbombe ist der Giftmüll, der nur zu einem Viertel in der einzigen, 700 Kilometer entfernten Sondermülldeponie von Monterrey entsorgt wird. Der Rest wird unter den Hausmüll gemischt.
Auch die Luft ist angereichert mit Schadstoffen. Zwar fallen in den letzten Jahrzehnten keine kadmiumverseuchten Vögel mehr vom Himmel wie Ende der [19-]achtziger Jahre. Aber immer noch werden von den 4,2 Millionen Autos und den 30000 Industriebetrieben jeden Tag um die 20000 Tonnen Dreck in die Atmosphäre geblasen."

Leben in der Stadt. Lust oder Frust. Spiegel Special, Nr. 12/1998. Hamburg: Spiegel-Verlag 1998, 102f.

Mexiko-Stadt, erbaut „im See“

M 2.53 Landschaftslage und Klima

„Zu den grundlegenden Faktoren gehört die Lage in einem abflusslosen Hochbecken, 2250 m über dem Meer, das im Osten, Süden und Westen von über 3000 m hohen Bergketten umgeben ist. Sie werden ihrerseits von hohen Vulkanen überragt … Dazu kommen viele kleinere Vulkankegel im Becken selbst, das mit See-Ablagerungen, vulkanischen Aschen und versteinerten Lavaströmen bedeckt ist … Wir befinden uns in einem tektonisch ausgesprochen labilen Gebiet, was auch in zahlreichen Erdbeben zum Ausdruck kommt.

Mit 19° nördl. Breite gehört Mexiko-Stadt zu den Randtropen, die gekennzeichnet sind durch einen klaren Gegensatz zwischen einer Regenzeit von Mai bis Oktober und einer Trockenzeit im Winterhalbjahr. Die Jahresniederschläge betragen nur etwa 700 mm, die normalerweise als Starkregen am Nachmittag fallen …

Die stabile Hochdruckwetterlage im Winter führt in dem allseits geschlossenen Becken in etwa 200 Tagen zu einer dauerhaften Inversionsschicht, die nur gelegentlich durch polare Luftmassen unterbrochen wird.“

Erdmann Gormsen: Die Stadt Mexiko – Megalopolis ohne Grenzen? In: Erdmann Gormsen/Andreas Thimm (Hrsg.): Megastädte in der Dritten Welt. Mainz: Universität 1994; S. 74–76

M 2.54 Die städtischen Anfänge

„Als die Azteken um 1300 aus dem trockenen Norden in die Mesa central vorstießen, fanden sie zwischen den Vulkanriesen und dichten Nadelwäldern mehrere abflusslose Seen inmitten einer blühenden Kulturlandschaft in der Hand verschiedener Stadtstaaten. So konnten sie nur auf den flachen Inseln im salzhaltigen Texcoco-See ihre Hauptstadt Tenochtitlán gründen (ca. 1345), die sie in anderthalb Jahrhunderten zu einer glänzenden Metropole ausbauten … .Mit über 60000 Einwohnern [war sie] … im Vergleich zu den meisten Städten Europas schon eine ‚Megastadt‘ …

1521 verwüsteten die Spanier die Stadt. Doch das sensible Ökosystem legte die Übernahme der aztekischen Grundstrukturen mit ihrem regelmäßigen Netz aus Kanälen und Straßen nahe, zumal die geometrische Anlage den europäischen Vorstellungen einer Idealstadt der Renaissance entgegenkam. Der nur wenige Meter tiefe See schwoll während der Regenzeit oft so stark an, dass große Teile der Stadt überflutet wurden. Daher wurde schon um 1440 ein etwa 16 km langer Deich gebaut, der den westlichen Teil des Sees mit Tenochtitlán vom stärker salzhaltigen Ostteil trennte.“

Erdmann Gormsen: México-Stadt, faszinierende „Monstruopolis“. In: Geographie und Schule, 19. Jg., H. 110 (12/1997). Köln: Aulis 1997, S. 20

M 2.55 Flächenentwicklung von Mexiko-Stadt und Schrumpfen der Seenflächen

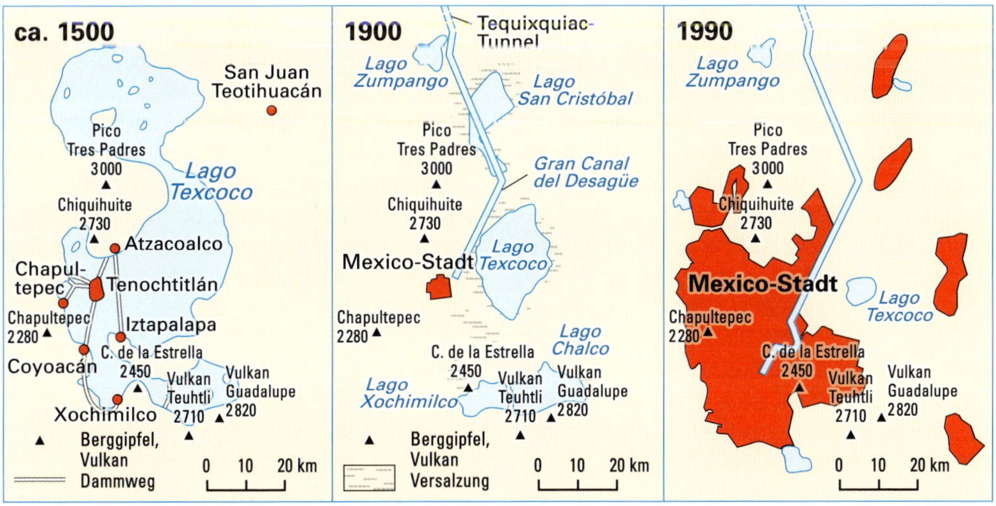

Nach Hans-Jörg Sander: Mexiko-Stadt. Köln: Aulis 1983/ Peter M. Ward: Mexico City. The production and reproduction of an urban environment. Boston: Hull 1990

M 2.56 Ökologische Folgen der Entwässerung

„Die Umgestaltung der Natur- und Lebensbedingungen im Hochtal von Mexiko seit der aztekischen Zeit war radikal und umfassend. Die Trockenlegung des Sees von Texcoco … hat sich in mehrfacher Hinsicht als ein später Fluch Montezumas erwiesen. Heute ist der Wasserhaushalt im Hochtal so nachhaltig gestört, dass man zur Trinkwasser-Versorgung der 20-Millionen-Stadt längst auf die Nachbarräume bis hin zum meeresnahen Tiefland angewiesen ist. Selbst das kurzfristige Ziel, die Überschwemmungsgefahr ... zu bannen, wurde nicht erreicht. Im Gegenteil: Die fortschreitende Austrocknung des Hochtals führte dazu, dass der ehemals sehr wasserreiche Untergrund zusammenschrumpfte und, vor allem im Stadtgebiet, bis zu 10 m absackte."

Hans-Jörg Sander: Umweltprobleme im Hochtal von Mexiko. In: Geographische Rundschau, 42. Jg., H. 6,. Braunschweig: Westermann 1990, S. 328

Megapolisierung und Hyperurbanisierung

M 2.57 Metropolisierung und Zentralismus

„Wie in anderen Ländern Lateinamerikas ist der Urbanisierungsprozess seit den 1930er Jahren durch ein starkes Wachstum der Großstädte (Metropolisierung) bei einer gleichzeitigen Konzentration auf wenige Zentren gekennzeichnet. In besonderer Weise haben sich Wirtschaftsaktivitäten und Bevölkerung in der Hauptstadt verdichtet, sodass das nationale Städtesystem eine ausgesprochen zentralistische Struktur (Primatstruktur) aufweist. Dort, wo sich die politische Macht konzentriert ..., sind auch die wichtigsten Wirtschaftsfunktionen sowie die bedeutendsten Einrichtungen von Kultur und Wissenschaft angesiedelt. Dies gilt in besonderer Weise für wirtschaftliche Schlüsselbereiche …

Wie massiv sich die Ballung in der Hauptstadt erhöht hat, wird bereits durch deren Bevölkerungsentwicklung deutlich: Entfielen zu Beginn des 20. Jh.s auf Mexiko-Stadt gerade einmal 3 % der Einwohner des Landes, waren es 1930 6 %, 1960 15 % und 1990 20 %. Bei diesen Werten ist das weitere Einzugsgebiet von Mexiko-Stadt nicht berücksichtigt."

Gerhard Sommerhoff/Christian Weber: Mexiko. Darmstadt: Wissenschaftliche Buchgesellschaft 1999, S. 186

M 2.58 Bevölkerungsentwicklung der Metropolitanzone von Mexiko-Stadt

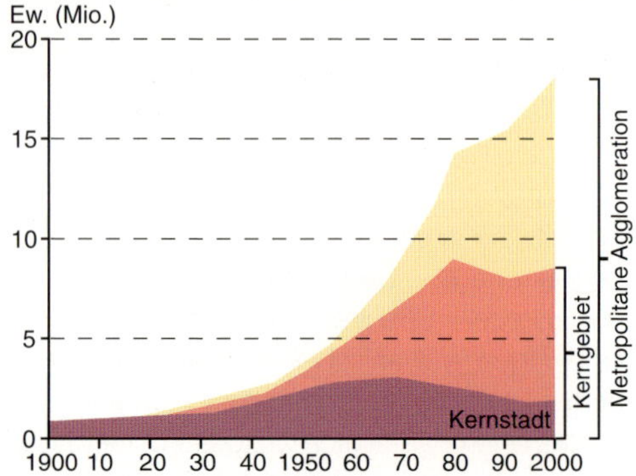

Kernstadt: das engere Stadtgebiet von Mexiko-Stadt (Ciudad de Mexico, 145 km² groß)
Kerngebiet: der Hauptstadtdistrikt (ca. 1 500 km²), er umfasst die Kernstadt und die angrenzenden 15 „Bezirke" und ist weitgehend identisch mit dem „Distrito Federal"
Metropolitane Agglomeration: die gesamte verstädterte Zone rund um Mexiko-Stadt (ca. 7 000 km²)

Nach Dirk Bronger: Metropolen, Megastädte, Global Cities. Darmstadt: Wissenschaftliche Buchgesellschaft 2004, S. 68

M 2.59 Magnet Mexiko-Stadt

„In Mexiko bilden die Großstädte und insbesondere die Hauptstadt die Zentren und Brennpunkte der Entwicklung: Dort ballen sich die Arbeitsplätze in Industrie, Handel und modernen Dienstleistungen. Hier konzentrieren sich die Bildungseinrichtungen, und das Qualifikationsniveau der Bevölkerung liegt weit über dem der ländlichen Regionen. Die Infrastruktur und die bauliche Situation sind deutlich besser als auf dem Land. Dieses konzentrierte Angebot moderner Entwicklungsmöglichkeiten macht die mexikanischen Großstädte zu begehrten Zielen für Migranten.

Unter dem großen demographischen Druck können die mexikanischen Städte ihre Entwicklungs- und Integrationsfunktion nur bedingt erfüllen. Seit den 1950er Jahren nimmt die Bevölkerung in der Metropolitanregion von Mexiko-Stadt täglich um 800 Menschen zu, wobei sich die Wachstumsdynamik inzwischen an die Stadtränder verlagert."

Gerhard Sommerhoff/Christian Weber: a. a. O., S. 195 – 196

Der informelle Wirtschaftssektor

M 2.60 Der informelle Wirtschaftssektor

„Bis zur Wirtschaftskrise der 1980er Jahre bot der aufgeblähte öffentliche Sektor für viele Menschen eine Erwerbsmöglichkeit, mitunter sogar eine feste Stellung mit sozialer Absicherung … Im Zuge der Einsparungen im Staatshaushalt und der Privatisierung zahlreicher öffentlicher Betriebe hat der Staatssektor seine herausragende Bedeutung für die Integration der städtischen Bevölkerung in formale Arbeitsverhältnisse eingebüßt …
Zahlreiche Zuwanderer versuchen im informellen Wirtschaftssektor als fliegende Händler, Straßenverkäufer, Schuhputzer und Kleinhandwerker ihren Lebensunterhalt zu bestreiten. Hierzu gehört auch die Müllabfuhr in den Hüttenvierteln und die Müllverwertung … Im informellen Sektor sind über 30 % aller Erwerbstätigen in den Großstädten beschäftigt … Eine Tätigkeit im informellen Sektor bedeutet nicht zwingend ein geringes Einkommen, mitunter werden hier sogar beträchtliche Gewinne erzielt. Allerdings handelt es sich um selbstständige Beschäftigungsverhältnisse ohne eine formale soziale Absicherung. Eng mit dem informellen Sektor verbunden ist der Einsatz der Familie als Arbeitskräftereserve und damit auch der Einsatz der Kinder …“

Gerhard Sommerhoff/Christian Weber: a. a. O., S. 196

Informelle Siedlungsentwicklung

M 2.61 Marginalsiedlungen

„Die Marginalisierung breiter Bevölkerungsschichten dokumentiert sich in den peripheren Hüttenvierteln, die in den letzten 40 Jahren an den Rändern der Großstädte wie Pilze aus dem Boden gewachsen sind. Mindestens ein Drittel der Bevölkerung in den meisten mexikanischen Großstädten stehen mit Blick auf ihre Wohn- und Einkommensverhältnisse am Rande der Gesellschaft. Bevölkerungsexplosion und Migration haben zu einer massiven Ausweitung der randstädtischen Elendsquartiere geführt, die von einem städtischen Standard hinsichtlich eines Wasser- und Kanalanschlusses weit entfernt sind.
Im Osten von Mexiko-Stadt erstrecken sich die größten Elendsquartiere der Welt: Mit einer Einwohnerzahl ... je nach Quelle zwischen 1 und 3 Mio. Einwohnern ... (der Zensus von 1990 nennt 1 256 115 Menschen), galt Nezahualcoyotl lange Zeit als ‚verlorene Stadt‘ (Ciudad perdida): Von der offiziellen Stadtplanung ignoriert, gab es keine öffentliche Infrastruktur, weder Schulen noch einen Anschluss an die öffentlichen Versorgungs- und Entsorgungsnetze. Neza zählt inzwischen zu den konsolidierten Marginalsiedlungen, die zunehmend in den Stadtkörper integriert werden.“

Gerhard Sommerhoff und Christian Weber: a. a. O., S. 197 – 198

***M 2.62** Marginalsiedlung in Mexiko-Stadt*

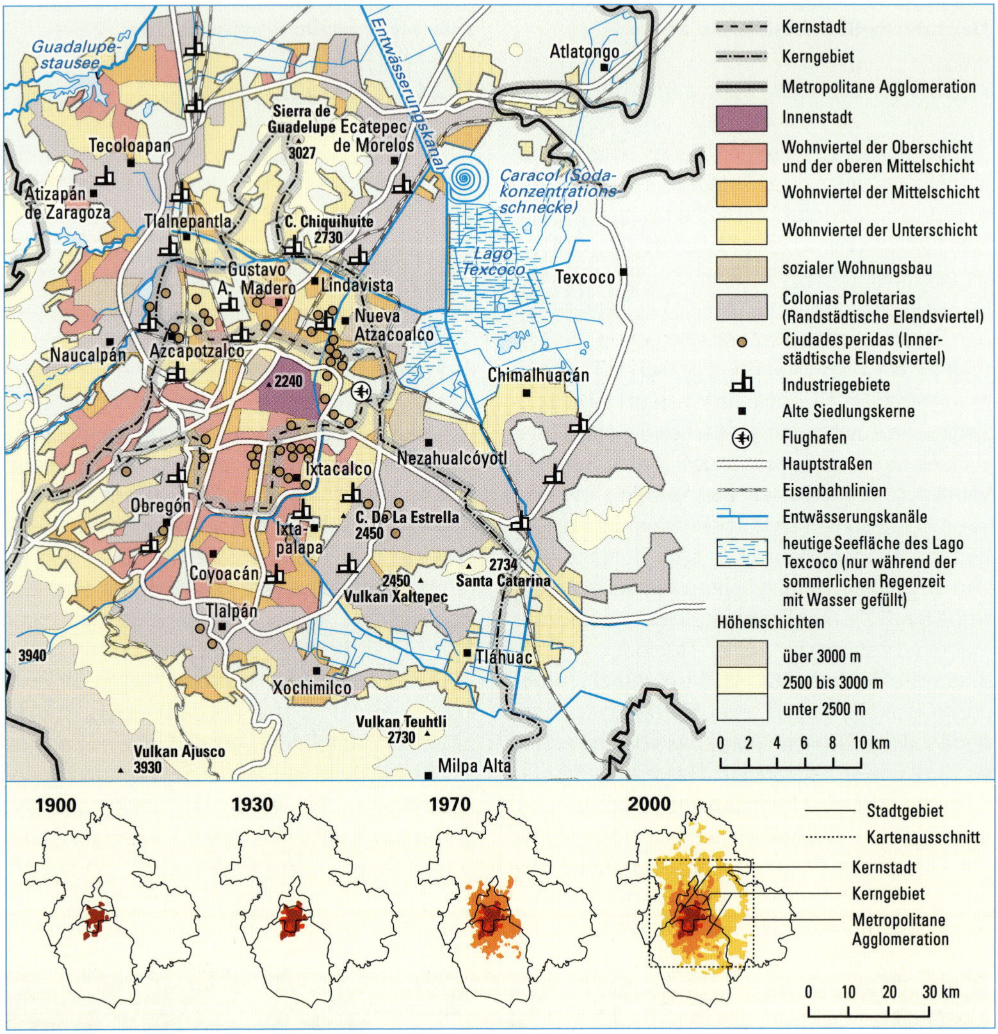

M 2.63 *Sozialräumliche Gliederung von Mexiko-Stadt*

2.31 *Erläutern Sie, warum die heutigen gravierenden Umweltprobleme in Mexiko-Stadt durch die naturräumlichen Gegebenheiten und die frühe Siedlungstätigkeit mitverursacht sind (Materialien auf S. 58–61, geeignete Atlaskarten).*

2.32 *Beschreiben Sie das Bevölkerungs- und Flächenwachstum von Mexiko-Stadt und nennen Sie Gründe für diese Entwicklung.*

2.33 *Fassen Sie die Texte auf den Seiten 60 bis 61 in Thesen zusammen und konkretisieren Sie am Beispiel von Mexiko-Stadt die Begriffe „Verstädterung", „Metropolisierung", „Megapolisierung" und „Hyperurbanisierung" (vgl. M 2.64, S. 63; auch S. 18–21).*

2.34 *Beschreiben und erläutern Sie die sozialräumliche Gliederung von Mexiko-Stadt (M 2.63). Setzen Sie die Karte in eine vereinfachte Skizze um und vergleichen Sie Ihr Ergebnis mit dem Modell auf S. 33.*

2.35 *Mögliches Referatsthema:*
„Mexiko-Stadt – Entwicklungsprobleme einer Megastadt der Dritten Welt"
Literatur: siehe Quellenangaben zu den einzelnen Materialien dieses Teilkapitels sowie im Internet (z. B. www.df.gob.mx oder/und www.worldbank.org/html/fpd/urban/strategy/chap1.pdf oder/und www.megacities.nl)

Megapolisierung der Entwicklungsländer

Das Fallbeispiel Mexiko-Stadt gibt nur einen ersten Einblick in den Verstädterungsprozess in den Entwicklungsländern. Dieser ist im Folgenden in den weltweiten Zusammenhang einzuordnen und anhand weiterer Beispiele genauer zu untersuchen.

Mit dem Begriff „*Verstädterung*" wird die Dynamik der Stadtentwicklung in den Ländern der Dritten Welt nur unzulänglich beschrieben. Treffender wäre es, von *Metropolisierung* und *Megapolisierung* zu sprechen. (vgl. S. 14–21).
Einige Zahlen verdeutlichen das Ausmaß dieses Prozesses. Während die Erdbevölkerung seit 1950 von 3,8 Mrd. auf 6,1 Mrd. Ew., also um das 1,6fache wuchs, erhöhte sich die Zahl der in Millionenstädten lebenden Menschen um das Achtfache. Entwicklungspolitisch brisant ist vor allem das Wachstum der *Megastädte* (vgl. S. 21; dort auch die Frage unterschiedlicher Schwellenwertdefinitionen). Setzt man als Schwellenwert für Megastädte eine Einwohnerzahl von 5 Mio. an, so weist die Statistik aus, dass es im Jahre 1950 erst sechs an der Zahl gab, vier in den Industrieländern (New York, London, Tokyo, Paris) und zwei in den Entwicklungsländern (Shanghai, Buenos Aires). In nur 50 Jahren hat sich dieses Verhältnis grundlegend umgekehrt: Im Jahre 2000 standen zehn Megastädten in den Industrieländern bereits 39 in den Entwicklungsländern gegenüber. Mit anderen Worten: Metropolen und Megastädte bzw. megaurbane Regionen werden in Zukunft die Lebensräume der Bevölkerung der Entwicklungsländer schlechthin sein. Bereits heute sind sie die Brennpunkte des wirtschaftlichen, aber auch sozialen Lebens dieser Länder.

M 2.64 *Bevölkerung in den Megastädten 2000 und 2015*

Größe der Megastädte (Mio. Ew.)	Einwohner insgesamt (Mio.)		
	2000	2015	Wachstum (2000 = 100 %)
5–<8	95,1	156,5	164,6
8–<10	74,1	107,7	144,9
>10	225,0	340,5	151,3
gesamt	394,1	604,4	153,4
Anzahl Megastädte	39	58	148,7

Nach UN (Hrsg.): World Urbanization Prospects. The 2001 Revision. New York: United Nations 2002

Metropole: Stadt mit einer Mindestgröße von 1 Mio. Ew. sowie herausragenden politischen, wirtschaftlichen, kulturellen und gesellschaftlichen Funktionen
Metropolisierung: Konzentrationsprozess von Bevölkerung und Funktionen (s. o.) in einer einzigen, bei größeren Flächenstaaten u. U. auch mehreren Metropolen
Metropolisierungsquote: Anteil der in der (den) Metropole(n) lebenden Bevölkerung an der Gesamtbevölkerung eines Raumes (Land, Erdteil, Erde)
Megastadt: Metropole mit mehr als 5 Mio. Ew. (nach anderen Autoren über 8 oder 10 Mio. Ew.), einer hohen Bevölkerungsdichte (über 2 000 Ew./km²) sowie einer monozentrischen Struktur (im Unterschied zu polyzentrischen Agglomerationen wie z. B. dem Ruhrgebiet)
Megapolisierung: Konzentration von Bevölkerung und Funktionen in Megastädten
Global City: Großstadt mit internationalen Funktionen, z. B. internationalem Finanzzentrum, Sitz internationaler Institutionen und Unternehmen (Global Players); als Global Citys gelten vor allem die Städte New York, Tokyo, London und Paris
Primatstadt: Großstadt, die hinsichtlich ihrer Einwohnerzahl und Bedeutung alle anderen Städte eines Landes deutlich überragt
Demografische Primacy: hoher Anteil der Bevölkerung eines Landes in einer (oder wenigen) Metropolen/Megastädten
Funktionale Primacy: zusätzlich zur Bevölkerungskonzentration die Dominanz einer Metropole/Megastadt in sämtlichen Wirtschafts- und Lebensbereichen eines Landes
Index of Primacy: Quotient zwischen der größten und zweitgrößten Stadt eines Landes (gemessen an der Bevölkerungszahl); Werte von 5,2 für Mexiko-Stadt oder von 7,8 für Lagos unterstreichen die Dominanz dieser Megastädte (Berlin: 1,9)

M 2.65 *Einige Fachbegriffe zum Thema Metropolisierung und Megapolisierung*

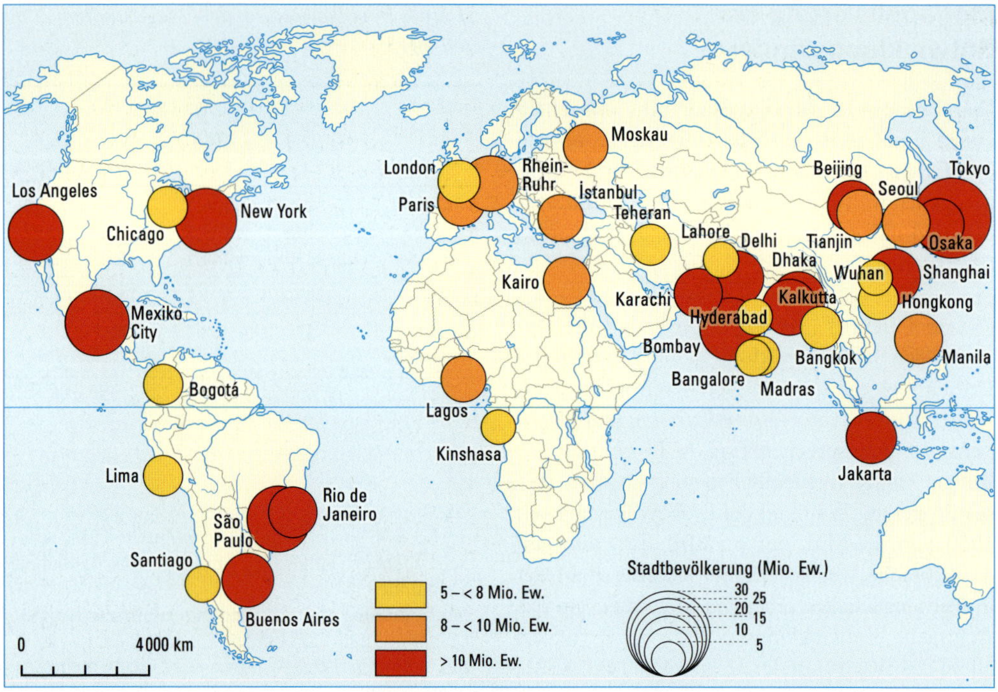

M 2.66 *Megastädte mit 5, 8 und 10 Mio. Ew. im Jahre 2000*

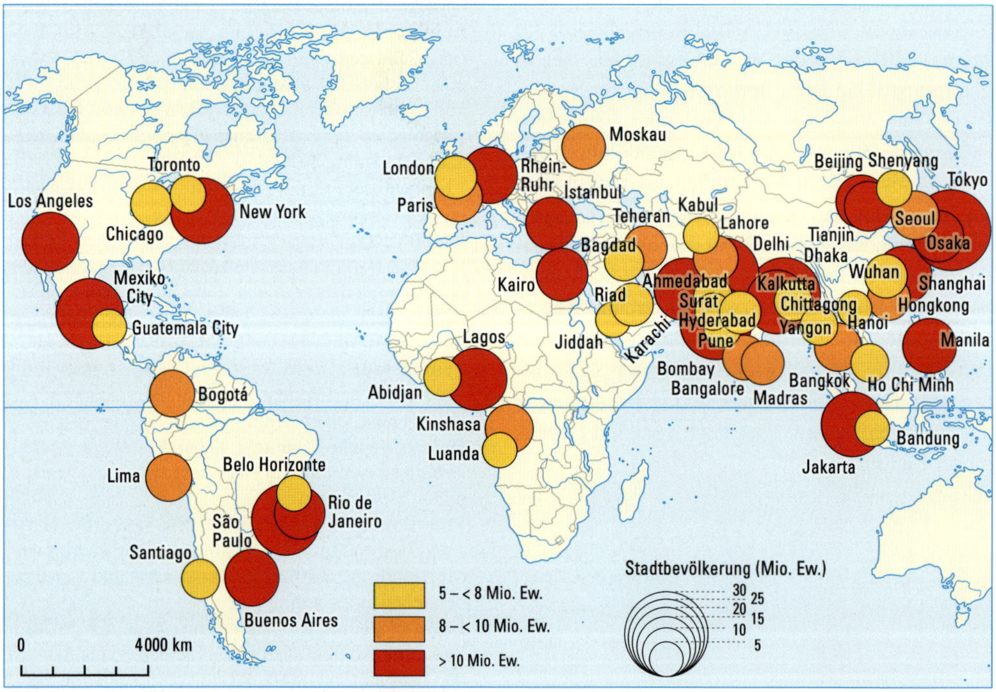

M 2.67 *Megastädte mit 5, 8 und 10 Mio. Ew. im Jahre 2015*

Quelle für M 2.66 und M 2.67: nach UN 2002 in Frauke Kraas: Megacities as Global Risk Areas. In: Petermanns Geographische Mitteilungen, 147. Jg., H. 4. Gotha: Perthes 2003, S. 8 (Kartographie: Regine Spohner, leicht verändert)

Unterschiede: „Erste Welt“ – „Dritte Welt“

Metropolisierung und *Megapolisierung* sind heute zwar ein weltweites Phänomen, die *Megastädte* in den Entwicklungsländern weisen dabei allerdings eine Vielzahl andersartiger Strukturen, Prozesse und Probleme als in den Industrieländern auf. Unterschiedlich sind vor allem die Dynamik und das Ausmaß der Prozesse, aber auch die Ursachen und Folgewirkungen.

M 2.68 Ungleiche Entwicklungen

„Als das eigentliche Jahrhundert der Megapolisierung ist erst das 20. Jh. zu bezeichnen. … Verursacht wurde dieses in der Geschichte bislang nicht zu beobachtende phänomenale Größenwachstum durch die industrielle und demographische Revolution. Diese Aussage gilt uneingeschränkt jedoch nur für die Industrieländer, wobei die Phasen des, relativ gesehen, intensivsten Großstadtwachstums bereits im 19. Jh. lagen. Der Prozess des weltweit überproportionalen Wachstums der Megastädte war in der Mehrzahl der Industrieländer Europas und Nordamerikas bis zur Mitte des 20. Jh.s jedoch abgeschlossen.

Seitdem sind die Einwohnerzahlen fast aller Megastädte Europas sowie Nordamerikas stagnierend, oft sogar rückläufig … Als große Ausnahme unter den Industrieländern bleibt allein Tokyo, das seine Einwohnerzahl in diesem Jahrhundert verzehnfacht hat … Heute wird das in der Geschichte der Erde bislang nicht gekannte Megastadtwachstum in aller erster Linie von den Ländern der ‚Dritten Welt‘ getragen. Dabei setzte diese, als die eigentliche Bevölkerungs‚explosion‘ zu bezeichnende Entwicklung erst zu Beginn der zweiten Hälfte des 20. Jh.s ein … Diese Wachstumsverlagerung sei an London und Wien demonstriert. London, bis 1960 noch auf Rang drei unter den größten Städten, ist auf Rang 24 zurückgefallen; Wien (1914 mit 2,214 Mio. Einwohnern noch die siebtgrößte Stadt der Erde) ist heute nicht mehr unter den 150 größten Städten der Erde zu finden.“

Nach Dirk Bronger: Megastädte. In: Geographische Rundschau, 48. Jg., H. 2. Braunschweig: Westermann 1996, S. 75–76 (geringfügig geändert)

M 2.69 Verstädterung ohne Industrialisierung

„Die Verstädterung in den heutigen Entwicklungsländern setzte in den 1920er Jahren in Lateinamerika ein und hat seit dem Zweiten Weltkrieg auf alle Länder übergegriffen. Jedoch weist sie gegenüber dem Verstädterungsprozess der Industrieländer grundlegende Unterschiede auf:

In den Entwicklungsländern geht die Verstädterung in der Regel der Industriealisierung weit voraus und erfolgt meist unkontrolliert. Die in den [19-]50er- und 60er-Jahren in das Städtewachstum gesetzte Hoffnung, Motor der Entwicklung zu sein, hat sich kaum erfüllt …

In den Industrieländern wuchsen die Städte im 19. Jahrhundert hauptsächlich durch Zuwanderung, weniger durch natürliches Bevölkerungswachstum.

Die Industrialisierung erfolgte in den Industrieländern durchweg durch nationale Eigenanstrengungen und unter enger Verknüpfung der verschiedenen industriellen Branchen miteinander und mit den übrigen Wirtschaftssektoren. Mit Ausnahme weniger NIC fehlen in den Entwicklungsländern diese Verknüpfungen. Darüber hinaus erfolgt die Industrialisierung hier vorwiegend durch arbeitssparende, zum größten Teil importierte Technologien. Deshalb ist das Arbeitsplatzangebot äußerst gering.“

Karl Engelhard: Welt im Wandel. Köln: OMNIA 2000, S. 68

M 2.70 Die zehn größten Städte der Welt 1950 2000 und 2015 (jeweils Agglomerationsräume, in Mio. Ew.)

Rang	1950	2000	2015
1	Tokyo (13,0)	Tokyo (33,4)	Tokyo (28,7)
2	New Yoek (12,7)	Seoul (20,4)	Mumbai (27,4)
3	London (8,2)	Mumbai (18,6)	Lagos (24,4)
4	Shanghai (6,8)	Mexiko-C. (17,7)	Shanghai (23,4)
5	Paris (6,7)	São Paulo (17,3)	Jakarta (21,2)
6	Moskau (5,1)	Jakarta (16,9)	São Paulo (20,8)
7	Osaka/Kobe (5,0)	New York (15,9)	Karachi (20,6)
8	Buenos Aires (4,7)	Kairo (14,8)	Beijing (19,4)
9	Chicago (4,7)	Manila (13,9)	Dhaka (19,0)
10	Kalkutta (4,5)	Kalkutta (13,8)	Mexiko-C. (18,8)

1950 und 2000 nach Dirk Bronger: Metropolen …, a.a.O., S 172 und 174; 2015 nach http://www.g-o.de

M 2.71 Motive der Land-Stadt-Wanderung in den Entwicklungsländern

Nachteilige Strukturmerkmale des ländlichen Raums (Push-Faktoren)	**Persönliche Motive und Kommunikationsmedien**	**Attraktive Strukturmerkmale des städtischen Raums (Pull-Faktoren)**
• niedriger Lebensstandard • unzureichende Ernährungslage infolge Landknappheit • Arbeitslosigkeit • Unterdrückung durch Grundbesitzer • Ausbeutung durch Zwischenhändler • mangelnde Versorgung mit öffentlichen Dienstleistungen (Schule, Krankenhaus etc.) • geringe Teilnahmemöglichkeit an Gütern und Dienstleistungen des Staates • erstarrte Sozialstrukturen • mangelnde Innovationsbereitschaft • Ernterisiko durch Witterungseinflüsse/Bodenzerstörung	• Glaube an eine Verbesserung der Situation („schlechter kann es nicht werden“) • außengeleitetes Verhalten/Mode („wie der Freund/Bruder“) • Radio/Fernsehen/Presse • Berichte von Besuchern aus der Stadt • Saisonarbeit in der Stadt, z. B. auf Baustellen	• Arbeitsmöglichkeiten • höherer Verdienst • Aufstiegschancen • größere persönliche Freiheit • größere Auswahl an öffentlichen Infrastruktureinrichtungen (Schule, Krankenhaus etc.) • größere Teilnahmemöglichkeit an Gütern und Dienstleistungen des Staates • abwechslungsreicherer Lebensalltag

Unterschiede in der Funktionalen Primacy. So alarmierend das Wachstum der Megastädte in den Entwicklungsländern auch ist, hinsichtlich ihrer Entwicklungsperspektiven besorgniserregender ist die im Vergleich zum überproportional wachsenden Bevölkerungsanteil (*Demografische Primacy*) noch stärkere Konzentration der wirtschaftlichen, kulturellen und gesellschaftlichen Funktionen (*Funktionale Primacy*) in den Megastädten. Hier liegt auch ein weiterer wesentlicher Unterschied zwischen den Megastädten der „Ersten“ und der „Dritten Welt“. Das regionale Entwicklungsgefälle ist in den Ländern der „Dritten Welt“ deutlich ausgeprägter als in den Industrieländern. Bezogen auf den Entwicklungsstand des betreffenden Landes wird die Dominanz der Funktionalen Primacy der Megastädte der Dritten Welt jedenfalls von keiner Megastadt der Industrieländer erreicht.

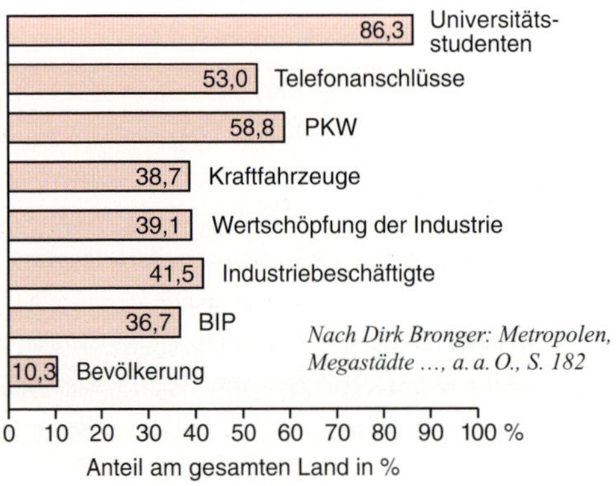

M 2.72 Primacy von Bangkok (Daten Ende 1990er-Jahre)

Die Bedeutung der Megastädte und ihre Rolle im Entwicklungsprozess der Länder werden sehr kontrovers beurteilt. Unbestritten ist, dass sie sich mehr und mehr zu Brennpunkten sozialer, infrastruktureller und ökologischer Probleme entwickeln. Viele Fragen sind offen: Ist das Wachstum der Megastädte unaufhaltsam? Werden sie in Zukunft national und international eine eigenständige Rolle spielen? Nähern sie sich im Weltmaßstab einander an und verlieren sie unter Umständen ihre spezifische Identität? Führt ihre *Demografische* und *Funktionale Primacy* dazu, dass die kulturelle und gesellschaftliche Distanz zum übrigen Land immer größer wird? Welche Rolle werden die Megastädte im Entwicklungsprozess der Länder der Dritten Welt künftig spielen? Sind sie Motor der Landesentwicklung oder Schmarotzer, die den ländlichen Raum aussaugen?

2.36 *Vergleichen Sie anhand der Materialien von S. 63–66 und S. 21 den Prozess der Metropolisierung und Megapolisierung in den Entwicklungsländern mit dem in den Industrieländern.*

2.37 *Die Metropolen in Entwicklungsländern werden oft charakterisiert als „cities that came too soon“. Erklären Sie den Ausdruck.*

2.38 *Erläutern Sie mögliche Folgen der Demografischen und Funktionalen Primacy der Megastädte für den Entwicklungsprozess der Länder der „Dritten Welt“.*

Entwicklungspolitische Probleme der Verstädterung und Megapolisierung

M 2.73 „Stadtluft macht frei“

„In den Dörfern Afrikas, Asiens und Lateinamerikas gilt die Parole aus dem Europa des Mittelalters: ‚Stadtluft macht frei.‘ Tag für Tag verlassen 170 000 Menschen in der Dritten Welt ihre Felder und ziehen in wuchernde Metropolen.
Doch statt der erträumten Befreiung von Armut und sozialen Fesseln bringt die Verstädterung oft neues Elend. Gerade im Zeitalter der Globalisierung finden viele Zuwanderer keine Arbeit und enden mit ihren Familien in Slums ohne Strom und Kanalisation. Es gibt keine Schulen, niemand transportiert den Müll ab. Die verschmutzte Umwelt macht die Menschen krank. Verbittert schauen die Bewohner der Elendsviertel auf überall entstehende Ghettos der Reichen, die von privaten Sicherheitsdiensten bewacht werden müssen. Denn die Kluft zwischen Wohlhabenden und Habenichtsen erzeugt Gewaltkriminalität, gegen die kommunale Behörden nicht ankommen. Polizisten wagen sich nicht mehr in von Banden beherrschten ‚No go areas‘. Angesichts der Polarisierung in vielen Mega-Cities warnen Experten vor der sozialen ‚Zeitbombe Megastadt‘.“

Der Spiegel, H. 52/1999, Hamburg: Spiegel-Verlag 1999, S. 130f.

Aus der Perspektive der Entwicklungspolitik sind vor allem vier Folgen der *Verstädterung* und *Megapolisierung* von Bedeutung:

1. eine zunehmende soziale *Segregation*, d. h. eine immer größer werdende Kluft zwischen den Armen und Reichen in den Städten,
2. eine ausgeprägte räumliche *Segregation*, d. h. krasse Gegensätze zwischen *Slums* und randstädtischen Elendsvierteln einerseits sowie modernen, weltstädtischen Geschäftszentren und abgeschotteten Villenvierteln andererseits,
3. eine zunehmende wirtschaftliche Polarisierung zwischen modernen Dienstleistungen und vielfältigen Formen von Überlebensstrategien der Armen,
4. eine starke Umweltgefährdung durch die Ballung von Bevölkerung und Industrie sowie das unkontrollierte flächenhafte Städtewachstum.

M 2.74 Die fragmentierte Stadt (La Paz, Bolivien)

Soziale Segregation
Soziale Disparitäten sind ein typisches Merkmal aller Megastädte in den Entwicklungsländern. Hier findet die wirtschaftliche und soziale Polarisierung zwischen Arm und Reich wohl ihre weltweit extremste Form. Wie unter einem Vergrößerungsglas werden hier die Gegensätze in räumlich unmittelbarer Konzentration besonders deutlich. Nach Berechnungen der Vereinten Nationen muss ein Drittel bis die Hälfte der städtischen Bevölkerung in den Entwicklungsländern mit weniger als 2 US-$ pro Tag auskommen.
Im Zuge der weltweiten wirtschaftlichen Globalisierung scheinen sich die sozialen Disparitäten noch weiter zu vergrößern. Ursache der Verschärfung in jüngerer Zeit ist vor allem die Konzentration national und international bedeutender Unternehmen des Produzierenden Gewerbes und unternehmensbezogener Dienstleistungen besonders in den *Metropolen* und *Megastädten*. Diese ließen hier spezialisierte und überdurchschnittlich gut bezahlte Berufsgruppen entstehen. Auf der Strecke bleibt die Masse der Armen, die entweder arbeitslos ist oder im *informellen Sektor* (s. S. 61 und 72) ein meist bescheidenes Einkommen findet. Es ist gerade diese verschärfte soziale Polarisierung, die die Gefahr in sich birgt, dass die Megastädte wirtschaftlich, sozial und politisch unkontrollierbar werden – sind doch politische Umstürze und Revolutionen erfahrungsgemäß oft ein Ausdruck massiver Unzufriedenheit.

M 2.75 Soziale Ungleichheit in den Städten

„Nicht nur von der Mehrheit der Reichen, sondern auch von der des aufstrebenden Mittelstandes vieler dieser Länder werden die Armen eher verachtet. Der Anblick der Hütten, der ganze Schmutz und Gestank der Slums passen nicht in ihr westlich geprägtes Bild z. B. eines modernen Indien: Täglich strömen Hunderte von Landflüchtlingen in die Städte und bauen Shanty Towns ohne Wasser und sanitäre Anlagen. Ihr Zustrom bringt Elend und Krankheiten in die Städte, Hässlichkeit, Schmutz und widerlichen Gestank ... Die Verlierer dieser Explosion der Slums sind die städtischen Eliten. Sie merken tagtäglich, dass die Straßen verstopft sind und sie nicht schnell fahren können. Öffentliche Parks und Gehwege werden in Shanty Towns verwandelt. ‚Die Luft ist voll von dem Gestank der Exkremente', schreibt der Inder Aiyar ..., ein Brahmane. Das Indien dieser Schichten ist die wirtschaftlich und technologisch aufstrebende südasiatische Supermacht, die Atomkraftwerke und Mittelstreckenraketen baut und deren Söhne und Töchter in England oder den USA studieren. Die Armen sind dabei nichts anderes als ein Schandfleck in ihrem ästhetischen Empfinden."

Anmerkung:
Shanty Towns = indische Bezeichnung für Elendssiedlungen
Brahmane: Mitglied der obersten Kaste der Hindus

Dirk Bronger: Megastädte, a. a. O., S. 80

Räumliche Segregation

Marginalsiedlungen. Die krassen innerstädtischen sozialen Disparitäten finden ihren sichtbaren Ausdruck in der großen Zahl von *Marginalsiedlungen.* Diese durchsetzen das gesamte Stadtgebiet und können bis zu 60 % der Bevölkerung der *Metropolen* und *Megastädte* beherbergen.

Da aufgrund des starken Bevölkerungswachstums und der knappen (kommunalen und privaten) Finanzmittel der Bedarf an Wohnraum für die vielen Zuwanderer auf formalem Wege zumeist nicht befriedigt werden kann, wachsen die Marginalsiedlungen gleichsam ins Uferlose.

Bei den Marginalsiedlungen müssen zwei Formen unterschieden werden: die innerstädtischen Slums und die randstädtischen Hüttensiedlungen.

M 2.76 Marginalsiedlungen: Begriffsdefinitionen

Slums sind Viertel in den Innenstädten, die vormals von ökonomisch besser gestellten Bevölkerungsgruppen bewohnt waren, welche wegen des verschlechterten Wohnumfeldes im Zentrum später in andere, landschaftlich und ökologisch attraktivere Viertel umgezogen sind. Slums sind gekennzeichnet durch heruntergekommene Bausubstanz, Verwahrlosung, hohe Wohndichten und häufig ein hohes Maß an sozialem Verfall (Kriminalität, Prostitution, Drogenkonsum).
Nur ein Bruchteil der Zuwanderer kommt in diesen Slums unter. Den meisten bleibt nur der Ausweg, sich außerhalb des Zentrums eine Unterkunft zu bauen. Vielfach geschieht dies spontan und ohne rechtliche Erlaubnis der Behörden oder des Landeigentümers auf fremdem Boden. Diese als *Squattersiedlungen* bezeichneten Viertel befinden sich zumeist am Rande, vielfach jedoch auch in zentrumsnahen Bereichen (Nähe zu einem möglichen Arbeitsplatz), in der Regel jedoch in peripheren Gebieten, z. B. entlang von Bahndämmen, Flussufern, an Hängen oder in versumpften Gebieten.

Zumeist verbindet man mit den Worten „Marginalviertel" und „Squattersiedlung" Elend und Hoffnungslosigkeit. Das ist – in dieser pauschalen Aussage – falsch. Bei aller Kritik an den Marginalsiedlungen darf man nicht übersehen, dass in ihnen oft eine außerordentliche Dynamik herrscht, die als ein Ausdruck des Bestrebens der Bewohner nach wirtschaftlichem und sozialem Aufstieg zu werten ist. So haben sich viele der ehemaligen randstädtischen Hüttensiedlungen inzwischen zu respektablen Vororten entwickelt (vgl. M 2.61, S. 61). Sie entlasten zum Teil die finanzschwachen städtischen Behörden von der kaum zu bewältigenden Aufgabe, ausreichend Wohnungen und soziale Infrastruktureinrichtungen für die Masse der Zuwanderer zu schaffen; sie wirken der Isolierung und Entwurzelung vieler Zuwanderer entgegen, indem sie durch kooperative Arbeit, kommunale Institutionen und Vereinigungen psycho-soziale Hilfe bieten. Durch Selbsthilfeeinrichtungen und die Gründung kleiner Unternehmen in Form von z. B. Handwerksbetrieben, Geschäften usw. leisten sie schließlich einen Beitrag zur Minderung der Arbeitslosenmisere.

Beispiel eines innerstädtischen Slumgebietes: El Cartucho, Bogotá.

M 2.77 Ein ‚Urban-underclass'-Viertel

„... urban underclass [ist] nicht mit Unterschicht gleichzusetzen, sondern hiermit sind die untersten sozialen Gruppen gemeint, die sich – fatalistisch – mit ihrem Schicksal abgefunden haben. ... Derartige Phänomene hat es punktuell im Innenstadtbereich lateinamerikanischer Metropolen schon in den 1970er, z. T. auch in den 1960er Jahren gegeben: ... In größerem Umfang treten sie erst in den 1990er Jahren auf, eine Folge der neoliberalen dualistischen Entwicklung, z. B. in der Innenstadt von Bogotá, nur 3 – 4 Wohnblöcke von der Plaza Bolivar entfernt ...
Beim Cartucho-Viertel handelt es sich um ein traditionelles Unterschichtviertel mit einem hohen Anteil an kleinen Werkstätten und Geschäften, wobei es allerdings schon länger als Ort der billigen Prostitution bekannt war. Anfang der 1980er Jahre, verstärkt dann ca. 10 Jahre später, begann die Entwicklung zum Urban-underclass-Viertel, wesentlich bestimmt durch zwei Faktoren: den zunehmenden Verfall der Bausubstanz und die unmittelbare Nähe zum Zentrum, was Raub, Überfall und Drogenhandel begünstigte. Dabei kam es zu einem entsprechenden Bevölkerungsaustausch, einer Sukzession ‚nach unten', was den Cartucho auch zum Ort billigen Drogenkonsums machte und weitere Personen anlockte, die meistens auf der Straße lebten, was insgesamt noch mehr zur Unsicherheit in diesem Bereich beitrug. Die Angaben über die wichtigsten Krankheiten und Todesursachen belegen eindeutig die Situation im Cartucho, das von seinen Bewohnern überwiegend – wie die Hyper-Ghettos der US-Metropolen – als „Endstation" angesehen wurde ...
Die desolate bauliche, gesundheitlich-hygienische und Sicherheitssituation war – vor dem Hintergrund der unmittelbaren Nähe zum Capitol, Präsidentenpalast, einigen Ministerien etc. – letztlich entscheidend, dass sich die Stadt Bogotá zu einem großen Sanierungsprojekt entschloss: Im Rahmen der umfassenderen „Operación Centro" sollte das Cartucho-Viertel vollständig abgerissen und Teil des 20-ha-Parks ‚Tercer Milenio' werden."

M 2.78 El Cartucho

M 2.77/M 2.78 nach:
Günter Mertins: Jüngere sozalräumlich-strukturelle Transformationen in den Metropolen und Megastädten Lateinamerikas. In: Petermanns Geographische Mitteilungen, Jg. 147, H. 4. Gotha: Perthes 2003, S. 52

Pavement dwellers. Slums stellen aber keineswegs die unterste Stufe der Verelendung dar. Diese bilden die so genannten *Pavement dwellers,* Obdachlose, die auf den Bürgersteigen hausen.

M 2.79 Leben auf der Straße

„Es gibt kaum eine Stelle, wo diese Menschen nicht ins Blickfeld kommen, sei es in Hauseingängen, Bahnhöfen, auf Gehsteigen, in den rostenden Rohren der ewig im Bau befindlichen zweiten Wasserleitung, unter den Arkaden der Citystraßen, unter Brücken, am Strand, auf privaten Gärten oder öffentlichen Parks, in Friedhöfen, in Warenschuppen oder im Brunnen Flora Fountain, dem Wahrzeichen der Stadt. Unter ihnen befinden sich tausende Familien, welche im Freien kochen, waschen, essen, schlafen, lieben – und sterben. Da wird eine Decke zwischen einer Feuermauer und zwei Bambusrohren gespannt und damit der ‚Einflussbereich' einer Familie abgegrenzt. Da bilden ein paar im Dreieck aufgeschichtete Ziegel die Herdstelle, von der aus auch häufig andere Obdachlose gespeist werden, quasi ein Restaurant auf niedrigster Stufe. Die Reaktion der Behörden schwankt zwischen sinnlosen Razzien, völliger Apathie oder stillschweigender Duldung (meist mit Schweigegeld), letzteres besonders in der Regenzeit, die für die Ärmsten eine Art Schonzeit bedeutet. Keine Rücksicht kennen die Ratten, deren Zahl zumindest auf das Zehnfache der Obdachlosen geschätzt wird."

Heinz Nissel: Bombay. Berliner Geographische Studien, Bd. 1. Berlin: Institut für Geographie der Technischen Universität 1977, S. 135

M 2.80 Pavement dwellers in Mumbai (Bombay)

Gated communities. Ein Ausdruck der zunehmenden sozialen Segregation in den Metropolen und Megastädten der Entwicklungsländer sind auch die *Gated Communities*. Darunter versteht man exklusive und geschlossene, d.h. für die Öffentlichkeit nicht zugängliche Wohnanlagen, die von privaten Immobilienfirmen geplant, erbaut und verwaltet werden. Gemeinsame Merkmale sind die Abgeschlossenheit, oft durch eine Mauer mit Sicherheitsanlagen, und die ständige Bewachung durch private „Securities". Abhängig von der Größe und Exklusivität verfügen sie über Sportanlagen, Schwimmbäder, Supermärkte, Arztpraxen, Kindergärten oder Privatschulen. Die meisten finden sich auf ausgewählten citynahen Arealen, aber auch am Stadtrand in verkehrsgünstiger Lage (Nähe von Autobahnen oder Schnellbahnen). Vereinzelt werden auch bereits bestehende Wohnviertel von ihren Bewohnern nachträglich durch entsprechende Sicherheitseinrichtungen in Gated Communities umgewandelt. Die Gründe für die Bevorzugung dieser „neuen Enklaven des gehobenen Lebensstils" sind der Schutz vor Kriminalität, ein sicheres Umfeld für die Kinder sowie der Wunsch nach einem Leben in homogener (meist exklusiver) Nachbarschaft.

M 2.81 Gated Communities in Buenos Aires

„Gerade bei Groß-Buenos-Aires fällt die enorme Zahl der urbanizaciones privadas auf, die seit Anfang der 1990er Jahre stark zunahmen und nach 1995 dann zum Massenphänomen wurden. Dabei ist eine eindeutige Konzentration im Norden … zu beobachten, vor allem in den Gemeinden Pilar, El Tigre und Escobar, die Ende des 20. Jh. mit 104, 43 bzw. 33 die meisten gated communities aufwiesen …
Zum Ende des 20. Jh.s dürften die urbanizaciones privadas in Groß-Buenos-Aires ca. 300 km² eingenommen haben …, eine Fläche, die um ein Drittel größer ist als die der Gemeinde Buenos-Aires. Die aktuelle Einwohnerzahl wird mit 400 000 – 500 000 angegeben … Die gated communities haben sich so in den 1990er zu einem gewichtigen Faktor im Suburbanisierungs- und gleichzeitig im sozialräumlichen Fragmentierungsprozess herausgebildet …"

Günter Mertins: a. a. O., S. 51 – 52

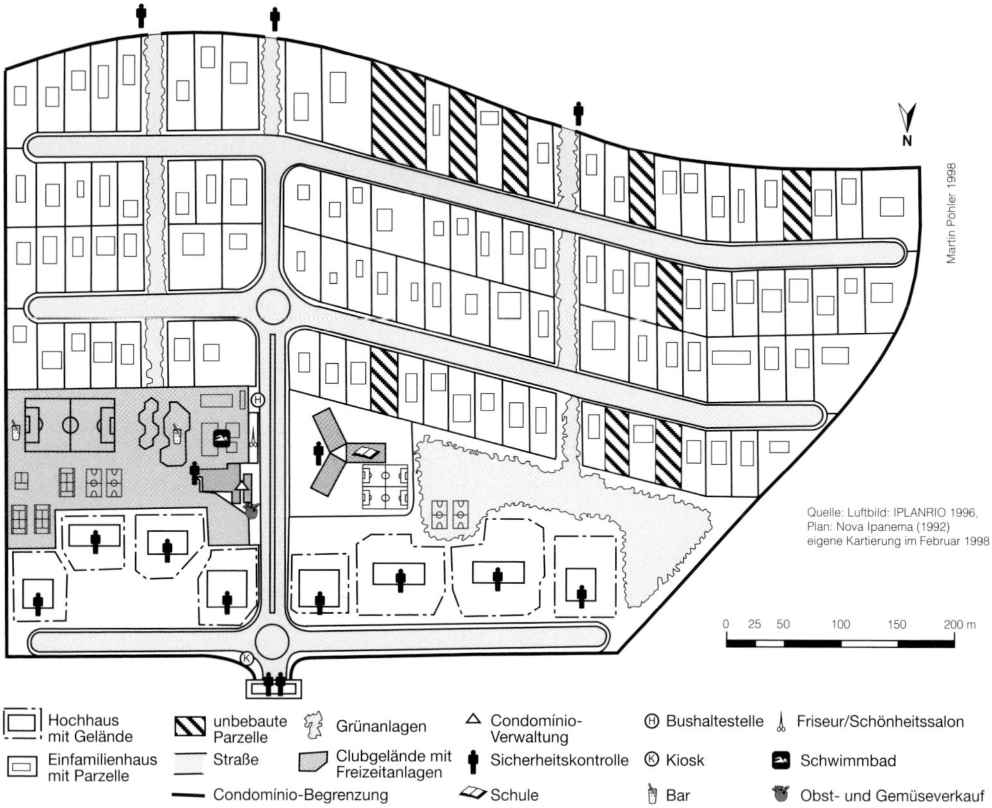

M 2.82 Funktionsräumliche Gliederung der Gated Community Condomínio Nova Ipanema (Rio de Janeiro)
Aus Dirk Bronger: Metropolen, Megastädte …, a. a. O., S. 160

Wirtschaftliche Polarisierung

Shopping Center. Oft direkt verbunden mit den *Gated Communities* sind moderne Geschäftszentren, die an US-amerikanischen Vorbildern orientiert sind und in praktisch allen Megastädten der Entwicklungsländer wie Pilze aus dem Boden schießen.

***M 2.83** „Polarisierte urbane Ökonomien"*

„Am oberen Ende der sozialen Skala entstehen in den letzten Jahren neuartige Stadtstrukturen, die als Wohlstandsenklaven bezeichnet werden können. Als sozial exklusive, abgeschottete Räume tragen sie zur Vertiefung städtischer Fragmentierung bei. Hierzu gehören z. B. die Shopping Center … Das Kapital für ihren Bau und Betrieb stammt oftmals aus dem Ausland. Ebenso entdecken internationale Hypermarktketten die Drittwelt-Metropolen vermehrt als attraktive Investitionsorte. Allein in São Paulo gab es im Jahre 2000 ca. 50 Shopping Center, wobei die größeren bis zu 400 Geschäfte umfassen können; in Bangkok addierte sich die Einzelhandelsfläche 1997 auf mehr als 3,5 Mio. m² … Dabei differenziert sich in vielen Metropolen die Struktur der Shopping Center inzwischen insofern, als neben den exklusiven Einrichtungen auch immer mehr Zentren entstehen, die sich vorrangig an der Nachfrage einer Mittelschicht-Klientel orientieren. In sozialräumlicher Sicht bilden die Shopping Center neue aktionsräumliche Knotenpunkte in der fragmentierten Stadt und übernehmen dabei zunehmend Funktionen, die früher der öffentliche Raum in den Stadtzentren erfüllte. Unter dem Glanz einer global austauschbaren Warenwelt erhalten die Shopping Center als künstliche und von den Alltagskonflikten abgeschottete Räume einen exterritorialen Charakter im Sinne einer ‚Stadt in der Stadt'."

Martin Coy/Frauke Kraas: Probleme der Urbanisierung in den Entwicklungsländern. In: Petermanns Geographische Mitteilungen, 147. Jg., H. 1. Gotha: Perthes 2003, S. 37

Überleben im informellen Wirtschaftssektor. Da die Städte in der Regel nicht in der Lage sind, für die Masse der Zugewanderten Arbeit zu bieten, sucht ein Großteil eine Beschäftigung im so genannten *informellen Sektor*. Als „informell“ bezeichnet man jenen Bereich der Wirtschaft, der weder staatliche Lizenzen besitzt noch Steuern bezahlt. Bei uns würde man von „Schwarzarbeit“ oder „Schattenwirtschaft“ sprechen. Beide Ausdrücke treffen aber nicht genau die Verhältnisse in den Entwicklungsländern. Nach offiziellen Schätzungen sind ca. 50 % der Erwerbsbevölkerung in den Städten der Entwicklungsländer im informellen Sektor tätig, unter den Bewohnern der Marginalviertel sogar bis zu 75 %.

M 2.84 *Merkmale des informellen Sektors*

- arbeitsintensive Produktion
- geringer Technologieeinsatz
- minimaler Kapitalbedarf
- geringe berufliche Qualifikation der Arbeitskräfte (diese erlangen die notwendigen Kenntnisse und Fertigkeiten zumeist bei der Arbeit)
- schlechte Bezahlung
- keine Alters- und Krankenversicherung
- geringe oder fehlende gewerkschaftliche Organisation
- Schwerpunkte der Tätigkeiten: Dienstleistungen, Einzelhandel, Transport, Reparatur, Bauwesen

M 2.85 *Schuhputzer in Baguio City (Philippinen)*

„Im Burnham Park in Baguio City's Innenstadt arbeitet der 14-jährige Alex in einer Gruppe ungefähr gleichaltriger Jugendlicher als Schuhputzer. Pro Tag kann er damit ca. 100 – 140 Peso verdienen (1998: 100 Peso = 4,50 DM). Zusammen mit der als Gemüsehändlerin tätigen Mutter bestreitet er damit den Lebensunterhalt der fünfköpfigen Familie. Zugang zu der Gruppe findet nur, wer als befreundet akzeptiert oder von Gruppenmitgliedern empfohlen wird. Gegen konkurrierende Gruppen wird der von Passanten stark frequentierte Arbeitsplatz, eine Reihe von Parkbänken, wenn nötig auch mit körperlicher Gewalt verteidigt. Mit dem „Sozialkapital“ der Gruppensolidarität wird so ein günstig gelegener Standort gegen Konkurrenz gesichert. Während sich diese territoriale Strategie gegen den von außen kommenden Konkurrenzdruck anderer Schuhputzer (-gruppen) richtet, wird die Konkurrenz innerhalb der Gruppe durch das Suki-System begrenzt und reguliert. Jeder Schuhputzer ist bemüht, einen Kreis von Stammkunden an sich zu binden: Dies geschieht z. B. durch besondere Sorgfalt, mit der die Dienstleistung ausgeübt wird, durch Extras wie kleinere Schuhreparaturen, die nicht gesondert vergütet werden müssen, oder durch die Verwendung qualitativ besserer Pflegemittel. Diese persönlichen Suki-Kunden, zu denen sich im Laufe der Zeit ein Bekanntschafts- und Vertrauensverhältnis entwickelt hat, werden von den übrigen Gruppenmitgliedern anerkannt: Nur mit ausdrücklicher Erlaubnis dürfen sie von anderen Schuhputzern bedient werden. Für die Nutzung dieses Sozialkapitals der Suki-Beziehungen durch andere kann ein Schuhputzer ein Entgelt oder eine andere Gefälligkeit verlangen.“

Helmut Schneider: Soziale Strategien der Risikominimierung im informellen Sektor. In: Geographische Rundschau, 51. Jg., H. 12. Braunschweig: Westermann 1999, S. 665 – 666

M 2.86 *Netzwerke im informellen Sektor*

„Informalität ist zunehmend auch ein ökonomisches Phänomen, das sich mit formellen Stadtstrukturen verzahnt. Auch die Organisationsstrukturen und Machtverhältnisse sind vielfach in informellen Stadtbereichen von Informalität (beziehungsweise Illegalität) gekennzeichnet. So sind informelle Netzwerke in der Regel für die interne Organisation in den Marginalvierteln weit wichtiger als öffentliche Institutionen. Dies kann wie im Falle Rio de Janeiros so weit gehen, dass es mafiaähnlichen Drogenbanden inzwischen gelungen ist, in den Marginalvierteln auf der Grundlage von Schutzzusagen, Arbeitsvermittlung und Strategien sozialer Absicherung eine informelle Parallelmacht aufzubauen, die sich allzu oft als weit dauerhafter und durchsetzungsfähiger erweist als die formelle Stadtverwaltung.“

Martin Coy/Frauke Kraas: a. a. O., S. 37

M 2.87 Mumbai (Bombay): Milchproduktion in der City

Landwirtschaft in der Stadt

M 2.88 Büffelställe mitten in der Stadt

„Wenn die Abendsonne hinter dem Hochhaus abtaucht, kommt Bewegung in den Büffelstall. Die ‚Landarbeiter' in der indischen Megastadt Mumbai klettern aus ihren Schlafkojen unter dem Stalldach, direkt über dem Rücken von 200 Büffeln. Die tägliche Arbeit beginnt.
Hier brummt und saugt keine Melkmaschine. Handarbeit ist angesagt. Während die fette Milch in die Zinkeimer spritzt, tobt draußen vor der Stadtmauer die Rushhour ... Nach anderthalb Stunden haben die zwölf Melker ihre Arbeit verrichtet. Die Milch fließt vom Zinkeimer gefiltert in Milchkannen. Verkauft wird an einer kleinen Theke am Straßentor ... 25 Rupies, umgerechnet 50 Eurocents, kostet ein Liter Büffelmilch mit rund sieben Prozent Fett.
Der Büffelstall ‚Sadar Dairy' ist ein Beispiel für ‚Land'-Wirtschaft in der Stadt. Diese Form der urbanen Agrikultur ist in Mumbai keine Ausnahme. Ganz im Gegenteil. ‚Es gibt derzeit rund 80000 Büffel in der Stadt', sagt Dr. Patil, Chef der staatlichen Molkereibehörde. ‚Sie verteilen sich auf Hunderte von Ställen, die sich zwischen Hochhäuserschluchten, Gewerbebetrieben und Straßen drängen.'"

Dierk Jensen: Zwischen Mumbais Hochhäusern fließt die Milch. In: Welternährung 03/2002. Bonn: Deutsche Welthungerhilfe 2002, S. 3

M 2.89 Städtische Landwirtschaft

„... in den 1990er Jahren [waren] ca. 800 Mio. Menschen weltweit in der städtischen Landwirtschaft tätig, der Großteil davon in asiatischen Städten ... Landwirtschaftliche Aktivitäten in den Städten differieren erheblich: Das Spektrum reicht von reiner Selbstversorgung über Überschussvermarktung ... bis hin zu ausschließlicher Marktproduktion, von (oftmals geschlechtsspezifisch differenzierter) Teilzeitaktivität zu Vollerwerbstätigkeit. Im Vordergrund stehen die Herstellung von Nahrungsmitteln sowie Non-food-Produkten oder Spezialisierungen auf die Produktion leicht verderblicher pflanzlicher Erzeugnisse (v. a. Gemüse) bzw. Tierhaltung ...
Städtische Landwirtschaft leistet einen Beitrag zur Verbesserung der Ernährungssicherung und zur zusätzlichen Einkommensgenerierung ... der armen Haushalte ... Ebenso kann sie im Zusammenhang mit einem kontrollierten Abwasser- und Abfallrecycling stadtökologisch sinnvoll eingesetzt werden. Allerdings birgt sie auch Risiken: sowohl ökologisch durch den unkontrollierten Einsatz von Agrochemikalien, die Verwendung ungeklärter Abwässer und die Nutzung nicht adäquater Flächen (Erosionsgefährdung, Schadstoffeintrag etc.) als auch sozioökonomisch durch die vielfach beobachtbare Ausbeutung der Produzenten durch Zwischenhändler oder die Verdrängung der Kleinproduzenten durch professionelle Anbieter."

Martin Coy/Frauke Kraas: a. a. O., S. 38–39

Umweltprobleme

Da das Bevölkerungswachstum und die Expansion der Städte mit außerordentlicher Geschwindigkeit und extensiver Flächeninanspruchnahme ablaufen, sind gravierende Überlastungs- und Umweltprobleme eine fast unausweichliche Folge. Zu den größten ökologischen Problemen gehören hohe Luft- und Wasserverschmutzung, fast ungeregelte Abfall- und Abwasserentsorgung sowie Degradierung und Kontamination der städtischen Böden.

Da die Hauptwachstumsphase der Megastädte ins „Automobilzeitalter" fiel bzw. fällt, wird die Luftverschmutzung zum besonderen Belastungsfaktor. Beim Kohlenstoffmonoxid-, Schwefeldioxid- und Bleigehalt überschreitet die Belastung die Spitzenwerte in den Großstädten der entwickelten Länder in aller Regel um ein Mehrfaches.

Ein nicht minder großes Problem ist die Abfallentsorgung. Das Beispiel Kairo zeigt, wie dieses Umweltproblem gleichzeitig eine wichtige Erwerbsquelle für die ärmere Bevölkerung darstellt.

M 2.90 *„Abfallwirtschaft" in Kairo*

„Allein in diesem beispielhaft organisierten Wirtschaftsbereich sind in Kairo mehr als 100000 Menschen tätig.

An erster Stelle sind dabei die mehr als 20000 Angehörigen von Müllsammlerfamilien zu nennen, die täglich mit ihren Eselskarren, neuerdings auch mit japanischen Pick-ups, die Abfälle aus den Haushalten der Kairener Mittel- und Oberschicht abholen. Die Abfälle werden dann in sechs große ‚Müllsiedlungen' am Stadtrand von Kairo gebracht, wo die Müllsammler mit ihren Familien leben. Nahezu die gesamten Haushaltsabfälle werden dort einer neuen Nutzung zugeführt.

Als Einkommensquelle sind dabei die organischen Abfälle für die überwiegend koptischen Müllsammlerfamilien besonders wichtig, weil sie damit jährlich rund 50000 Schweine aufziehen und an Schweinemetzgereien verkaufen können. Außerdem werden Altpapier- und -pappe, Textil-, Kunststoff- und Aluminiumabfälle sowie Altglas, Batterien, Blechdosen, Knochen u.a. aussortiert und an Zwischenhändler oder gleich an weiterverarbeitende Betriebe verkauft."

Günter Meyer: Kairo. Entwicklungsprobleme einer orientalischen Megastadt. In: Erdmann Gormsen/Andreas Thimm: a.a.O., S. 182

M 2.91 Hochgiftige metallhaltige Abwässer vom ‚Silberberg' fließen mit den Haushaltsabwässern ungeklärt durch Potosi, Bolivien

2.39 Definieren Sie den Begriff „soziale Segregation" und erläutern Sie anhand konkreter Beispiele, wie dieser Prozess im Alltag der Stadtbevölkerung in Entwicklungsländern sichtbar wird.

2.40 Erläutern und bewerten Sie die Folgen der sozialen Segregation für das „Gesellschaftssystem Stadt".

2.41 Werten Sie die Materialien zu El Cartucho (S. 69) aus und erläutern Sie daran Entstehung und Wandel von „urban-underclass"-Vierteln.

2.42 Diskutieren Sie die in der Karte von El Cartucho eingezeichneten Planungen.

2.43 Im Gegensatz zu den innerstädtischen Slumgebieten, den „slums of despair", werden die randstädtischen Marginalsiedlungen vielfach als „slums of hope" bezeichnet. Erklären Sie die Begriffe. Ist diese Unterscheidung Ihrer Meinung nach gerechtfertigt? (vgl. a. M 2.77/78 und M 2.61)

2.44 Beschreiben Sie anhand der Materialien von Seite 67–74 die jüngeren sozialräumlichen Prozesse in den Megastädten der Dritten Welt.

2.45 Nehmen Sie Stellung zur Behauptung, der informelle Sektor sei ein Hindernis auf dem Weg zur Modernisierung von Entwicklungsländern.

2.46 Erstellen Sie eine Liste der ökologischen Probleme, die sich aus dem Prozess der Verstädterung und Megapolisierung ergeben können.

Szenario I: Die fragmentierte Stadt

- zunehmende Desintegration
- Expansion informeller Siedlungen und Wirtschaft
- Abschottung der Privilegierten
- Zunahme sozioökonomischen und ökologischen Konfliktpotenzials
- steigende Verwundbarkeit
- Verlust der Regierbarkeit
- Verstärkte Stadt-Land-Gegensätze und sozioökonomische Disparitäten
- Zunahme von Desorganisation, Destabilisierung

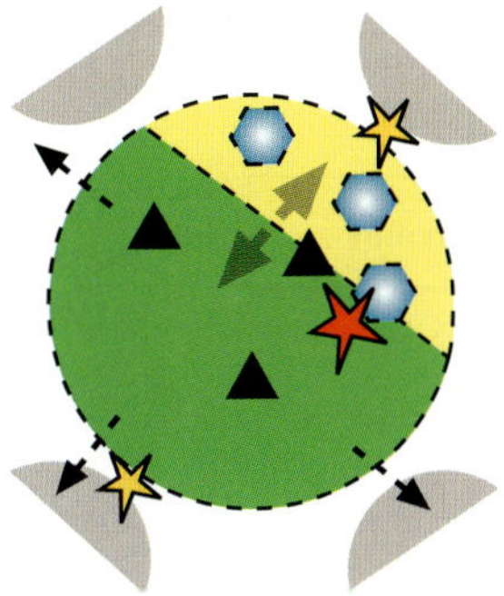

Szenario II: Die korrigierende Stadt

- verlangsamtes Stadtwachstum
- Persistenz sozioökonomischer und ökologischer Konflikte
- Schaffung von Identifikation und Problembewusstsein
- Integrationsversuche der Informalität
- größere Spielräume für Bewältigungsstrategien der verwundbaren Gruppen
- Suche nach lokal angepassten Lösungen
- Orientierung an best practices (Einzelprojekte der Stadterneuerung)

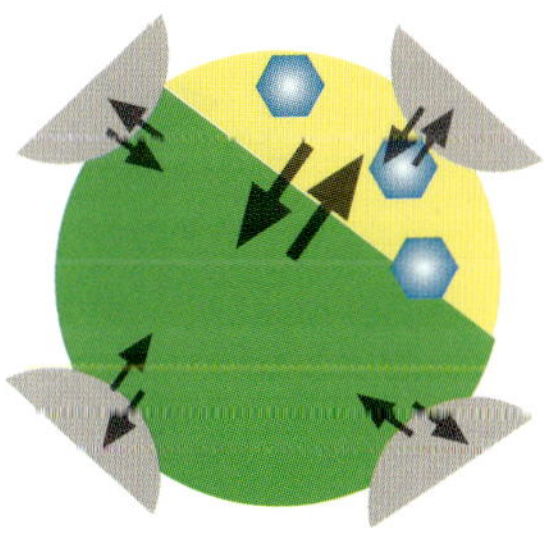

Szenario III: Die (re-)integrierende Stadt

- Kontrolle von Stadtwachstum und Flächennutzung
- Abbau der Barrieren zwischen formeller und informeller Stadt (z.B. Regulierung)
- Partizipation durch Strategien des enablement und empowerment
- Good urban governance, Integration der Privatwirtschaft
- soziale Integration und Disparitätenausgleich
- Reduktion sozioökonomischer und ökologischer Konfliktpotenziale
- Stadt-Land-Ausgleich, Dekonzentration und echte Dezentralisierung

M 2.92 *Szenarien der Stadtentwicklung in den Entwicklungsländern (vgl. a. die Methodendoppelseite „Szenariotechnik: S. 170–171)*

Martin Coy/Frauke Kraas: a. a. O., S. 40

2.47 *Die drei Szenarien von M 2.92 fassen die aktuellen Entwicklungstendenzen und Zukunftsperspektiven der Städte in den Entwicklungsländern zusammen.*
Erläutern Sie die drei Modelle. Welches Szenario ist Ihrer Meinung nach das wahrscheinlichste? Begründen Sie Ihre Einschätzung.

2.48 *Diskutieren Sie, ob der weltweite Prozess der Verstädterung und Megapolisierung zu einer Angleichung der Städte in der Welt bzw. zu einem Verlust ihrer jeweiligen Individualität führen wird.*

METHODE

Vernetzendes Denken in Systemen

Geographische Systeme sind komplexe und dynamische Systeme. In ihnen laufen Entwicklungen ab, die sich gegenseitig beeinflussen und so zu vielfältigen Verbindungen und Zusammenhängen führen. Dabei ergeben sich Ursache-Folge-Wirkungen, Rückkoppelungen und mehrschichtige Verflechtungen.

Es ist Aufgabe des Erdkundeunterrichts, diese einzelnen Erscheinungen, ihre Elemente, Entwicklungen und Wechselwirkungen aufzudecken, um so die Struktur geographischer Systeme in ihrer Komplexität und Dynamik zu erfassen. Auf diesem Wege lässt sich gleichzeitig das für das Fach Erdkunde wichtige vernetzende Denken in Systemen schulen.

Dieses Denken eignet sich in besonderer Weise dazu, Sachverhalte sowohl in ihrer Ordnung als auch in ihrer funktionalen Dimension zu vermitteln. Es ist eine optimale Erkenntnismethode, weil sie dem Menschen hilft, das ihm eigene, eher linear-monokausale Denken zu überwinden – zugunsten eines mehrperspektivischen, multikausalen Verflechtungsdenkens.

Aus diesem Grund sind Darstellungen, die aus einer einfachen linearen Kette von Ursachen und Folgen bestehen, wie z. B. die nachstehende Abbildung, höchstenfalls Hilfsmittel. Sie werden in aller Regel den mehrschichtigen/multikausalen realen geographischen Sachverhalten nicht gerecht.

M 2.93 a Beispiel einer linear/monokausalen Kette

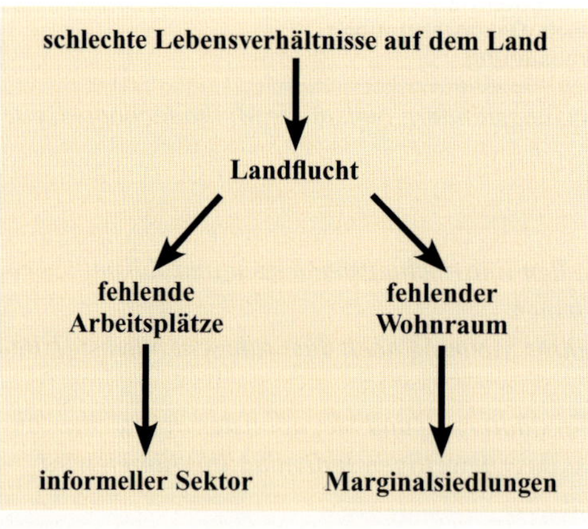

Problematisch und irreführend ist auch der so genannte Teufelskreis (circulus vitiosus). Er geht ebenfalls von der Annahme aus, dass Beziehungen zwischen verschiedenen Faktoren nach der Art einer Kausalkette bestehen, wobei die einzelnen Faktoren zugleich Ursache und Wirkung für und von anderen Faktoren sind (zirkuläre Verursachung). Der Teufelskreis dient – im Gegensatz zu der einfachen linearen Kausalkette – in erster Linie zu Erklärung von sich negativ verstärkenden Prozessen, im nachfolgenden Beispiel: Verschärfung der Ausgangssituation (Armut) im circulus vitiosus.

M 2.93 b „Teufelskreis der Armut"

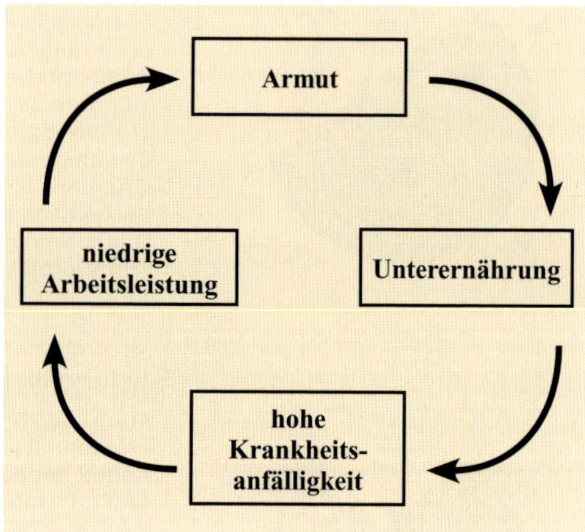

Die Problematik dieser Darstellung liegt in der Vereinfachung der – in aller Regel – äußerst komplexen und mehrschichtigen Sachverhalte sowie dem Irrglauben, dass zur Lösung der dargestellten Probleme man nur an einer Stelle ansetzen muss, um den gesamten „Teufelskreis" aufzubrechen.

Wirkungsgeflecht

In einem Wirkungsgeflecht, auch Wirkschema oder Strukturskizze genannt, lassen sich hingegen Gedankengänge, Ursache-Folge-Wirkungen, funktionale Beziehungen und komplexe Zusammenhänge in eine logische und visuell leicht erfassbare Abfolge bringen. Dazu werden wichtige Begriffe stichwortartig aufgelistet, nach Themenbereichen geordnet und durch Wirkungspfeile miteinander verbunden. Die Pfeile sollen dabei zum Ausdruck bringen, dass die einzelnen Faktoren in einer Wechselbeziehung zwischen verursachenden Faktoren, Prozessverläufen und Folgen stehen.

Arbeitsschritte bei der Erstellung eines Wirkungsgeflechtes

Beispiel: Folgen der Verstädterung und Megapolisierung in Entwicklungsländern (S. 58 – 75)

1. Werten Sie die Texte und Materialien des Kapitels „Verstädterung in den Entwicklungsländern“ aus; ziehen Sie zur ergänzenden Information ggf. weitere Quellen heran.
2. Benennen Sie Schlüsselbegriffe zum Thema und notieren Sie diese auf schmalen Papierstreifen. (Optimal sind Haftnotizzettel.)
3. Ordnen Sie die Schlüsselbegriffe nach Sach- und/oder Problemfeldern.
4. Ermitteln Sie die zentralen Schlüsselbegriffe und platzieren Sie diese auf einem größeren Blatt Papier/Karton an exponierter Stelle.
5. Ordnen Sie, gegliedert nach den unter 3. genannten Gesichtspunkten, die anderen Begriffe den zentralen Schlüsselbegriffen zu und kennzeichnen Sie die entscheidenden Faktoren farblich.
6. Stellen Sie durch Pfeile Beziehungen dar. Was wirkt auf was? Wo bestehen Verflechtungen, Rückkoppelungen etc.? (Dazu ggf. Doppelpfeile verwenden.) Welcher Faktor wirkt besonders stark auf den/die anderen? (Pfeile mit unterschiedlicher Strichstärke verwenden.) Kennzeichnen Sie vermutete, nicht erwiesene Zusammenhänge als solche, z. B. durch gestrichelte Linien/Pfeile.

***M 2.93 c** Schlüsselbegriffe zum genannten Beispiel in Auswahl (geordnet nach „Inhaltsebenen“)*

1. Städtisches Wachstum
- Migration
- Bevölkerungswachstum
- Flächenexpansion
- Entstehung von Marginalsiedlungen
- Bildung von gated communities
- Verfall der Innenstädte

2. Sozioökonomische Probleme
- Interessenskonflikte
- Soziale Verdrängungsprozesse
- Soziale Fragmentierung
- Zunahme von Armut
- Zunahme sozialer Disparitäten
- Obdachlosigkeit
- Unruhen und Kriminalität
- Fehlende Arbeitsplätze
- Ausweitung des informellen Sektors

3. Überlastungs- und Umweltprobleme
- Belastungen durch Müll und Abwasser
- Flächenverbrauch
- Luftverschmutzung durch Industrie und Verkehr
- Bodenerosion und Bodendegradation
- Grundwasserabsenkung
- Landsenkungen und Überschwemmungen

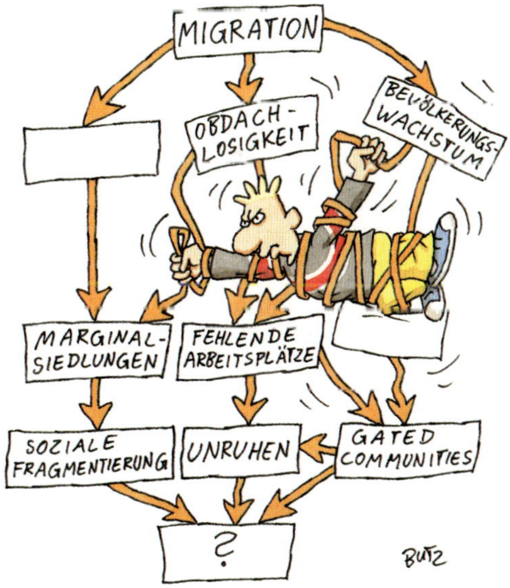

***2.49** Werten Sie die Materialien von S. 58–75 aus und erstellen Sie ein Wirkungsgeflecht zum Thema „Folgen und Probleme der Verstädterung und Megapolisierung in den Entwicklungsländern“. Erweitern Sie sodann Ihr Wirkungsgeflecht um ein weiteres mit der Thematik verbundenes Problemfeld (z.B. „Auswirkungen der Verstädterung auf den ländlichen Raum“ oder „Folgen der Megapolisierung für die Gesamtentwicklung eines Landes“.*

3. Urbane Ökosysteme

M 3.1 Belastung und Gefährdung des urbanen Ökosystems aus der Sicht der Öffentlichkeit

Lärmbelastung
1 Straßen- und Schienenverkehrslärm
2 Industrie- und Gewerbelärm
3 Fluglärm
4 Freizeitlärm

Luftverunreinigung
5 Luftvorbelastung aufgrund weit entfernter Schadstoffquellen
6 Luftbelastung durch Hausbrand, Industrie und Gewerbe, Kraftwerke, Müllverbrennungsanlagen u. a.
7 Luftbelastung durch Abgase des motorisierten Straßenverkehrs
8 Behinderung des Luftaustausches durch Verbau von „Frischluftschneisen“
9 Smogbildung bei Inversionswetterlagen
10 Überwärmung der Luft durch Kraftwerke, Industriebetriebe, Hausfeuerungen u. a.
11 Geruchsbelästigung durch Kläranlagen

Gefährdung der Wasserversorgung
14 Grundwasserabsenkungen, mangelnde Infiltration infolge Überbauung und Flächenversiegelung
15 Grundwasserabsenkungen durch Flussbegradigung
16 Schadstoffeinsickerung in das Grundwasser
17 schadstoffbelastetes Uferfiltrat
18 Grund- und Oberflächengewässer-Verunreinigung durch Ölunfälle u. a.

Abwasserbeseitigung
19 Verschmutzung der Gewässer durch unzureichende Reinigung der kommunalen Abwässer
20 Einleitung umweltgefährdender Stoffe durch Gewerbe und Industrie in die kommunale Kanalisation und Kläranlage
21 Verunreinigung der Oberflächengewässer durch direkte Abwassereinleitungen aus Industriebetrieben

Abfallbeseitigung
22 wachsende Abfallmengen; Energieverbrauch und Emissionen durch aufwändige Sammlung und Transport
23 Beanspruchung und Belastung von Flächen für die Ablagerung von Abfällen
24 wachsende Umweltbelastung durch neue Stoffgemische in Produktion und Konsum (u. a. Chemisierung des Haushalts)
25 Boden- und Grundwassergefährdung durch Emissionen von Altablagerungen

Schädigung von Natur und Landschaft
26 Nitratbelastung des Bodens durch Überdüngung
27 massiver Einsatz von Pflanzenschutzmitteln in der Landwirtschaft
28 Freiflächenverlust durch Zersiedlung
29 Aufschüttung von Materialhalden (Schadstoffeinsickerungen u. a.)
30 Vernichtung ökologisch empfindlicher Standorte
31 Landschaftszerstörung durch großflächige Verkehrsbauten, Überlandleitungen u. a.
32 Landschaftsschäden durch Gesteinsabbau u. a.

Nach Büro für Kommunal- und Regionalplanung, Aachen

***M 3.2** Charta der Europäischen Städte und Gemeinden auf dem Weg zur Zukunftsbeständigkeit (Charta von Aalborg)*

Wir europäischen Städte und Gemeinden, Unterzeichner dieser Charta, erklären, dass unsere Städte im Laufe der Geschichte Teil von Weltreichen, Nationalstaaten und Regimen waren und diese überlebt haben und als Zentren gesellschaftlichen Lebens, als Träger unserer Wirtschaften, Hüter der Kultur, des Erbes und der Traditionen fortbestehen …

Wir verstehen, dass unsere derzeitige städtische Lebensweise, insbesondere unser arbeits- und funktionsteiliges System, die Flächennutzung, der Verkehr, die Industrieproduktion, Landwirtschaft, Konsumtion und die Freizeitaktivitäten und folglich unser gesamter Lebensstandard uns für die vielen Umweltprobleme wesentlich verantwortlich macht, denen die Menschheit gegenübersteht. Dies ist besonders bedeutsam, weil 80 Prozent der europäischen Bevölkerung in städtischen Gebieten leben.

Wir haben erkannt, dass der heutige hohe Pro-Kopf-Verbrauch von Ressourcen in den Industrienationen nicht für alle jetzt lebenden Menschen, ganz zu schweigen von künftigen Generationen, möglich ist, ohne das natürliche Kapital zu zerstören.

Wir sind überzeugt, dass menschliches Leben auf unserem Planeten ohne dauerhaft und umweltgerecht geprägte Kommunen keinen Bestand haben wird. Die Kommunalverwaltung ist dort angesiedelt, wo die Umweltprobleme wahrgenommen werden, sie ist die bürgernaheste Ebene und trägt gemeinsam mit Regierungen und Verwaltungen auf allen Ebenen Verantwortung für das Wohl von Mensch und Natur.

http://www.iclei.org/europe/AC-GERM.HTM

Die Stadt – vom Menschen organisiertes Ökosystem

M 3.3 Besonderheiten des urbanen Ökosystems

„Das Ökosystem Stadt als ‚Prototyp' eines urban-industriellen Ökosystems ist geprägt durch die Funktion und den Einfluss der Menschen. Mit steigender Zahl und Zivilisationsstufe haben sie sich im urbanen Bereich Systeme geschaffen, in denen ganz im Gegensatz zu den naturnahen Verhältnissen die Nahrungspyramide fast auf dem Kopf steht. Die Gruppe der Produzenten ist gegenüber der Gruppe der Konsumenten (Menschen) verschwindend gering. Große Städte und Ballungsgebiete sind dementsprechend riesige Konsumentenexklaven, die räumlich von den sie versorgenden Produzenten und entsorgenden Destruenten z. T. weit entfernt sind.
Funktionieren naturnahe Ökosysteme durch das System von rückgekoppelten, sich selbst regulierenden Stoffkreisläufen und Energiekaskaden äußerst ökonomisch, können städtische Ökosysteme nur im Verbund mit produzierenden Teilsystemen (landwirtschaftlich-forstliche Teilsysteme) und durch ständige Zufuhr zusätzlicher Energie existieren und aufrechterhalten werden."

Klaus Adam: Stadtökologie in Stichworten. Unterägeri: Hirt 1988, S. 24

Der weltweite *Verstädterungsprozess* hat zur Folge, dass immer mehr Menschen in urbanen, meist hochverdichteten Systemen leben. In diesen verdecken zum Beispiel künstliche Umwelten mit Klimaanlagen oder die effizient gestalteten Versorgungs- und Entsorgungssysteme die an sich enge Beziehung zwischen den Menschen und der natürlichen Umwelt. Gleichzeitig ist die urbane Lebensqualität durch Umweltprobleme stark beeinträchtigt.
Dies zwingt dazu, sich mit folgenden Aspekten urbaner Systeme auseinander zu setzen: den Veränderungen der städtischen Geosphäre gegenüber dem *Umland*, dem Ressourcenbedarf der Städte und der Notwendigkeit *nachhaltiger Stadtentwicklung*.

3.1 *Beschreiben Sie mithilfe des Schrägluftbildes der Stadt Frankfurt am Main, mit welchen Nutzungsansprüchen der in der Stadt lebende Mensch die Landschaft verändert.*

Kennzeichen urbaner Ökosysteme

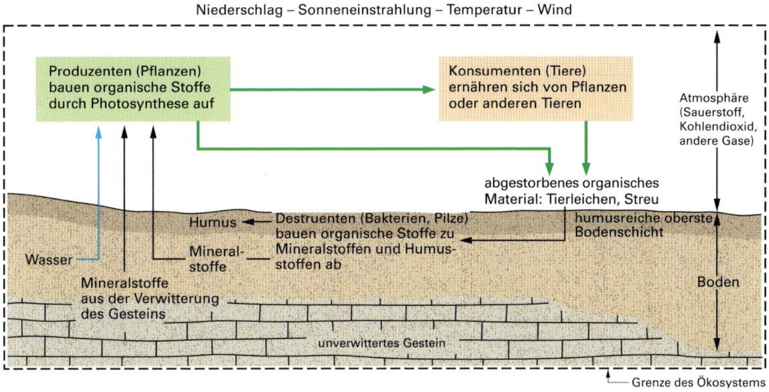

M 3.4
Natürliches Ökosystem

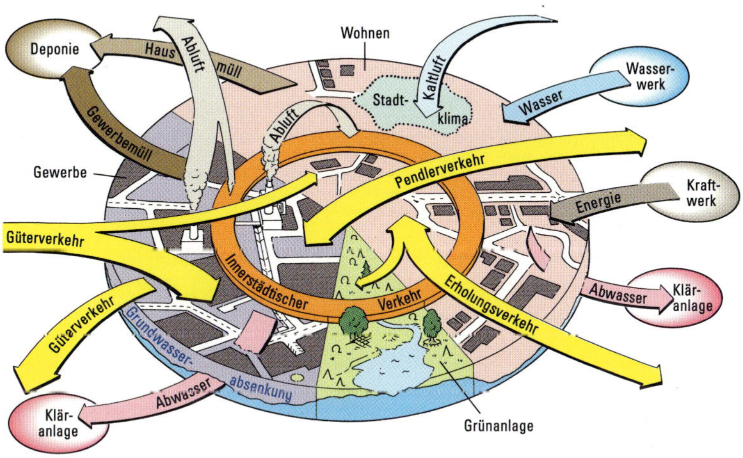

M 3.5
Modell eines urbanen Ökosystems

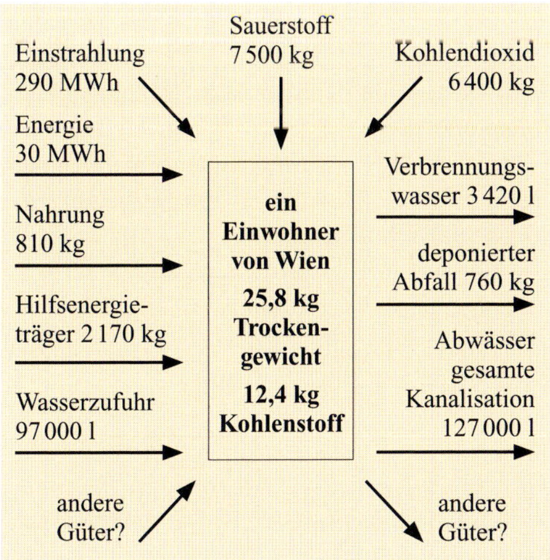

M 3.6 *Energie- und Stoffhaushalt im urbanen Ökosystem Wien (Angaben pro Ew. und Jahr)*

Verbrennungswasser entsteht, wenn bei einer Verbrennung oder der Zellatmung zum Beispiel Glucose unter Energiefreisetzung mit dem Luftsauerstoff und Wasser zu Kohlendioxid und Wasser reagiert.

Karl-Heinz Simon/Uwe Fritsche: Stoff- und Energiebilanzen. In: Herbert Sukopp/Rüdiger Wittig (Hrsg.): Stadtökologie, 2. Aufl. Stuttgart u. a.: Fischer 1998, S. 378

3.2 *Beschreiben Sie die Kennzeichen eines Ökosystems.*

3.3 *Stellen Sie Gemeinsamkeiten und Unterschiede von natürlichen und urbanen Ökosystemen dar (vgl. auch S. 80).*

M 3.7 Veränderungen der urbanen Geosphäre

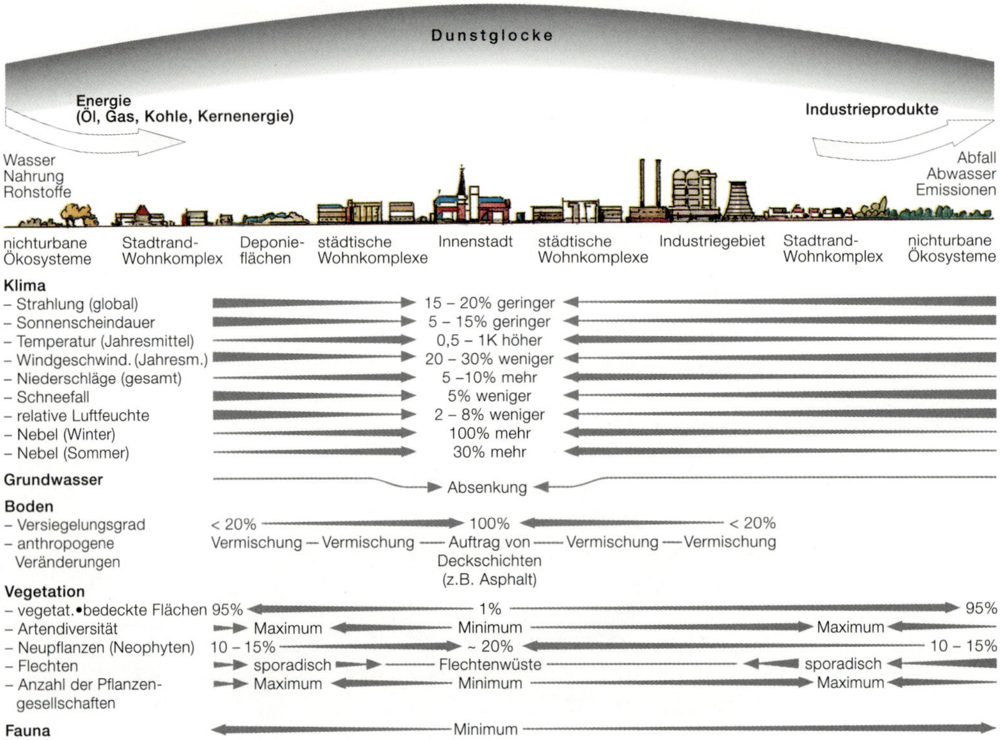

Nach Almut Gerhard-Dircksen/U. Setchert: Die Stadt – ein von Menschen organisiertes Ökosystem. In Praxis der Naturwissenschaften – Biologie 1990, H. 7. Köln: Aulis 1990, S. 3

Alle Geofaktoren – Oberflächenformen, Klima, Boden, Wasserhaushalt und Vegetation – erfahren im *Ökosystem* Stadt grundlegende Veränderungen durch den Menschen. Der Einfluss des Menschen nimmt vom Stadtrand zum Stadtzentrum hin zu und damit verändern sich auch die Geofaktoren. Gleichzeitig wächst die vom einzelnen Menschen in Anspruch genommene Fläche. Waren es 1950 je Bundesbürger (Alte Bundesländer) noch 350 m^2 Siedlungs- und Verkehrsfläche, so erreichte dieser Wert im Jahre 2001 bereits über 530 m^2 je Bundesbürger. Deutschlandweit werden jede Sekunde etwa 12 m^2 zusätzlich für Siedlungs- und Verkehrsflächen beansprucht. Damit wächst auch bei stagnierender oder zurückgehender Bevölkerungszahl die verbrauchte Fläche.

Folgende Faktoren des Verstädterungsprozesses tragen wesentlich zu den Veränderungen des natürlichen Ökosystems bei:

- *Versiegelung* von Freiflächen durch Überbauung (Wohnungen, Industrieanlagen, Verkehrsflächen u. a.),
- *Emissionen* von Feuerungsanlagen, Industrie und Verkehr,
- Abwärme von Kraftwerken, Heizungen und aus Industrieprozessen,
- unzureichende Stadtplanungsmaßnahmen, z. B. fehlende Ausweisung bzw. Verbauung von Frischluftschneisen.

Die Sonderstellung des Ökosystems Stadt wird im Folgenden an den Problemfeldern Stadtklima und Luftschadstoffe, Bodenversiegelung und Ressourcenverbrauch verdeutlicht.

3.4 Erläutern Sie an ausgewählten Beispielen die Auswirkungen menschlicher Eingriffe auf die natürlichen Geofaktoren im Ökosystem Stadt.

3.5 Überprüfen Sie die Behauptung, dass Innenstädte Wärmeinseln sind.

Von allen Veränderungen der Geosphäre lässt sich am einfachsten die Temperaturveränderung erfassen. Die Überwärmung der Innenstadt führt zur Ausbildung einer Wärmeinsel, die messtechnisch und kartografisch dargestellt werden kann.

Vorbereitung

- Überlegen Sie, an welchen Punkten Sie Ihre Untersuchungen durchführen müssen.
- Besorgen Sie das notwendige Material:
  - Topographische Karte des Untersuchungsgebietes im Maßstab 1:50 000 oder besser noch 1:25 000
  - Digitale Thermometer (eines pro Messpunkt)
  - Uhren
  - Protokollblätter.
- Gleichen Sie die Temperatur der Thermometer untereinander ab (handelsübliche Thermometer sind normalerweise nicht geeicht und weisen deshalb untereinander bei der gleichen zu messenden Temperatur Unterschiede auf). Markieren Sie dazu ein Thermometer als Referenzthermometer und notieren Sie bei verschiedenen Messungen an verschiedenen Punkten im Freien jeweils die Differenzen des anderen Thermometers dazu. Ist die Abweichung jeweils gleich, müssen Sie die Messungen mit diesem Thermometer jeweils um den Differenzbetrag berichtigen. Ist die Abweichung unterschiedlich, müssen sie zur Berichtigung einen Mittelwert der Abweichungen bilden.
- Bereiten Sie ein Protokollblatt für die Messung vor (vgl. M 3.8).
- Legen Sie Termine für die Messungen fest. Beachten Sie dabei die Tageszeit und die jeweilige Wettersituation (strahlungsarme winterliche Hochdrucklagen in einer austauscharmen Luftschicht werden andere Ergebnisse bringen als stürmische Westwindlagen, Untersuchungen im Frühjahr andere als im Hochsommer).

Durchführung

- Bilden Sie Messtrupps für die zu untersuchenden Punkte.
- Ermitteln Sie an Ihrem Messpunkt mithilfe der Topographischen Karte die Höhenlage.
- Notieren Sie die Uhrzeit.
- Messen Sie die Temperatur jeweils in etwa 2 m über dem Boden im Schatten.
- Wiederholen Sie die Messung zu jedem vorher festgelegten Zeitpunkt im Abstand von 10 Minuten zweimal.
- Beschreiben Sie auf Ihrem Messprotokoll die Umgebung Ihres Messpunktes (z. B. Innenstadt mit engen Gassen und mehrstöckigen Häusern oder Wohnviertel im Vorort mit lockerer Reihenhausbebauung und etwa 40 % Freiflächen).
- Nehmen Sie Angaben über die Wetterlage in Ihr Messprotokoll auf, z. B. in Form solcher Aussagen: leicht bedeckt, windig, klarer Himmel, leichter Niederschlag …

Auswertung

- Ermitteln Sie den Durchschnittswert Ihres Messpunktes. Berücksichtigen Sie mögliche Temperaturdifferenzen zum Referenzthermometer.
- Stellen Sie auf einer geeigneten Karte die abgeglichenen Temperaturen der einzelnen Messpunkte mithilfe einer selbst entworfenen Temperaturskala dar (Isothermendarstellung).

Mögliche Varianten

- Untersuchen Sie Temperaturunterschiede im Umfeld Ihrer Schule. Messen Sie dazu die Temperaturen an Orten mit unterschiedlicher Oberflächenbeschaffenheit.
- Vergleichen Sie die Temperaturen im Bereich eines innerörtlichen Parks mit den Temperaturen in der bebauten Umgebung.

Standort	Höhe über NN	Uhrzeit	verwendetes Thermometer	Temperatur	Bermerkung

M 3.8
Beispiel für eine Messwerttabelle

Wärmeinsel Stadt – das Beispiel Stuttgart

In der Überwärmung zeigt sich eine Veränderung des urbanen *Ökosystems*, die die Menschen unmittelbar betrifft. Ihre auffälligen Merkmale sind: Hitzestress im Sommer, nächtlicher Wärmestau, kürzere Frostzeiten oder verlängerte Vegetationszeiten.

Der Nettogewinn an Wärme (positive Temperaturanomalie) lässt sich durch verschiedene Faktoren erklären. Durch die Anreicherung von Spurengasen und Wasserdampf in der Luftschicht über der Stadt bildet sich eine „Dunstglocke", die wie das Glasdach eines Treibhauses die Durchschnittstemperaturen in den stark besiedelten Gebieten erhöht („Treibhauseffekt"). Die Stadtoberfläche absorbiert nämlich das eintreffende Sonnenlicht, erwärmt sich durch die aufgenommene Energie und sendet langwellige Wärme- oder Infrarotstrahlung aus. Diese kann jedoch die Dunstglocke nicht durchdringen, sodass die Wärme in der Stadt erhalten bleibt.

Weitere Faktoren der Temperaturerhöhung sind die Wärmeemissionen von Gebäudeheizungen, industriellen oder Verkehrsprozessen, die fehlenden Grünflächen, der verringerte Luftmassenaustausch und die Wärmespeicherung durch die städtische Bebauung.

Zur Analyse der städtischen Wärmeinsel eignen sich Thermalscanneraufnahmen. Sie geben die augenblickliche Temperaturverteilung an der Erdoberfläche bzw. auf einem Teil von ihr wieder. Berührungslos kann aus der Luft mithilfe von Infrarotsensoren die Wärmestrahlung ermittelt werden. Auf diese Weise können in hochaufgelösten Wärmebildern relief- und siedlungsbedingte Unterschiede von Temperaturstrukturen im Stadtgebiet dargestellt werden.

M 3.9 a *Oberflächentemperaturen (18. 8. 1988) Stuttgarter Innenstadt nach Sonnenuntergang*

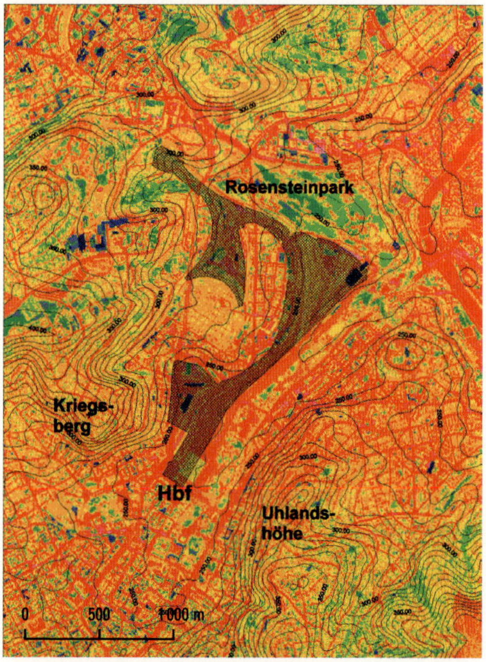

M 3.9 b *Oberflächentemperaturen (19. 8. 1988) Stuttgarter Innenstadt vor Sonnenaufgang*

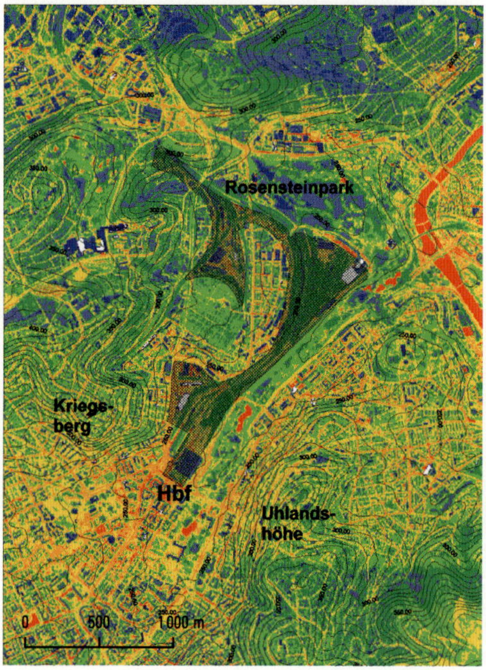

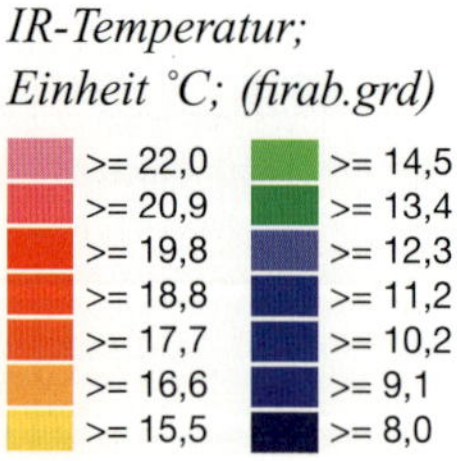

M 3.10 Stuttgart – Relief, Bebauung und Windverhältnisse

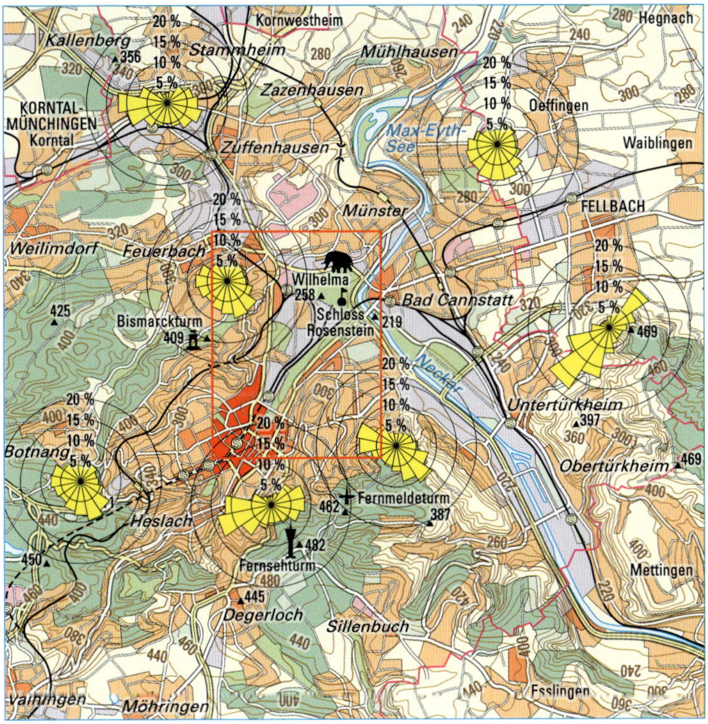

M 3.11 Temperaturen verschiedener Oberflächen an einem Hochsommertag

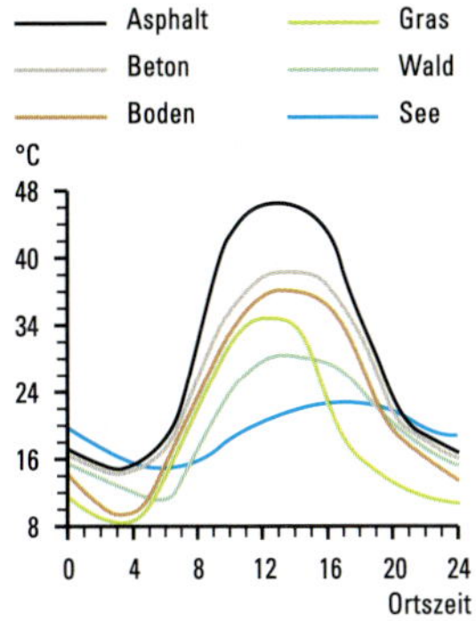

Nach Wolfgang Eriksen: Die städtische Wärmeinsel. In Geographische Rundschau, 28. Jg., H. 9. Braunschweig: Westermann 1976, S. 72

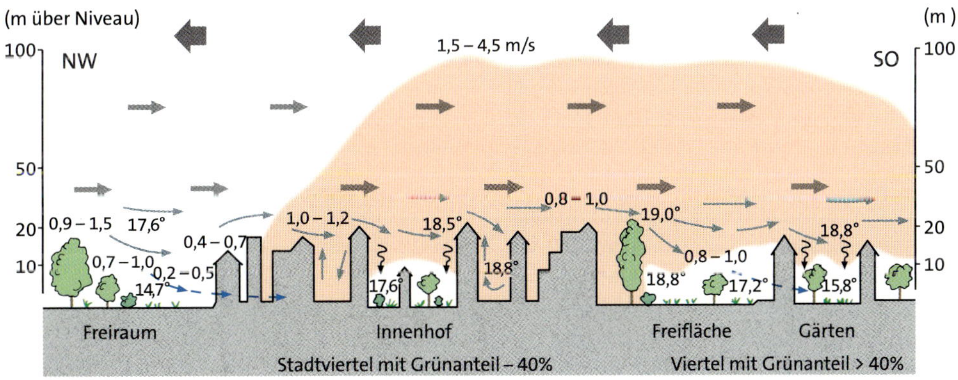

M 3.12 Temperatur- und Windströmungsprofil durch ein Wohnviertel am SW-Rand von Ludwigshafen in einer Sommernacht

Nach Fritz Fezer: Das Klima der Städte. Gotha: Perthes 1994, S. 96

3.6 *Vergleichen Sie die abendlichen und frühmorgendlichen Oberflächentemperaturen in der Stuttgarter Innenstadt.*

3.7 *Stellen Sie einen Zusammenhang her zwischen Relief, Art der Bebauung, Windverhältnissen und den unterschiedlichen Temperaturen in Stuttgart.*

3.8 *Untersuchen Sie, wie sich die Art der Bebauung auf die unterschiedlichen Nachttemperaturen in Ludwigshafen auswirkt.*

M 3.13 Straßenkarte Zürich 2003

Luftqualität – das Beispiel Zürich

Da das Ausmaß der Schadstoffemissionen mit der Anzahl der Bewohner, der Industrieanlagen und der Verkehrsdichte zunimmt, gehören Städte zu den Orten mit besonders hoher Luftbelastung. Viele Bewohner von Städten haben den subjektiven Eindruck, dass sich die Luftqualität in den letzten Jahren verschlechtert hat. Die Schadstoffbelastung der Luft hat sich aber dank zahlreicher Maßnahmen in den letzten 20 Jahren deutlich verringert. So werden z. B. im Stadtgebiet von Zürich mittlerweile bei 11 von 18 Schadstoffen die Immissionsgrenzwerte eingehalten, während dies Mitte der 1980er Jahre bei keinem Schadstoff zutraf.
Problematisch sind aber nach wie vor die Immissionen an Stickoxiden, Feinstäuben und die Bildung von Ozon in oberflächennahen Bereichen.

M 3.14 Entstehung von Stickoxiden

„Stickoxide entstehen vor allem als unerwünschte Nebenprodukte bei Verbrennungsvorgängen. Dabei reagiert der Luftstickstoff (N_2) mit dem Sauerstoff (O_2) der Verbrennungsluft. Bei diesem Prozess entsteht vor allem Stickstoffmonoxid (NO), das erst in der Atmosphäre teilweise in

M 3.15 NO_2-Immissionen Zürich 2003 (µg/m³)

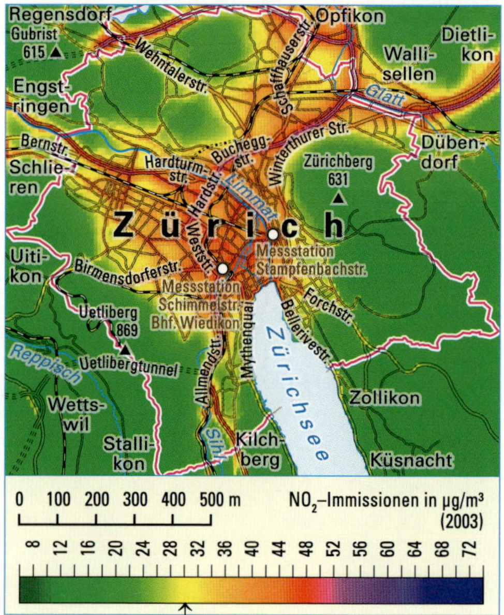

Immissionsgrenzwert 30 µg/m³

Anmerkung zu M 3.15 und M 3.17: Die Flächenauflösung von 1 ha lässt keine kleinräumigen Interpretationen zu.

das giftigere Stickstoffdioxid (NO_2) umgewandelt wird. Die Summe von NO und NO_2 wird als NO_x bezeichnet. In der schweizerischen Luftreinhalte-Verordnung (LRV) sind nur für NO_2 Immissionsgrenzwerte festgelegt.
Das hochreaktive Gemisch von Stickoxiden zählt zu den wichtigsten Schadstoffen der Luft. Es begünstigt Atemwegserkrankungen und greift die Schleimhäute der Atemwege an. Betroffen sind vor allem Kinder und weitere sensible Bevölkerungsgruppen (wie Asthmatiker). Stickoxide spielen eine zentrale Rolle bei der Bildung von

M 3.16 NO_x-Emissionen 2002 in Zürich absolut (t/a) und Anteil (%) *Nach http://www3.stzh.ch/internet/ugz/home/fachbereiche/luftqualitaet/schadstoffe/stickoxide/nox_emissionen.html*

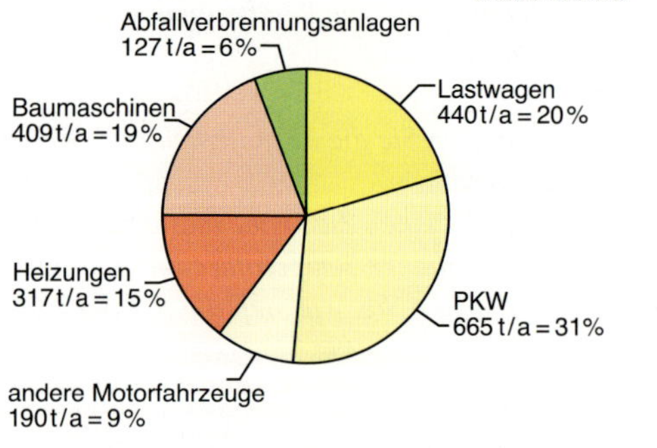

M 3.17 PM10-Immissionen Zürich 2003 (µg/m³)

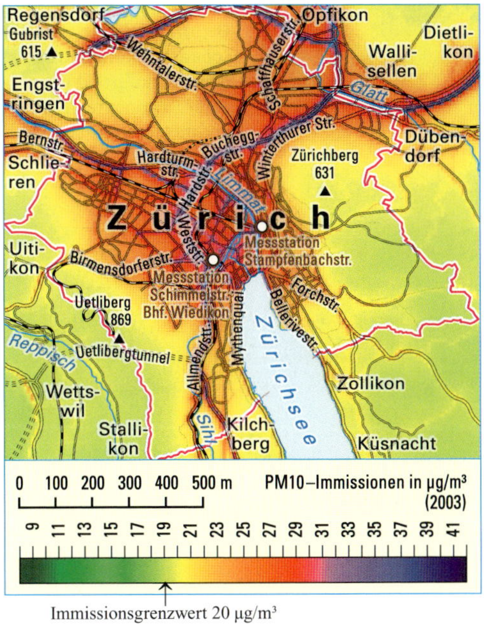

Zur Definition von PM10 vgl. M 3.18.

Ozon in der unteren Atmosphäre und fördern die Entstehung saurer Niederschläge (Bildung von Salpetersäure). Sie sind zudem indirekt auch an der Entstehung von Feinstaub PM10 beteiligt (Bildung sekundärer Partikel). Auf Pflanzen können Stickoxide – abhängig von der Konzentration – sowohl direkte toxische Wirkungen als auch unerwünschte Düngeeffekte haben."

http://www3.stzh.ch/internet/ugz/home/fachbereiche/luftqualitaet/schadstoffe/stickoxide.html

M 3.18 Problematische Feinstäube

„Sehr feine Schwebeteilchen schädigen die Gesundheit. Besonders gefährlich sind Partikel, die einen Durchmesser von weniger als 10 Mikrometer ... haben. Dieser Teil des Schwebestaubs wird PM10 genannt („Particulate Matter < 10 µm"). Während gröbere Teilchen gar nicht eingeatmet bzw. im oberen Teil des Atemtrakts herausgefiltert werden, kann ein Teil von PM10 über den Kehlkopf hinaus in die Lunge gelangen. Dort wirken sich die Staubteilchen besonders schädlich aus ... Zur allgemein erhöhten Anfälligkeit für Atemwegserkrankungen durch PM10 kommt die besondere Gefährdung durch Dieselrußpartikel. Sie sind Träger krebserregender Stoffe ... Das größte Krebsrisiko aus der Luftverschmutzung geht in Zürich von den Rußkernen der Dieselmotorabgase aus ... Neben den direkten Staubemissionen spielt die Partikelbildung aus gasförmigen Schadstoffen eine weitere wichtige Rolle. Diese so genannten Sekundärpartikel entstehen erst in der Atmosphäre durch chemische Umwandlungen aus Vorläufergasen, die teilweise ebenfalls vom Straßenverkehr emittiert werden.

Während grobe Partikel rasch zu Boden sinken, können feine Teilchen ... lange in der Luft bleiben. Deshalb werden die feineren Anteile von PM10 auch entsprechend weit transportiert, und entfernte Quellen können weiträumig zur lokalen PM10-Belastung beitragen. Auch in der Stadt Zürich haben die „importierten" Feinstäube einen erheblichen Anteil an der PM10-Gesamtbelastung."

http://www3.stzh.ch/internet/ugz/home/fachbereiche/luftqualitaet/schadstoffe/feinstaub_pm10.html

M 3.19 Quellen der PM10-Belastung in Zürich (Schimmelstraße/Bahnhof Wiedikon: Verkehrsbelastung von ca. 32 000 Fahrzeugen am Tag)

Nach http://www3.stzh.ch/internet/ugz/home/fachbereiche/luftqualitaet/schadstoffe/feinstaub_pm10/pm10_quellen.html

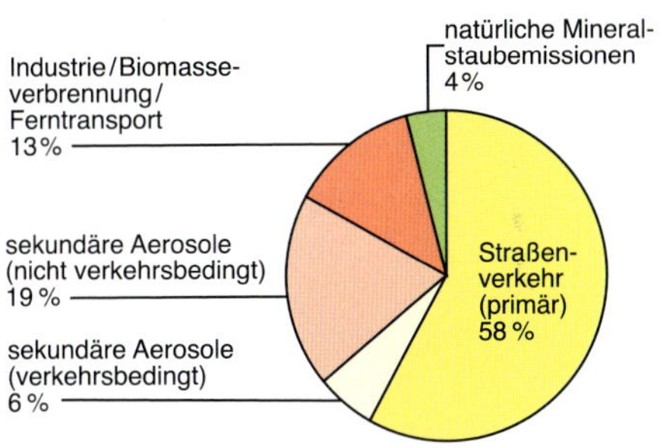

M 3.20 Überschreitungen des 24-Stunden-Grenzwertes von Feinstaub (Zürich Stampfenbachstraße)

Nach http://www3.stzh.ch/internet/ugz/home/fachbereiche/luftqualitaet/schadstoffe/feinstaub_pm10/pm10-ueberschreitungen.html

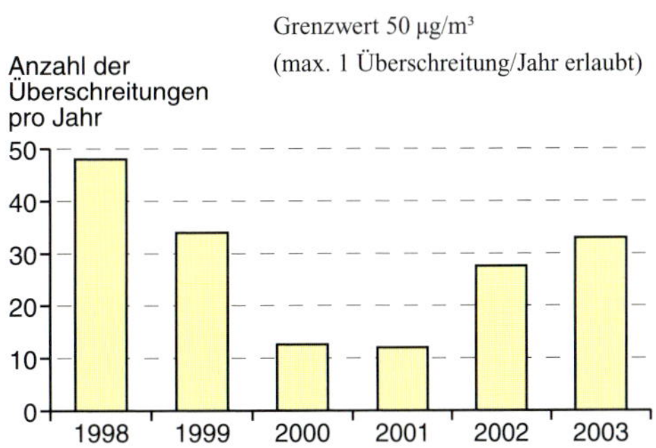

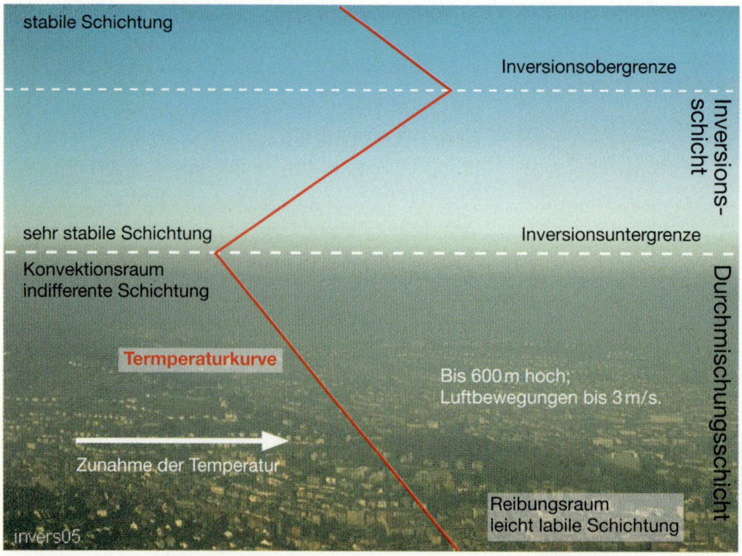

***M 3.21** Schema einer Inversionslage über dem Stuttgarter Kessel*

Nach http://www.stadtklima.de/stuttgart/KALENDER/IMAGES/inv-kurve.jpg

Smog. Wissenschaftler bezeichnen mit diesem Begriff erhöhte Luftschadstoffkonzentrationen, die aufgrund besonderer topographischer und meteorologischer Bedingungen (z.B. Tal- oder Kessellagen und windschwache Inversionswetterlagen) auftreten können. Der Begriff Smog ist ein Kunstwort und setzt sich aus den beiden englischen Worten „smoke" (Rauch) und „fog" (Nebel) zusammen.

Winter- oder Londonsmog. Für diese Erscheinung ist eine Inversionswetterlage meteorologische Voraussetzung. Es handelt sich um eine stabile und austauscharme Wetterlage, bei der über einer bodennahen Kaltluftschicht eine wärmere Luftschicht liegt, die den vertikalen Luftaustausch verhindert. In der Kaltluftschicht reichert sich eine Mischung aus Rauch – zusammengesetzt aus Ruß, Schwefeloxiden und Stäuben – und Nebel über Tage und Wochen an. Der Rauch stammt aus der Verbrennung von fossilen Brennstoffen in Automobilen, Haushalten, Industrie und Kraftwerken. Die Konzentration an Schadstoffen, vor allem von Schwefeloxiden, Schwebstaub und Kohlenmonoxid, kann schnell ein gesundheitsgefährdendes Ausmaß erreichen. Die Schadstoffe selbst und entstehende Sekundärschadstoffe wie Schwefelsäure führen bei Menschen zur Reizung der Atemwege und Augen. Der Begriff Londonsmog entstand nach der Londoner Smogkatastrophe im Dezember 1952, bei der mehr als 4 000 Menschen starben. Damals war der *Smog* teilweise so dicht, dass die Sichtweite gerade noch 30 cm betrug. Noch 1962 starben an der Folge von Smog im Ruhrgebiet 162 Menschen.

***M 3.22** Schadstoffverlauf während einer Inversionswetterlage in Zürich (Februar 2003)*

Dargestellt sind die Werte der Station Stampfenbachstraße und der Höhenstation Bachtel (nur Ozon)

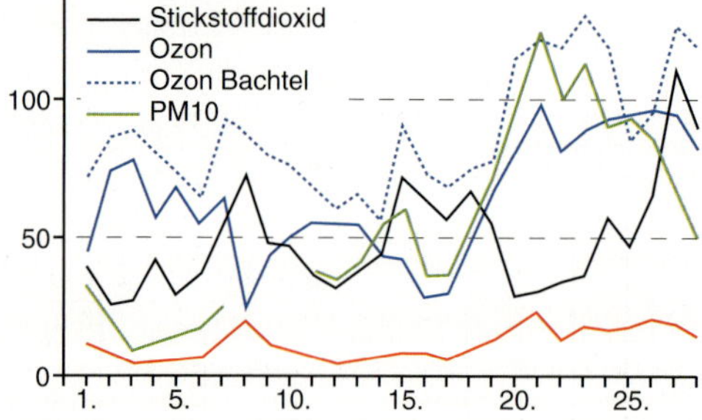

Nach http://www3.stzh.ch/content/internet/ugz/home/fachbereiche/luftqualitaet/themen/smog0/wintersmog/beispiele_fuer_wintersmogsituationen/wintersmogphase_februar.html

Sommersmog. Er tritt in den wärmeren Monaten des Jahres auf und bildet sich an sonnigen Tagen in Ballungsräumen infolge starken Straßenverkehrs. Die in den Abgasen enthaltenen Stickoxide und Kohlenwasserstoffe aus unterschiedlichen Quellen reagieren unter dem Einfluss von Sonnenlicht zu einem aggressiven Gasgemisch, das im Wesentlichen Ozon enthält.

M 3.23 Bildung von bodennahem Ozon

Voraussetzungen: gleichzeitige Emission von Kohlenwasserstoffen (KW, CO) und Stickoxiden, intensive Sonneneinstrahlung und hohe Lufttemperatur.

- Schritt 1: Kohlenstoffmonoxid (CO) und Kohlenwasserstoffverbindungen (KW) bewirken über komplizierte chemische Reaktionsabläufe die Oxidation von Stickoxid (NO) zu Stickstoffdioxid (NO_2). Ein Überschuss an NO_2 entsteht.
- Schritt 2: UV-Strahlung (300–400 nm) photolysiert das NO_2 zu NO und einem Sauerstoffatom (O).
- Schritt 3: Dieses Sauerstoffatom reagiert mit dem Luftsauerstoff (O_2)zu Ozon (O_3). Es wird gleichzeitig Stickstoffmonoxid angereichert.

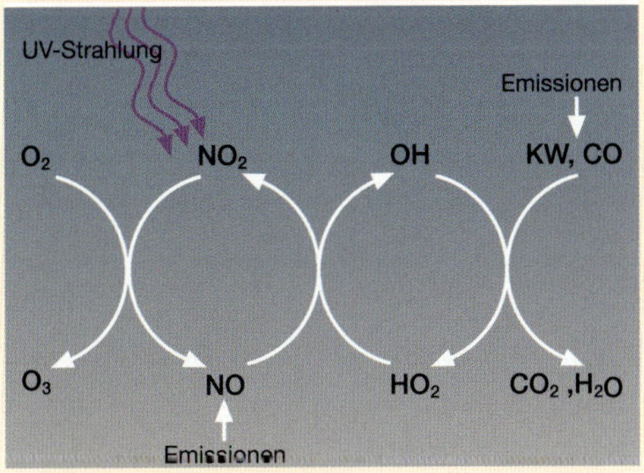

Andreas Volz-Thomas/Darja Mihelic, : Ozonproduktion in Reinluftgebieten. Einfluss von Schadstoff-Konzentrationen. In: Gesellschaft Österreichischer Chemiker (Hrsg.): Tagungsband zum Symposium „Bodennahes Ozon“ in Salzburg. Bd. 11 der Schriftenreihe „Umweltschutz“, 1990

Während des Vormittags nimmt bei schönem Sommerwetter die Ozonbelastung stark zu. Am späten Nachmittag ist in Ballungsgebieten ein rascher Rückgang der Ozonkonzentration zu beobachten. Das während der abendlichen Hauptverkehrszeit freigesetzte Stickoxid reagiert mit dem Ozon: $NO + O_3 \longrightarrow NO_2 + O_2$. In ländlichen Gebieten fehlen die Luftschadstoffe, die diesen Abbauprozess fördern, sodass nachmittags und abends die Ozonbelastung der bodennahen Luftschichten steigt.

Der Sommersmog wurde in den 1940er Jahren zuerst in Los Angeles beobachtet. Heute tritt er dort an mehr als 100 Tagen im Jahr auf. Ebenso betroffen sind vom Sommersmog beispielsweise Athen und Mexiko-City, wo ähnliche topografische Voraussetzungen gegeben sind. Auch in Deutschland wurden im extrem heißen August 2003 Spitzenwerte von 320 µg Ozon/m³ Luft gemessen.

Bodennahes Ozon kann beim Menschen zu Augenreizungen, Kopfschmerzen und Atemwegsbeschwerden führen. Deshalb muss vor hohen Ozonwerten gewarnt werden. Der im so genannten Sommersmog-Gesetz festgelegte Schwellenwert, bei dem die deutsche Bevölkerung über erhöhte Ozonwerte informiert werden muss, liegt bei 180 µg/m³ Luft, der Grenzwert, bei dem Sommersmog-Alarm ausgerufen wird, bei 240 µg Ozon/m³ Luft.

M 3.24 Tagesgang der Ozonkonzentration in Zürich während einer Sommersmogphase

Stampfenbachstraße und Wiedikon sind innerstädtisch, Zürichberg liegt außerstädtisch.
IGW = Immissionsgrenzwert

Nach: http://www3.stzh.ch/internet/ugz/home/fachbereiche/luftqualitaet/themen/smog0/sommersmog/bodennahes_ozon__ein.html

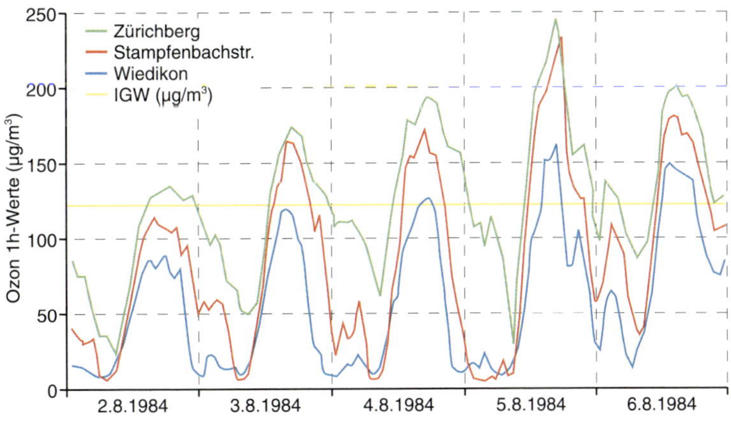

3.9 *Begründen Sie die besondere Rolle des Straßenverkehrs für die städtische Luftqualität.*

3.10 *Vergleichen Sie die Entstehung von Winter- und Sommersmog.*

3.11 *Erläutern und begründen Sie den Tagesgang der Ozonkonzentration im innerstädtischen und außerstädtischen Bereich von Zürich.*

Der versiegelte Boden – Gefährdung des urbanen Wasserhaushalts und natürlicher Lebensräume

Im Zuge der *Verstädterung* wird Boden immer mehr zum Baugrund degradiert. Nur noch kleine naturnahe Flächen wie Hausgärten, Grünstreifen, Friedhöfe, Sportanlagen und Parks können in einer Stadt die vielfältigen Bodenfunktionen sichern: z. B. Reinigungssystem des Grundwassers, Speicherung von Niederschlägen und Nährstoffen, Versorgung der Pflanzen mit Nährstoffen und Abbau von organischen Stoffen. In urbanen Gebieten sind die Flächen mit künstlichen oder natürlichen Fremdmaterialien wie Beton oder Kies bedeckt und die fast „vakuumverpackten" Böden weitgehend von den natürlichen Austauschprozessen abgekoppelt. Das Ausmaß der Beeinträchtigungen geht aber noch darüber hinaus. So werden die Habitate von Tieren und Pflanzen zerstückelt und Böden zur Deponierung von Abfällen herangezogen.

M 3.25 *Versiegelungsgrad der Stadt München*

„Der Gesamtversiegelungsgrad nahm von 1985 bis 1994 um 2 % von 41 % auf 43 % zu. Die zunächst gering anmutende Steigerung der Versiegelung entspricht in absoluten Zahlen ausgedrückt einer zusätzlichen Totalversiegelung von etwa 500 ha. Dies entspricht insgesamt etwa 840 Fußballfeldern. Dabei entfallen je etwa 250 ha auf Hochbautätigkeit und auf Verkehrsflächen."

http://www.muenchen.de/Rathaus/lhm_alt/mde/referat/rgu/umweltdaten/boden/versiegelungsgrad_94/53432/index_html.html

Eine weitere Ursache für die steigende Versiegelung des Bodens ist die *Suburbanisierung*: Mit dem Wunsch im Grünen zu leben, steigt im *Stadtumland* nicht nur der Bedarf an Bauland, sondern auch an Supermärkten und Freizeitzentren und die daran gekoppelte Ausdehnung der Verkehrsflächen. Gleichzeitig sinkt die Wohndichte. Damit wird der Quotient aus der Anzahl der Einwohner und der gesamtstädtischen Wohngebietsfläche (Wohngebiete mit den dazugehörigen Straßen) bezeichnet.

M 3.26 *Siedlungs- und Verkehrsflächenentwicklung in Dresden*

Nach http://www.ioer.de/langzeitmonitoring/homepage.htm

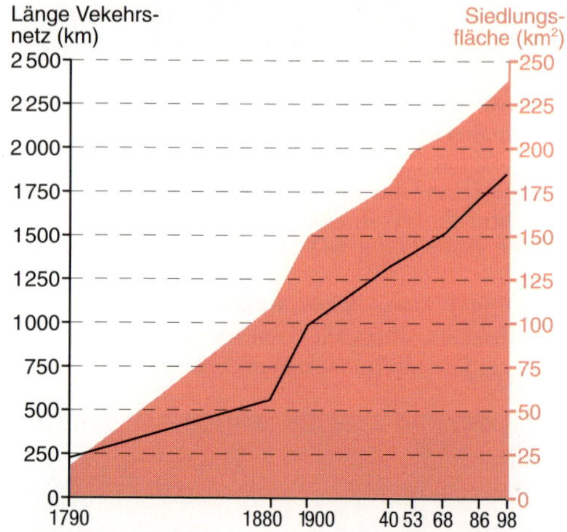

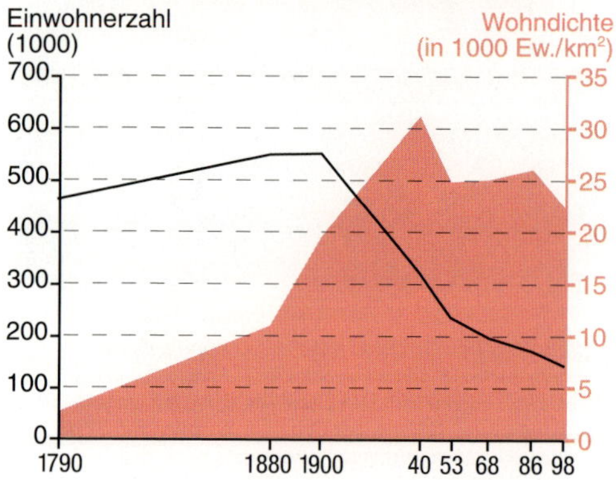

M 3.27 *Entwicklung der Bevölkerung und Wohndichte in Dresden*

Nach ebenda

Die Folgen für den urbanen Wasserhaushalt

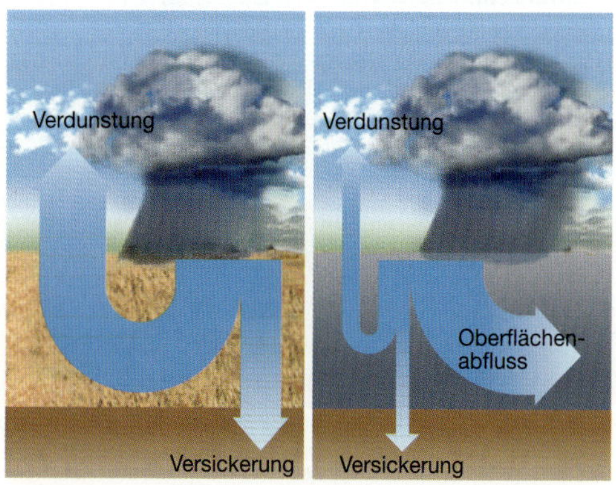

M 3.28 *Natürlicher und urbaner Wasserhaushalt*

Verändert nach http://www.stadtentwicklung.berlin.de//umwelt/umweltatlas/d213_01.htm

M 3.29 Versiegelung, Versickerung und Oberflächenabfluss in Berlins Mitte (Dorotheenstadt)

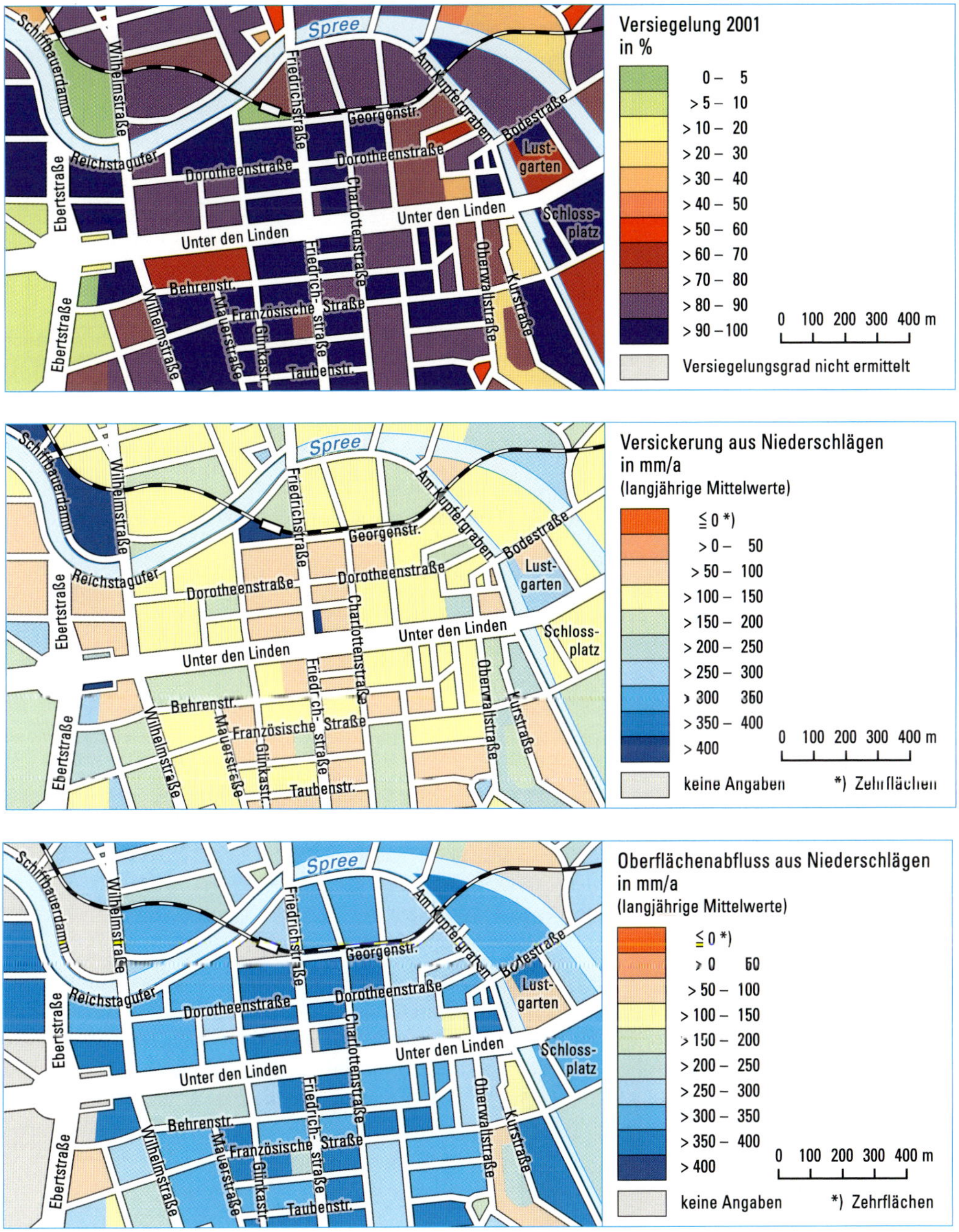

3.12 *Erörtern Sie die Folgen der Entwicklung von Siedlungs- und Verkehrsflächen sowie der Bevölkerungs- und Wohndichte für den urbanen Wasserhaushalt (M 3.26 – M 3.28).*

3.13 *Untersuchen Sie am Beispiel der Berliner Innenstadt den Zusammenhang zwischen Versiegelung, Versickerung und Oberflächenabfluss.*

M 3.30 Wasserhaushaltskomponenten in Abhängigkeit von Nutzung, Bodenart und Versiegelungsgrad

Nutzungsform	Bodenart	Grundwasser-Flurabstand (m)	Niederschlag (mm/a)	Beregnung (mm/a)	Versiegelungsgrad (%)	Reale Evapotranspiration (mm/a)	Oberflächenabfluss (mm/a)	Grundwasserneubildung* (mm/a)
Bebauung	stark sandiger Lehm	>2	580	–	90	120	390	70
Bebauung	Sand	>2	580	–	50	230	240	120
Kiefern-Eichen-Wald	Sand	>2	580	–	–	500	–	80
Kleingärten, Parks	Sand	>2	580	120	–	470	–	230

* Versickerung – kapillarer Aufstieg

Gerd Wessolek/Manfred Renner nach eigenen Ergebnissen und Gluqla/Krähe 1995 in Bodenwasser- und Grundwasserhaushalt. In: Herbert Sukopp/Rüdiger Wittig (Hrsg.): a. a. O., S. 190

M 3.31 Jahressummenkurven Wasserhaushaltskomponenten zweier unterschiedlich versiegelter Flächen

M 3.31 a Rasengittersteine — *M 3.31 b Asphalt*

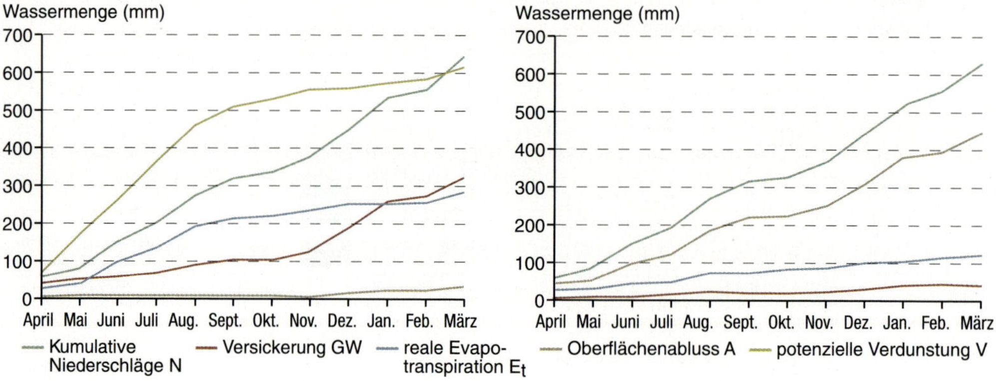

Nach ebenda, S. 191

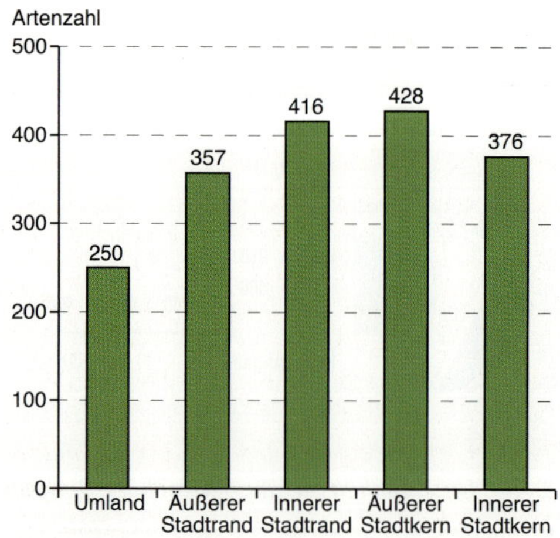

M 3.32 Farne und Samenpflanzen in städtischen Teilräumen *Nach http://www.g-o.de*

Vegetationsinseln und ihre Auswirkungen

Hausgärten, Mauerritzen, Straßenbegleitgrün oder Parks stellen in der versiegelten Stadtfläche Vegetationsinseln dar. Sie bieten Pflanzen und Tieren unterschiedlichste Lebensbedingungen. So werden urbane *Ökosysteme* zu sehr artenreichen Lebensräumen.

Die vielen kleinräumigen Vegetationsinseln haben einen messbaren Einfluss auf die Temperatur ihrer Umgebung. Da sich Boden und Vegetation der Grüninseln weniger stark aufheizen als die bebauten Flächen, entstehen so genannte „Kälteinseln". Die Eindringtiefe der kalten Luft in den umgebenden Siedlungskörper

wird von dessen Bauweise bestimmt. Durch Untersuchungen hat man ermittelt: Je größer eine Grünanlage ist, desto höher ist ihre Temperaturdifferenz zur bebauten Umgebung und desto weiter reicht ihre Wirkung.
So bewirkt der „Große Tiergarten“ in Berlin mit einer Fläche von 212 ha eine messbare Temperaturreduktion von mindestens 0,5 °C, die bis zu 1 500 m in bebautes Gebiet hinein reicht. Kleinere Flächen wie der Stadtpark Steglitz mit 17,6 ha erreichen die gleiche Temperaturreduktion nur bis zu 140 m Entfernung in den Stadtkörper hinein.
Selbst einzelne Individuen (Bäume, Sträucher) tragen zu einer spürbaren Verbesserung der städtischen Umwelt bei.
Positiv kann sich auch die städtische Wärmeinsel auf die Biodiversität auswirken: Wärmeliebende Pflanzen aus dem Mittelmeerraum werden in unseren Städten heimisch. Tiere profitieren ebenfalls: Im Winter bietet ihnen die höhere Temperatur bessere Überwinterungsmöglichkeiten.
Allerdings gibt es Einschränkungen: Heimische Arten werden zurückgedrängt von nicht einheimischen Tier- und Pflanzenarten. Nahrungsspezialisten haben gegenüber den Generalisten wie Spatzen und Tauben, die fast alles fressen, schlechtere Überlebensmöglichkeiten. Sind die Biotope zu klein, kann sich in ihnen keine stabile Population aufbauen. Oftmals stellen die meist stark befahrenen Straßen unüberwindbare Hindernisse für Kleinsäuger und Insekten dar. Deshalb ist der Biotopverbund auch in der Stadt ein viel diskutiertes Thema.

M 3.33 Hoffnungsträger: Straßenbaum am Potsdamer Platz in Berlin

Brachflächen.
Ungenutzte Flächen zählen in den Innenstädten zu den ökologisch wertvollsten Arealen. Nicht mehr oder nur noch teilweise genutzte Bahnflächen oder aufgegebene Industriestandorte haben sich zu Brachen mit hoher Artenvielfalt und zahlreichen gefährdeten Pflanzen- und Tierarten entwickelt. Viele Brachflächen sind in den letzten Jahren durch Bebauung verloren gegangen bzw. sind durch aktuelle Bauvorhaben gefährdet. Da derzeit deutschlandweit innerstädtische Grundstücke mit einer Fläche von über 2 000 km² – was etwa siebenmal der Fläche Münchens entspricht – brach liegen, wird verstärkt ein Brachenrecycling gefordert. Hierbei müssen unterschiedliche Ziele, wie Umwelt- und Naturschutz, wirtschaftliches Wachstum, aber auch sozialgerechte Wohnungsversorgung, städtebauliche Qualität und *Mobilität* miteinander in Einklang gebracht werden.

3.13 *Vergleichen Sie Weg und Wirkung des Regenwassers in der freien Landschaft und bei versiegelten Flächen.*
3.14 *Erklären Sie, weshalb in der Stadt die Artenzahl von Flora und Fauna wesentlich größer als im Umland ist.*
3.15 *Kartieren Sie in Ihrem Nahbereich nicht versiegelte und entsiegelungswürdige Flächen. Entwickeln Sie aus ihrer Kartierung Vorschläge für eine nachhaltige Stadtentwicklung (vgl. S. 98 – 101).*
3.16 *Die industrielle Kulturlandschaft „Zollverein“ im Ruhrgebiet wurde 2001 zum UNESCO-Weltkulturerbe erklärt. Informieren Sie sich im Internet, z. B. auf: http://www.kvr.de/umwelt/elapa/Industrienatur_Zeche_Zollverein.shtml oder http://www.stiftung-zollverein.de über dieses Brachflächenkonzept und ordnen Sie es in den Strukturwandel der Region ein.*

M 3.34 Der ökologische Fußabdruck – Maß für unseren Flächenverbrauch

Leben auf großem Fuß – der Ressourcenbedarf der Stadt

Der urbane Lebensstil ist in einem großen Umfang von Ressourcen abhängig, welche im *Umland* oder weltweit gewonnen werden. Der noch immer steigende Bedarf an Nahrungsmitteln, Energie, Wasser und Rohstoffen fordert eine Veränderung unseres Umgangs mit der Umwelt. Die Stadt als der Lebensraum der Zukunft muss langfristig ihren Ressourcenverbrauch so gestalten, dass die natürlichen Ressourcen nicht in einem stärkeren Umfang genutzt werden, als sie sich erneuern.

Um den Ressourcenbedarf einer Stadt festzustellen, wurde in den letzten Jahren eine Reihe von Messverfahren entwickelt, zum Beispiel der „Ökologische Fußabdruck" und die „Stoffflussanalyse". Das Ziel war es, mit einer Analyse des Ressourcenverbrauchs Umweltprobleme zu erkennen und Bewertungskriterien für eine ressourcenschonende und nachhaltige Stadtplanung zu entwickeln.

Der ökologische Fußabdruck

Um das Ausmaß der Auswirkungen bestimmter menschlicher Lebensweisen feststellen zu können, hat eine Arbeitsgruppe der University of British Columbia/Kanada die Methode des ökologischen Fußabdrucks entwickelt. Dieser soll den Ressourcenbedarf des Menschen bildlich in der Form des Flächenverbrauchs darstellen.

M 3.35 Beispiel für die Berechnung des ökologischen Fußabdrucks

„Grundlage der Berechnung ist der Pro-Kopf-Verbrauch der wichtigsten Konsumgüter (Rohstoffe, Energie, Lebensmittel, Möbel, Häuser, Autos u. v. m.) einer Bevölkerung. In einem nächsten Schritt wird kalkuliert, wie viel „ökologische Fläche" jedes Gut belegt ... Wie wird zum Beispiel der Konsum fossiler Energie, wie Öl oder Erdgas, in Fläche umgerechnet?

Wenn man fossile Energieträger nutzt, entsteht unter anderem das Treibhausgas Kohlendioxid (CO_2). Pflanzen haben die Eigenschaft CO_2 binden zu können. So kann z. B. 1 Hektar (= 10 000 m^2) Wald durchschnittlich 3–4 Tonnen CO_2 aus der Atmosphäre binden. Diese Menge entspricht der Menge an CO_2, wie sie bei der Verbrennung von ca. 1 878 Liter Öl in die Atmosphäre abgegeben wird. Das bedeutet für den ökologischen Fußabdruck, dass man bei der Verbrennung von 1 878 Liter Öl 1 Hektar Waldfläche in Anspruch nimmt. Auf diese und ähnliche Weise kann die Nutzung aller wesentlichen Konsumgüter in Fläche umgerechnet werden und zu den „real" in Anspruch genommenen Flächen für Wohnen, Verkehr oder Gewerbe addiert werden."

http://www.regiowasser.de/themen/

M 3.36 Dimension des ökologischen Fußabdrucks

„Der ökologische Fußabdruck eines Berliners beträgt im Jahr 1998 4,41 Hektar:
Das sind 15 Millionen Hektar für alle Berliner insgesamt.
Dies entspricht einem Kreis von 218 km Radius.
Das ist 168-mal die Stadtfläche oder 34 % der Bundesrepublik.
Bei einer nutzbaren Fläche von 7,3 Mrd. Hektar auf der Erde bleiben für 6 Mrd. Menschen 1,2 Hektar Land plus 0,5 ha Meeresfläche/Person oder 1,7 Mrd. Menschen mit dem „Berliner Lebensstandard" könnte die Erde dauerhaft beherbergen."

„Zeigt her Eure Füße" – Ein Projekt von Matthias Schnauss in Zusammenarbeit mit GRÜNE LIGA Berlin e. V. und KATE e. V.

M 3.37
Berechnung des ökologischen Fußabdrucks eines Bewohners von Berlin (in ha)

http://www.agenda21berlin.de/fussabdruck/download/oef_berlin_abgeordnetenhaus.pdf

	Energie	Siedlung	Acker	Weide	Wald	Meer	Total
Nahrung	0,21	–	0,28	0,91	–	0,25	1,66
pflanzlich	0,09		0,24				0,34
tierisch	0,12		0,04	0,91		0,25	1,32
Wohnen	1,04	0,06			0,32		1,42
Verkehr	0,66	0,05		–	–	–	0,71
Straße	0,39						0,39
Schiene	0,08						0,08
Luft	0,2						0,2
Schiff	0						0
Güter	0,46	0	0,05	0,04	0,08	–	0,62
Papier	0,02				0,08		0,1
Kleidung	0		0,04	0,04			0,08
Metallwaren	0,01						0,01
Plastik	0,01						0,01
andere	0,41		0,01				0,42
Summe	2,37	0,11	0,33	0,95	0,39	0,25	4,41

M 3.38 *Ökologischer Fußabdruck der Städte Berlin und Hamburg absolut* →

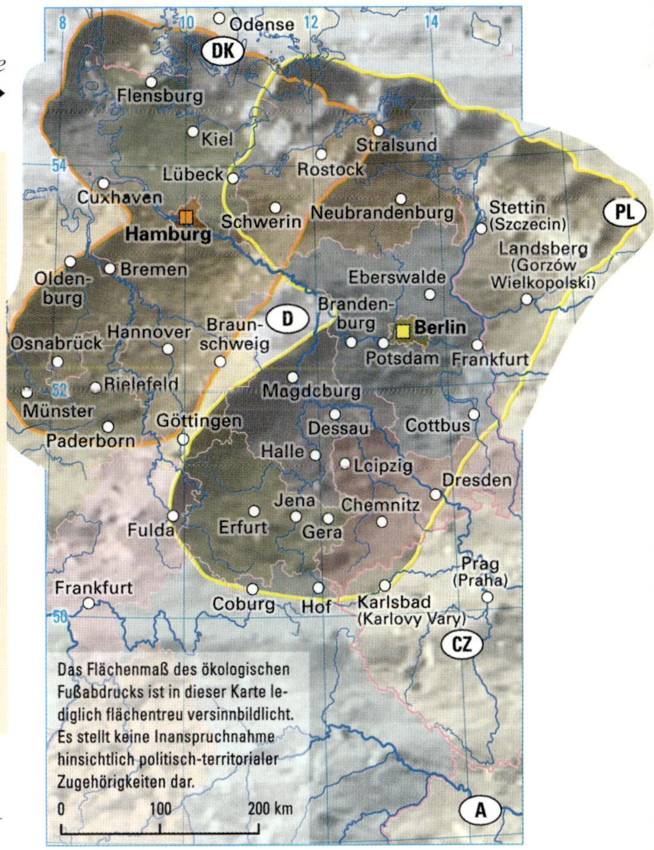

Die für Berlin errechnete Fläche [für den ökologischen Fußabdruck] von 4,41 ha ist erheblich kleiner als die für Deutschland (5,32 ha) und Hamburg (5,49 ha) … Die Situation Berlins ist eine deutlich andere als die Hamburgs [:]

	Berlin	Hamburg	Berlin: Hamburg
Bevölkerung (2003)	3 388,4	1 726,4	1,96
Fläche (km²)	890,85	755,2	1,18
Einwohner/km²	3 800	2 286	1,66
Arbeitslosenquote (30.06.2002)	18,9	10,2	1,85
Kraftfahrzeuge/1 000 Ew. (2003)	421	556	0,76
Gemeindesteuereinnahmen 2001 (netto)/Ew. (Euro)	718	1381	0,52

M 3.39 *Berlin im Vergleich mit Hamburg*

Nach http://www.agenda21berlin.de/fussabdruck/download/oef_berlin_abgeordnetenhaus.pdf, aktualisert

Die Stoffflussanalyse

Sie ist ein Verfahren, um die Güter- und Stoffflüsse zwischen der Anthroposphäre (der vom Menschen gestalteten Welt) und der natürlichen Umwelt zu erfassen. Die Analyse erfolgt dabei in mehreren Schritten und versucht die Prozesse und Lager (sie entstehen durch die Anhäufung von Gütern und Stoffen) und deren Veränderung mithilfe technisch-naturwissenschaftlicher Kriterien zu beschreiben. Der Ablauf ist folgender:

- Formulierung des Untersuchungsziels und der daraus resultierenden Fragestellungen.
- Erfassung des meist sehr komplexen Systems mit seinen räumlichen und zeitlichen Grenzen, den vorkommenden Gütern und Stoffen sowie ihren Verknüpfungen in Prozessen. So wird zum Beispiel das Vorkommen von Blei und Cadmium untersucht oder der Wasserhaushalt erfasst.
- Erstellen einer provisorischen Bilanz, welche als Basis für weitere, detailliertere Untersuchungen dient.
- Ermittlung der endgültigen Stoffbilanzen; dabei werden zunächst Bilanzen für einzelne Stoffe oder Güter ermittelt.
- Darstellung der Ergebnisse.

***M 3.40** Stoffflussanalyse der Stadt Wien*

„Die Anthroposphäre Wiens (Infrastruktur, private und öffentliche Haushalte) wächst mit 1 % bis 3% jährlich. Die nicht bebaute Fläche nimmt jährlich um 0,4 % ab, die pflanzliche Biomasse in den Wäldern Wiens um 0,7 % zu. In der Anthroposphäre werden Stoffe rund 10-mal mehr angereichert als in der Umwelt Wiens.
Der jährliche Zuwachs in der Anthroposphäre beträgt 1,1 % bis 3 % bei Kohlenstoff, 1 % bis 2 % bei Stickstoff und 0,5 % bis 1,5 % bei Blei.
Die Stickstoff- und Bleimengen im Boden inklusive Vegetation wachsen infolge der Ablagerung von Luftschadstoffen (vor allem trockene Deposition), aber auch der Aufbringung von Dünger mit 0,3 % (Stickstoff) und 0,1 % (Blei) jährlich. Das Kohlenstofflager im Boden inklusive Vegetation nimmt infolge des Zuwachs pflanzlicher Biomasse im Wald mit 0,3 % jährlich zu. Die größte Stoffanreicherung in Wien stellt der Zuwachs an Stickstoff im Grundwasser dar (3,3 % jährlich). Die Hauptursache dafür ist der Stickstoffeintrag aus landwirtschaftlich genutzten Böden ...
Die Stadt Wien ist bei den betrachteten Ressourcen Energieträger, Trinkwasser und Verdünnungsvolumen für Abwässer vom Umland abhängig, der ‚Autarkiegrad' liegt somit < 100 %.
Er beträgt bei Energieträgern im Jahr 1993 6,4 % und stammt im Wesentlichen aus brennbaren Abfällen. Die Berechnung eines ‚Zukunftsszenarios' zeigt, dass beispielsweise eine verstärkte Nutzung von Holz des Wienerwaldes den Autarkiegrad für Energieträger nur wenig steigern könnte (+ 0,1 %). Würde jedoch die in Wien vorhandene Ressource ‚Solarstrahlung' genutzt, und würde eine Einsparung des Energieverbrauches um rd. 2,5 % erfolgen, könnte der Autarkiegrad auf rund 34 % erhöht werden. Damit könnte eine Einsparung der Kohlendioxidemissionen um 3,3 Mio. t CO_2 jährlich, das sind 37 % der derzeitigen CO_2-Emissionen Wiens, erzielt werden. Auch bei Wasser ist Wien vom Umland abhängig. Nur rund 17 % des im Jahr 1991 gebrauchten Wassers stammen aus eigener Förderung (Grundwasser), der Rest wird importiert. Die größte Abhängigkeit vom Hinterland ist jedoch im Bezug auf Emissionen gegeben. Der jährliche Nettogebietsniederschlag Wiens, das ist der Niederschlag minus der Verdunstung, beträgt nur 2,4 % des ‚Kritischen Verdünnungsvolumens' für Abwässer, das ist jene Wassermenge, die benötigt würde, um die Wiener Kohlenstoff-, Stickstoff- und Bleiemissionen, die in die Donau gelangen, bis unter den Grenzwert zu verdünnen."

Renate Paumann/Richard Obernosterer/Paul H. Brunner : Wechselwirkung zwischen anthropogenem und natürlichem Stoffhaushalt der Stadt Wien am Beispiel von Kohlenstoff, Stickstoff und Blei. Wien 1997, S. 1–2

Die Ergebnisse der Analyse werden in Flussdiagrammen dargestellt.
Ein Beispiel aus dem Gesamtsystem: Vom Gesamtniederschlag von 252 Mio. t der Stadt Wien (Anthroposphäre 83 Mio. t und Pedosphäre/Vegetation 169 Mio. t) verdunsten 64 % und nur 9,14 Mio. t oder 3,6 % tragen zur Grundwasserneubildung bei. Das entspricht ungefähr der Menge, die durch undichte Wasserrohre verloren geht.

M 3.41 *Stoffflüsse im Gesamtsystem Anthroposphäre und Umwelt Wien 1997* *Ebenda, S. 61*

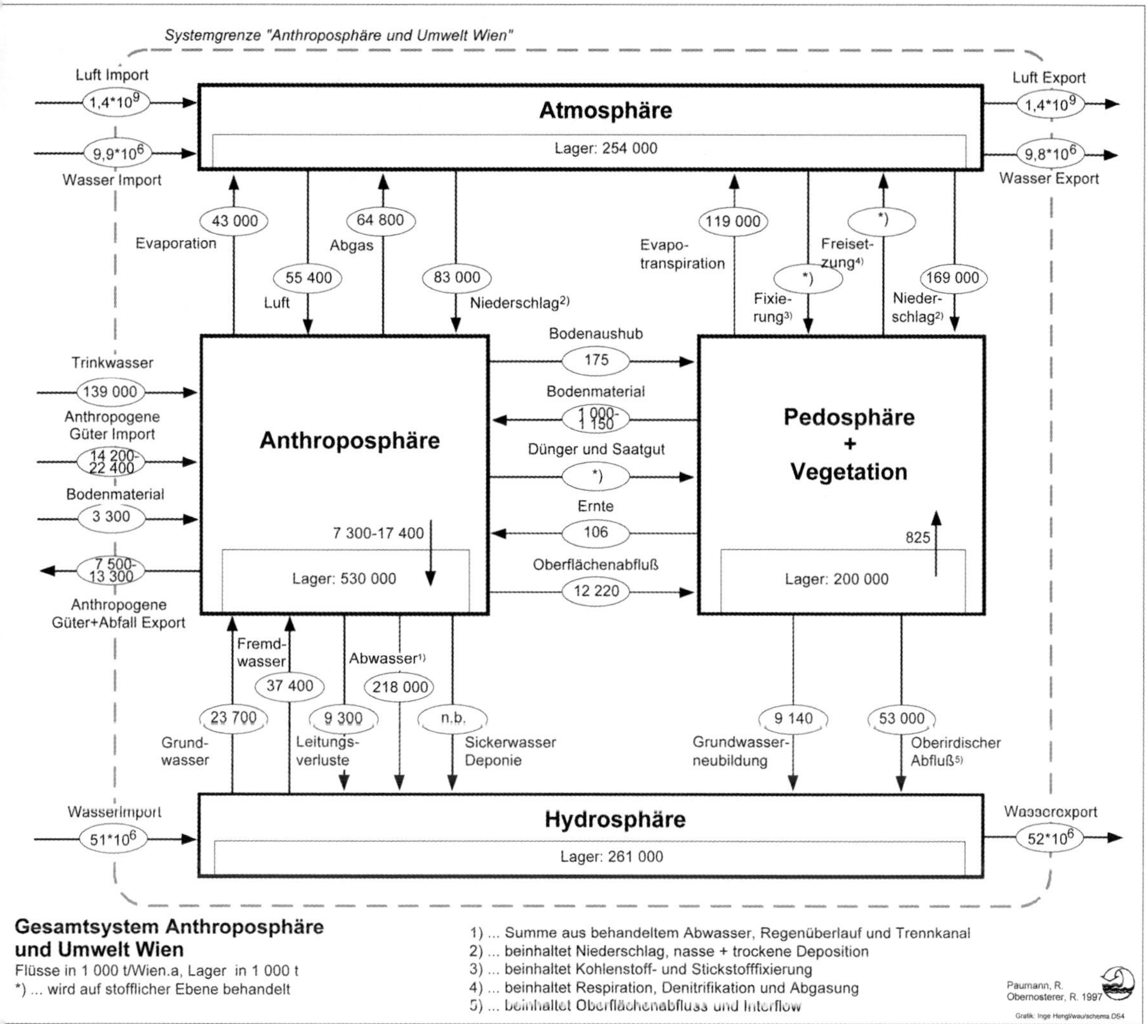

Sowohl die Stoffflussanalyse als auch das Konzept des ökologischen Fußabdrucks liefern Kriterien zur Reduktion des Flächenverbrauchs und zum sparsamen Umgang mit knappen Ressourcen. Es lassen sich damit Szenarien errechnen, die zeigen, wie und wo der Flächenverbrauch und Ressourcenbedarf verringert werden kann. Damit können Leitziele, wie z. B.: „Die Bewohner Berlins sollen bis zum Jahr 2015 ihren ökologischen Fußabdruck um mindestens 15 % reduzieren!", auf objektivierter Grundlage formuliert und quantifiziert werden.

3.17 *Berechnen Sie Ihren ökologischen Fußabdruck, z. B. mithilfe der Internetseite http://www.myfootprint.org*

3.18 *Nennen Sie mögliche Gründe, weshalb der ökologische Fußabdruck Berlins kleiner als der Hamburgs ist.*

3.19 *Beschreiben Sie für das System „Anthroposphäre" der Stadt Wien den Wasserfluss.*

3.20 *Stellen Sie in einem „Stoffflussschema" dar, wie Ihre Schulstadt oder Heimatgemeinde mit Wasser versorgt und wie das Abwasser entsorgt wird.*

Herausforderungen, Leitbilder und Strategien einer nachhaltigen Stadtentwicklung

M 3.42 *Die Stadt als beste aller Siedlungsformen?!*

„Die Stadt als bedrohlicher ‚Ressourcenfresser' ist leider allzu oft Realität – aber muss das so sein? Sähe die Welt zwangsläufig besser aus, wenn mehr als 6 Mrd. Menschen in weitgehend agrarischen Gesellschaften und dispersen Siedlungen auf dem Land lebten? Wahrscheinlich nicht. Vieles deutet auf die Stadt als ‚beste aller Siedlungsformen' hin; sie bietet theoretisch die größtmögliche Ressourceneffizienz sowie wirtschaftliche, soziale und individuelle Entfaltungsmöglichkeit. Die Aufgabe liegt in der allgemeinen Ausschöpfung der – in einem erweiterten Verständnis – Urbanization Economies, d. h. der allgemeinen Möglichkeiten, die die räumliche Ballung von Menschen und ihrer Aktivitäten bietet: zur Ausschöpfung wirtschaftlicher Potenziale und zur optimalen Ausnutzung natürlicher Ressourcen, für gesellschaftliche Integration, persönliche Freiheit, kulturelle Entwicklung, Toleranz und Solidarität …"

Stefan Schmitz: Nachhaltige Stadtentwicklung – Herausforderungen, Leitbilder, Strategien und Umsetzungsprobleme. In: Petermanns Geographische Mitteilungen, Jg. 145, H. 5. Gotha: Perthes 2001, S. 8

Neben den genannten Herausforderungen sind es vor allem zwei weitere Probleme, die dafür sprechen, eine *nachhaltige Stadtentwicklung* in den Mittelpunkt globalen Interesses zu rücken:

- Bereits heute lebt mehr als die Hälfte der Weltbevölkerung in Städten, und bis zum Jahre 2025 wird die Zahl der Stadtbewohner voraussichtlich auf mehr als 5 Mrd. ansteigen.
- Das Wachstum der Städte wird zum größten Teil in den Entwicklungsländern stattfinden. Dort leben fast 30 % der städtischen Bevölkerung unterhalb der offiziellen Armutsgrenze.

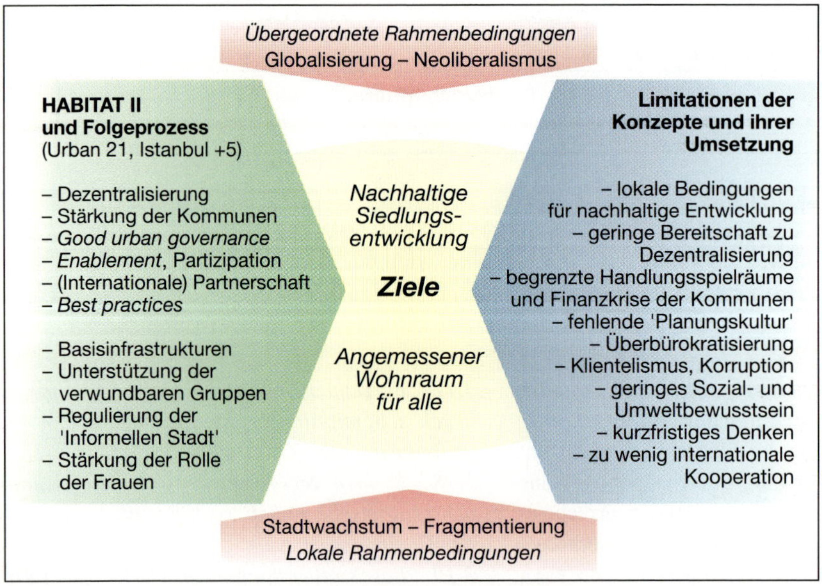

Martin Coy/Frank Zirkl: Handlungsfelder und Lösungsansätze nachhaltiger Stadtentwicklung in der Dritten Welt – Beispiele aus Brasilien. In: ebenda, S. 75

M 3.43 *Stadtzukünfte in der Dritten Welt zwischen Anspruch und Wirklichkeit*

3.21 *Erläutern Sie in arbeitsteiliger Gruppenarbeit das Schema „Stadtzukünfte". Hilfe leistet Ihnen dabei z. B. die Interseite http://www.unchs.org/Istanbul+5/*

Die Lokale Agenda 21

M 3.44 Leitbilder einer nachhaltigen Stadtentwicklung

An welchen Zielen soll sich eine nachhaltige Stadtentwicklung orientieren? Drei zentrale Leitbilder beherrschen die Diskussion:

- „Hinter der ‚ökologischen und ressourcensparsamen Stadt' verbirgt sich die Idee einer Stadt …, die der Umwelt so viel gibt, wie sie von ihr nimmt ... Wichtige Aspekte sind hierbei Energieeinsparung, Reduzierung des Wasserverbrauchs, Vermeidung und Verminderung von Abfall sowie Verwendung umwelt- und ressourcenschonender Baustoffe.
- Die ‚ökonomische Stadt' soll eine dauerhafte Leistungs- und Konkurrenzfähigkeit und wirtschaftliche Teilhabe gewährleisten, wozu nicht nur eine moderne technische Infrastruktur, sondern etwa auch ein breites Angebot an hochwertigen Aus- und Weiterbildungsmöglichkeiten erforderlich wäre.
- Die Vision der ‚sozialen Stadt' schließlich umfasst Forderungen nach Teilhabe und Schutz vor gesellschaftlicher Ausgrenzung in der Stadt. Der Erfolg misst sich etwa daran, ob breite Bevölkerungsschichten mit ausreichendem Wohnraum versorgt sind, eigenständig ihren Lebensunterhalt sichern können und Zugang zu sozialer Infrastruktur haben."

Stefan Schmitz: a. a. O., S. 9

Im Jahre 1992 verabschiedeten die Vertreter von 179 Staaten auf der „Konferenz für Umwelt und Entwicklung der Vereinten Nationen" (UNCED) in Rio de Janeiro die *„Agenda 21"*, ein globales Aktionsprogramm für nachhaltige Entwicklung. Im Kapitel 28 werden darin die Kommunen der Welt aufgefordert, in einen Dialog mit ihren Bürgern einzutreten, um eine Lokale Agenda 21 zu beschließen. Im Juli 2004 hatten bereits 2470 Kommunen in Deutschland einen Agendabeschluss gefasst.

→

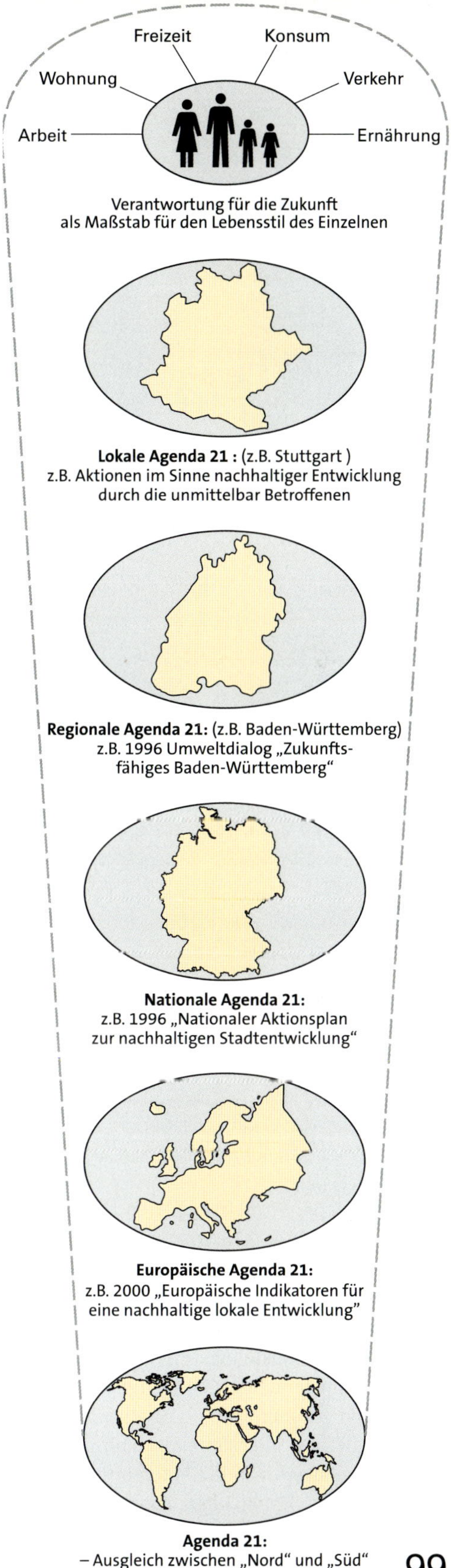

M 3.45 Räumliche Ebenen des Agenda-Prozesses

Wilfried Korby: TERRA global. Das Jahrtausend der Städte. Gotha: Klett-Perthes 2004, S. 46, ergänzt

M 3.46 *Prototypischer Aufbau eines Lokalen-Agenda-Prozesses*

Stefan Kuhn: Reden ist Silber ... Die Lokale Agenda 21 Jahre nach Rio. In: Petermanns Geographische Mitteilungen, Jg. 145, H. 5. Gotha: Perthes 2001, S. 69

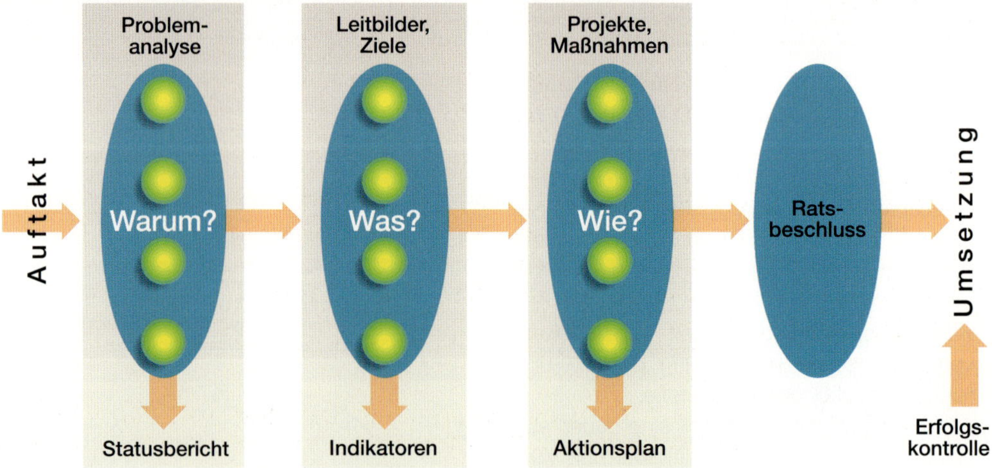

M 3.47 *Der Lokale-Agenda-21-Prozess*

„Unter dem Motto ‚global denken, lokal handeln' sollen insbesondere die Städte und Gemeinden eingebunden werden in eine Art Verursacherprinzip: Umweltzerstörung hat zwar globale Auswirkungen, aber sie findet dort statt, wo Menschen leben, produzieren, konsumieren, bauen, heizen, kochen, Auto fahren und ihre Freizeit gestalten. Also soll auch dort nach Lösungen gesucht werden. Dabei wird von der Überlegung ausgegangen, dass die Menschen ‚vor Ort' ihre persönliche Betroffenheit, ihre Kenntnisse und Interessen in die Gestaltung ihres Lebensraumes einbringen können ... Wichtig bei diesen Prozessen ist, dass jeder mitmachen kann, dass die Themen nicht von oben vorgegeben, sondern in den Arbeitskreisen selbst entwickelt werden."

Wilfried Korby: ebenda

Obwohl in der Lokalen Agenda soziale, wirtschaftliche und entwicklungspolitische Aspekte mit ökologischen verknüpft werden sollen, dominieren meist umweltorientierte Aktionen die kommunalen Handlungsfelder. Eine große Schwierigkeit besteht darin, nachhaltige Entwicklung zu messen und zu überprüfen. Die *Agenda 21* fordert deshalb, auf internationaler und nationaler Ebene ein Konzept von Indikatoren für nachhaltige kommunale Entwicklung auszuarbeiten.

M 3.48 *Die Funktion von Indikatoren*

„Indikatoren stellen dabei keinen Selbstzweck dar, sondern haben vielfältige Aufgaben. Sie können beispielsweise verwendet werden, um

- sich einen Überblick über die kommunale Nachhaltigkeit zu verschaffen,
- knappe Ressourcen, wie zum Beispiel die Fläche, intelligent zu nutzen,
- die wirtschaftliche Effizienz zu steigern,
- Fragen sozialer Gerechtigkeit zu behandeln,
- Stadtentwicklungsprozesse zukunftsweisend zu steuern oder um
- Öffentlichkeit und Bewusstsein für eine nachhaltige Entwicklung zu schaffen."

http://www.agendaservice.de/admin/download/indikatoren_neu.pdf

Für Deutschland wurde im Juli 2003 in Bonn ein Katalog von 20 erprobten Nachhaltigkeitsindikatoren vorgestellt, deren Einsatz allen Kommunen empfohlen wird. Er ist schwerpunktmäßig Indikatoren gewidmet, die die Wechselbeziehungen zwischen umweltpolitischen, sozialen und wirtschaftlichen Fragestellungen widerspiegeln (M 3.49). Die vorgestellten Indikatoren sind praxiserprobt, leicht zugänglich und kompatibel mit verschiedenen anderen Indikatorensystemen. Sie sollen die Kommunen in die Lage versetzen, ihren Fortschritt in Bezug auf nachhaltige Entwicklung direkt zu vergleichen.

***M 3.49** In Deutschland empfohlene gemeinsame Indikatoren zur kommunalen Nachhaltigkeit*

Zusammengestellt nach: http://www.agendaservice.de/admin/download/indikatoren_neu.pdf

	Handlungsfeld	Empfohlener Indikator
1	Abfall	Siedlungsabfälle in kg je Ew. · Jahr (ggf. zusätzlich Klärschlämme gesondert ausweisen)
2	Boden	Siedlungs- und Verkehrsfläche gemessen als Anteil in % der Gesamtfläche
3	Wasser	Trinkwasserverbrauch der privaten Haushalte (einschließlich Kleingewerbe und Dienstleistungsunternehmen) in l je Ew. · Tag
4	Niedriger Energie-Einsatz	Stromverbrauch a) der privaten Haushalte (einschließlich Kleingewerbe und Dienstleistungsunternehmen) b) der kommunalen Liegenschaften (einschließlich Straßenbeleuchtung) in kWh/Ew. · Jahr (a und b getrennt ausgewiesen)
5	Erneuerbare Energie	Installierte Leistung an erneuerbarer Energie (Photovoltaik, Biomasse, Wind- und Wasserkraft) in kW/Ew. Einwohner sowie Installierte Fläche solarthermischer Anlagen in m²/Ew. (getrennt ausgewiesen)
6	Mobilität	Anzahl der Pkw je 1000 Ew.
7	Ökosysteme und Artenvielfalt	Anteil der unter Naturschutz stehenden Flächen (Natura 2000 Gebiete, Naturschutzgebiete und Nationalparks) an der Gesamtfläche; zusätzlich Anzahl und Fläche der Naturdenkmale
8	Arbeit	Arbeitslosenquote (nach Möglichkeit differenziert nach: a) Geschlecht; b) Alter; c) Dauer)
9	Ausbildung	Anzahl der Ausbildungsverhältnisse je 1000 sozialversicherungspflichtig Beschäftigte
10	Wirtschafts-struktur	Anteil der sozialversicherungspflichtig Beschäftigten nach Wirtschaftsabteilungen (alternativ: nur nach Wirtschaftsbereichen)
11	Öffentl. Haushalte	Kommunale Schulden (Kernhaushalt und Eigenbetriebe) je Ew. in Euro
12	Betrieblicher Umweltschutz	Anzahl der Unternehmen mit zertifizierten Umweltmanagementsystemen (EMAS, DIN ISO 14.001 und Ökoprofit jeweils gesondert ausgewiesen)
13	Ökologische Landwirtschaft	Anteil der ökologisch bewirtschafteten Fläche an der gesamten landwirtschaftlich genutzten Fläche in der Gemarkung
14	Einkommen/Vermögen	Zahl der Empfänger von laufender Hilfe zum Lebensunterhalt je 1000 Ew.
15	Bevölkerungs- u. Siedlungsstruktur	Zahl der Zu- und Fortzüge je 1 Ew. und Wanderungssaldo
16	Geschlechter-gerechtigkeit	Verhältnis von Frauen und Männern im Kommunalparlament und in Leitungspositionen (Amtsleitung und höher) der Kommunalverwaltung
17	Internationale Gerechtigkeit	Kommunale Ausgaben für Entwicklungszusammenarbeit in % des kommunalen Haushalts sowie je Ew. (Projekte in Entwicklungsländern, Inlandsarbeit, internationale Organisationen und fair gehandelte Produkte)
18	Sicherheit	Bekannt gewordene Straftaten je 1000 Ew. (differenziert nach Delikten)
19	Familien-freundliche Strukturen	Zahl der Betreuungsplätze für Kinder (in kommunalen Einrichtungen und Einrichtungen in freier Trägerschaft) für die Altersgruppen „bis unter drei Jahre“ und „drei bis sechs Jahre“ bezogen auf die Gesamtzahl der Kinder in diesen Altersgruppen
20	Integration	Anteile der ausländischen und deutschen Schulabgänger ohne Hauptschulabschluss mit erfüllter Vollzeitschulpflicht aus Hauptschulen an der Gesamtzahl der ausländischen bzw. deutschen Schulabgänger mit Hauptschulabschluss im Vergleich

***3.22** Informieren Sie sich im Rahmen einer Internet-Recherche über die Folgekonferenzen des UN-Gipfels von Rio de Janeiro 1992.*

***3.23** Stellen Sie in einer Übersicht zusammen, welche Agenda-21-Projekte in Ihrer Gemeinde durchgeführt wurden oder geplant sind.*

***3.24** Erstellen Sie in arbeitsteiliger Gruppenarbeit eine Übersicht, welche die Indikatorenwerte nach M 3.49 Ihrer Gemeinde für einen Zeitraum von 10 Jahren aufgelistet hat bzw. auflistet.*

Nachhaltige Stadtentwicklung: Der Modellstadtteil Freiburg-Vauban

M 3.50 Schrägluftbild des neuen Stadtteils Freiburg-Vauban BA = Bauabschnitt

Das ehemalige Kasernengelände „Quartier Vauban" liegt etwa zweieinhalb Kilometer südlich des Freiburger Stadtzentrums in unmittelbarer Nähe eines Naherholungsgebietes. Bis 1992 lebten hier bis zu 6000 französische Soldaten. Im Rahmen einer *nachhaltigen Stadtentwicklung* soll bis zum Jahre 2006 die Konversion (Umwandlung) des ehemaligen 41,6 ha großen Kasernenareals zu einem neuen Stadtteil für 5000 Menschen mit 600 Arbeitsplätzen abgeschlossen sein.

M 3.51 Städtebauliche Ziele

„- Die Stadt Freiburg hat als Eigentümerin des Geländes noch vor Erstellung des städtebaulichen Entwurfs die folgenden Ziele formuliert, welche den Rahmen für die Entwicklung des neuen Stadtteils setzen:

- Schaffung von innenstadtnahem Wohnraum,
- Mischung von Wohnen und Arbeiten (neben dem Wohngebiet wird ein Misch- sowie ein Gewerbegebiet ausgewiesen),
- Schaffung von Wohnraum für verschiedene soziale Gruppen,
- Kleinteiligkeit der Parzellierung, Vielfalt in der Baustruktur,
- Erhaltung/Weiterentwicklung bestehender und Schaffung neuer Naturräume, Regenwasserversickerung
- Förderung öffentlicher Verkehrsmittel (Bus- und Stadtbahnanschluss) sowie des Fußgänger- und Fahrradverkehrs,
- Anschluss aller Gebäude an die Nahwärmeversorgung und obligatorische Niedrigenergiebauweise,
- Entwicklung eines Stadtteilzentrums mit Geschäften für den täglichen Bedarf,
- Familien- und Kinderfreundlichkeit u. a durch Errichtung einer Grundschule und Betreuungseinrichtungen für Kinder sowie – last but not least –
- die Einrichtung einer erweiterten Bürgerbeteiligung."

Carsten Sperling: Stadtquartiere als Keimzelle. In: Carsten Sperling (Hrsg.): Nachhaltige Stadtentwicklung beginnt im Quartier. Freiburg (Breisgau): Öko-Institut 1999, S. 19

In mehreren Forschungsprojekten wurde untersucht, ob das hochgesteckte Ziel einer nachhaltigen Stadtentwicklung erreicht wurde. Im Bereich der Ökologie wurde in einer aufwendigen Untersuchung Freiburg-Vauban mit einem nicht nachhaltigen Referenzstadtteil verglichen.

M 3.52 *Veränderung des Mobilitätsverhaltens (%) der Bewohner Vaubans nach ihrem Umzug in den Stadtteil*

http://www.forum-vauban.de/verkehrskonzept.shtml

Nutzung	Fahrrad	zu Fuß	Kraftrad	Auto	Car Sharing	Taxi	Bus/Tram	Zug
häufiger als früher	38,4	27,1	10,5	16,1	55,8	32,3	36,7	20,2
genauso oft wie früher	53,5	58,2	69,5	38,1	36,8	59,1	42,0	68,8
seltener als früher	8,1	14,7	20,0	45,8	7,4	8,6	21,3	11,0
Gesamt	100	100	100	100	100	100	100	100

M 3.53 *Zwischenergebnisse des Projektes Vauban im sozialen und ökonomischen Bereich*

- „Aufgrund des Mobilitätskonzeptes werden Straßen und ... öffentliche Plätze zu sozialen Begegnungsräumen sowie zu Spielplätzen ...
- Zirka 40 Baugruppen und Wohnprojekte sind bis Mitte 2002 entstanden. Innerhalb dieser Gruppen haben auch Menschen mit geringeren Einkommen die Möglichkeit, Eigentum zu erwerben, weil hier Rabatte möglich sind, die Einzelbauherren nicht bekommen …
- Mit der Einführung der erweiterten Bürgerbeteiligung 1995 und der sozialen Quartiersarbeit 1999 erhielten die Menschen eine Plattform, ihre Ideen und Wünsche auszudrücken, eigene Initiativen zu starten sowie Unterstützung durch hauptamtliche MitarbeiterInnen des Forum Vauban. Einige Beispiele sind die Aktivitäten rund um das Nachbarschaftszentrum, die Stadtteilfeste, Aktivitäten auf dem Marktplatz sowie das Stadtteilmagazin „Vauban actuel“ …
- Aufgrund der demographischen Situation (ca. 20 % der Vauban-BewohnerInnen sind unter 10) werden Angebote für Kinder und Jugendliche stärker benötigt als ursprünglich angenommen … Die Plätze in der Grundschule in Vauban werden von derzeit 240 auf über 550 im Schuljahr 2006/2007 ansteigen …
- Laut Kalkulationen der Projektgruppe Vauban sind im Quartier bislang 170 Arbeitsplätze entstanden (Stand 2002).“

http://www.forum-vauban.de/dubai-award.shtml

M 3.54 *Vauban – Klimagas-Emissionen im Vergleich zu den jährlichen Ausgaben in einem nicht nachhaltig projektierten Referenzstadtteil*

Nach Ökoinstitut Darmstadt/Freiburg/Berlin: Forschungsprojekt: Nachhaltige Stadtteile auf innerstädtischen Konversionsflächen: Präsentation Ergebnisse für Freiburg-Vauban, Okt. 2000, auf http://www.oeko.de/service/cities/

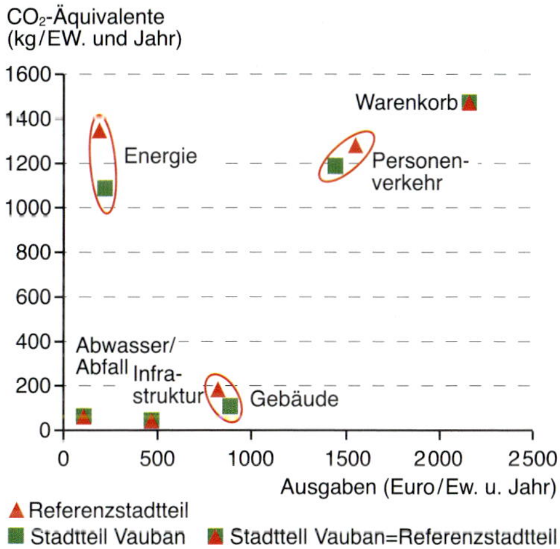

Lesebeispiel: Beim täglichen Einkauf (Warenkorb) werden in Freiburg-Vauban genau so viele Treibhausgase (gemessen als CO_2-Äquivalente) freigesetzt wie in einem nicht nachhaltigen Referenzstadtteil. Bei beiden sind auch die Ausgaben dafür gleich.

3.25 *Bewerten Sie die in Freiburg-Vauban durchgeführten Maßnahmen einer nachhaltigen Stadtteilentwicklung.*

3.26 *Informieren Sie sich über nachhaltige Bauplanungen in Ihrer Gemeinde.*

3.27 *Erörtern Sie die Frage: Kann Stadtentwicklung nachhaltig sein?*

GIS – Geographisches Informationssystem:

Wo befindet sich die nächste Diskothek? Wie weit ist es zur nächsten Haltestelle und wann fahren dort die Busse? Wie stark ist der Straßenlärm am Tag und in der Nacht? Wo finde ich eine Apotheke und wie sind ihre Öffnungszeiten? Zu welcher Art gehört der große Baum in meiner Straße?
Was anderswo umfangreiche Suchaktivitäten auslöst, gestaltet sich für die Bürger und Besucher von St. Gallen in der Ostschweiz recht einfach. Ihre Stadtverwaltung bietet „online“ wohl das umfangreichste Stadt-Geoinformations-System der Welt an. Mit frei wählbaren Planausschnitten können mehr als 30 weitere Themen verknüpft und die jeweilige Information als Symbol angezeigt werden. Mit jedem Symbol auf der Karte ist ein Informationsfenster verknüpft, das weitere detaillierte Auskünfte bereithält. Ein geographisches Informationssystem (GIS) ermöglicht dieses bürgernahe Auskunftsverfahren.
Für das GIS der Stadt St. Gallen wurden als geographische Grundinformationen Stadtpläne und Luftbildaufnahmen digitalisiert. Für mehr als 40 Themenbereiche wurden die Daten als Sachinformationen für einzelne Punkte oder für Flächen erfasst. Zusätzlich können mit den einzelnen Datenpunkten oder Flächen weitergehende Informationen verknüpft werden.

Wie funktioniert ein GIS?
Moderne GIS sind rechnergestützte Systeme aus Hardware, Software, Daten und Anwendungen. Sie verfügen über die Möglichkeit, raumbezogene Daten zu erfassen, zu archivieren, zu visualisieren und über räumliche Analysemöglichkeiten neue Informationen zu generieren. Durch die Kombination von Daten aus verschiedenen Themenbereichen entstehen neue Informationen, so können z. B. in einer Karte die Standorte von Diskotheken und Bushaltestellen gleichzeitig dargestellt und dazu noch weitere Informationen wie Telefonnummern oder Fahrpläne abgefragt werden. Sehr praktisch für die Planung des Heimweges!

M 3.55 Das geographische Informationssystem der Stadt St. Gallen
http://www.stadt.sg.ch/planen_-_bauen/stadtentwicklung/stadtplan.html

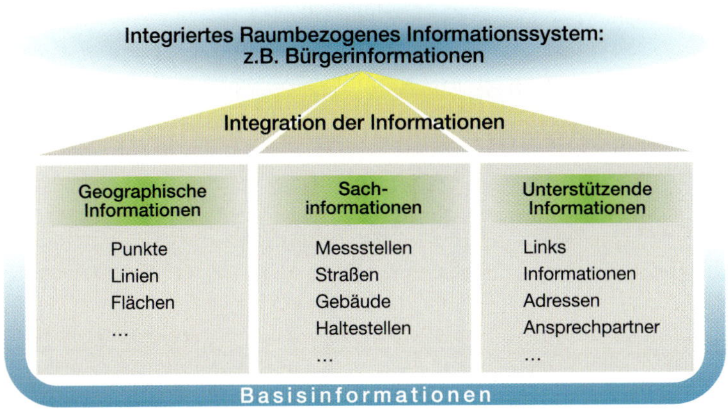

M 3.56 *Aufbau eines GIS*

3.28
Erstellen Sie ein einfaches Folien-GIS, z.B. zum vorgeschlagenen Thema, für einen kleinen, abgegrenzten Raum Ihrer Heimat-/Schulstadt. Geben Sie ausgehend davon Empfehlungen für die Ausweisung von weiteren Grünflächen oder für die Umwandlung von bestehenden Flächen.

GIS in der Schule

Neben digitalen GIS-Programmen, die bestimmte technische Voraussetzungen benötigen, lässt sich GIS als Methode im Unterricht relativ einfach und mit eingeschränktem Aufwand als selbst gefertigtes „Hardware-Folien-GIS“ praktizieren.

Im Bereich der Stadtökologie könnten so z. B. die nachfolgenden Aspekte untersucht werden.

- Luftqualität: gasförmige Schadstoffe, partikelförmige Schadstoffe (fächerübergreifend mit Chemie);
- Klimatologische Aspekte: Wärmeinseln;
- Lärmbelastung: Hauptverkehrsachsen, verkehrsberuhigte Zonen, Tag- und Nachtvergleich (fächerübergreifend mit Physik);
- Vegetation und Tierwelt: Artenzahl, Brachflächen (fächerübergreifend mit Biologie).

Einfacher Einstand: Ein Folien-GIS – z. B. zum Thema „Wärmeinsel Stadt“.

(vgl. „Methode Untersuchung vor Ort“, S. 83)

Ziel: Zusammenhänge zwischen der Art der Bebauung von städtischen Flächen und Lufttemperatur/Luftfeuchtigkeit erfassen.

Abfolge der einzelnen Schritte:

1. Festlegen von Arbeitshypothesen (z. B. „Im Bereich der begrünten Flächen ist die Lufttemperatur niedriger und die Luftfeuchtigkeit höher, es treten unterschiedliche tageszeitliche Schwankungen auf …“);
2. Abgrenzen des Untersuchungsraumes;
3. Beschaffen von geeigneten Karten (Vermessungsamt);
4. Begehung des Untersuchungsgebietes und Festlegung der Messpunkte;
5. Bildung von Arbeitsgruppen, die zu den festgelegten Zeiten (z. B. 8, 11, 14, 17, 20 und 23 Uhr) an den Messpunkten nach einheitlichen Kriterien Temperatur und Luftfeuchtigkeit messen;
6. Protokollieren der gemessenen Werte.

Varianten: Messung an verschiedenen Tagen mit unterschiedlichem Wetter, zu unterschiedlichen Jahreszeiten.

Die Ergebnisse der Untersuchung werden nun in der „Layer-Technik“ (jeder Layer entspricht einer Folie) festgehalten. Bei der Farb- und Signaturwahl muss man darauf achten, dass die einzelnen Farben und Signaturen möglichst eindeutig und gleichzeitig kombinierbar sind (z. B. Volltöne vermeiden).

- Folie 1: Straßen und Grundstücksgrenzen mit Gebäuden;
- Folie 2: Grünflächen (differenziert: z. B. Rasen, Bäume, gemischte Vegetation …);
- Folie 3: Lufttemperaturen um 8 Uhr;
- Folie 4: Luftfeuchtigkeit um 8 Uhr.

Weitere Folien könnten z. B. Lufttemperatur und -feuchtigkeit um 11, 14, 17, 20 und 23 Uhr beinhalten.

Danach erfolgt eine Überprüfung der Arbeitshypothesen.

4. Planungsraum Stadt

M 4.1 Flächennutzungsplan (links) und Bebauungsplan (unten) einer südostdeutschen Kleinstadt – Ausschnitte

Stadtzentrum von Bischofswerda (Sachsen) von Südwesten

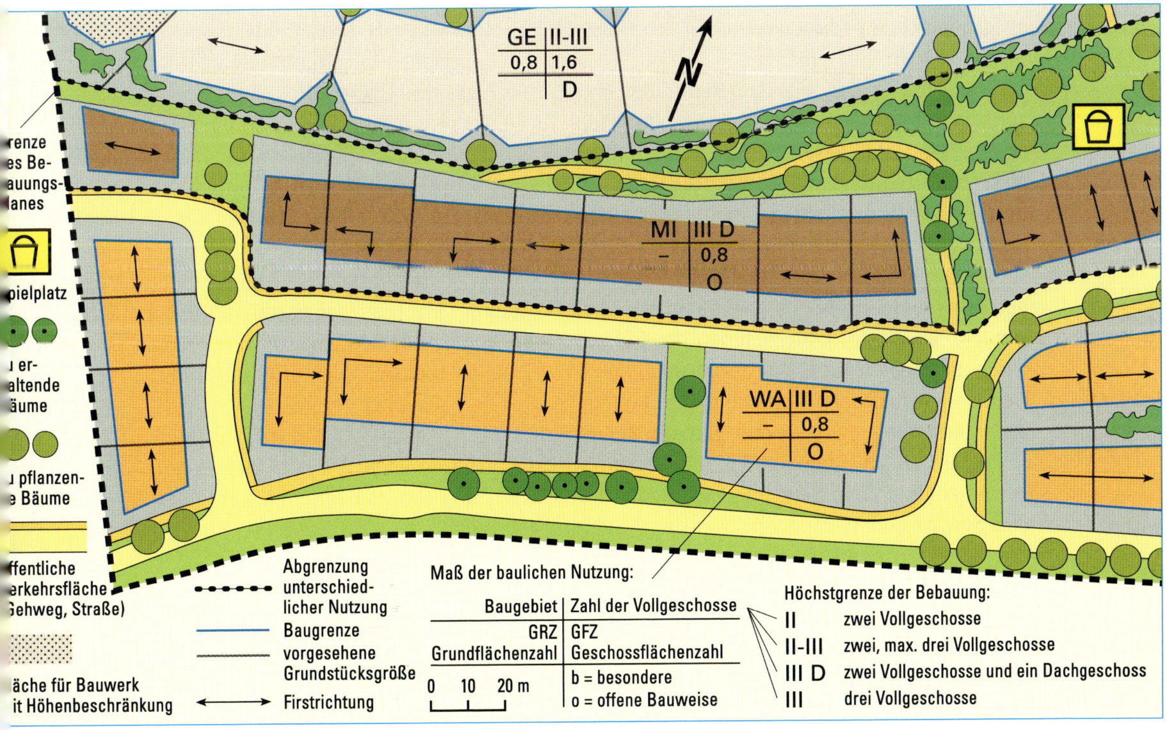

Strukturen und Prozesse in städtischen Teilräumen

M 4.2 Physiognomie und Nutzung eines Stadtteilraums (Marktplatz Bretten, Baden-Württemberg)

Städtische Akteure und Funktionen. Drei Nutzungsgruppen bzw. -formen gestalten den Handlungsraum Stadt:

1. die Bewohnerschaft, die den Stadtraum entsprechend ihrer unterschiedlich ausgeprägten materiellen und gesellschaftlichen Bedürfnisse und Möglichkeiten in der Regel längerfristig als Wohn-, Arbeits- und Lebensraum nutzt (Stadt als Sozialraum),
2. Akteure, für die die Stadt Standort wirtschaftlich-unternehmerischer Zwecke ist. Hierbei handelt es sich um Unternehmen des Sekundären und überwiegend des Tertiären Sektors. Deren wirtschaftliche Verflechtungen können innerstädtische, regionale bis globale Reichweiten aufweisen (Stadt als Wirtschaftsraum),
3. vermittelnde und vernetzende Funktionen für den Sozial- und Wirtschaftsraum einer Stadt mit zumeist öffentlichem Charakter. Hierzu zählen insbesondere:
   - Verwaltungseinrichtungen mit örtlichem und überörtlichem Einzugsbereich,
   - Verkehrsflächen, -netze und -knoten, z. B. Straßen, Schienennetze, Bahnhöfe oder Häfen,
   - Freiflächen mit Ver- und Entsorgungsfunktion, wie z. B. Rieselfelder oder Müllkippen,
   - Freiflächen mit Erholungsfunktion, wie z. B. Parks und Sportstätten,
   - Areale mit besonderen ökologischen Funktionen, wie z. B. Schneisen für die innerstädtische Frischluftzufuhr.

In Städten trifft somit eine Vielzahl von Funktionen aufeinander, die entsprechend den unterschiedlichen räumlichen Anforderungen die Ausbildung verschiedener Stadtteilräume zur Folge hat. In der Regel wächst mit der Stadtgröße der Grad der funktionalen Differenzierung.

4.1 *Beschreiben Sie die Ausstattung des in M 4.2 abgebildeten Stadtteilraums.*

4.2 *Bewerten Sie den Stadtteilraum unter ästhetischem Aspekt.*

4.3 *Geben Sie an, welche Nutzungsmöglichkeiten der Stadtteilraum bietet.*

4.4 *Überlegen Sie, welche Lage innerhalb der Gesamtstadt der abgebildete Stadtteilraum einnehmen könnte. Begründen Sie Ihre Zuordnung.*

Neben Teilräumen, die einen klaren Schwerpunkt bei ihrer funktionalen Ausstattung besitzen – City, Wohngebiete, Gewerbe- und Industriegebiete –, weisen Städte auch Zonen mit funktionaler Mischung auf. Dies zeigt sich z. B. beim City-Mantel, in dem sich Wohn- und gewerbliche Funktionen durchdringen. Vor allem die Stadtränder sind infolge der *Suburbanisierungsprozesse* (vgl. S. 124–127) funktional häufig nicht mehr abgrenzbar.

Jede städtische Funktion besitzt spezifische Raumansprüche. So ist für den Einzelhandel gute Erreichbarkeit und daher eine zentrale Lage notwendig. Wohngebiete finden sich in unterschiedlichen Teilräumen und spiegeln mit ihrer jeweiligen Lage den sozialen Status ihrer Bewohnerschaft wider. Ausreichende Flächenverfügbarkeit spielt für gewerbliche Funktionen eine große Rolle, weswegen von ihnen in hohem Maße Stadtrandlagen bevorzugt werden.

Städtische Funktionen müssen nicht immer an den für sie optimalen Standorten angesiedelt sein, da unter Umständen mehrere Funktionen um ein und denselben Standort konkurrieren können.

Die City – Zentrum der Stadt

Subjektive Wahrnehmung der City

Der Stadtraum wird von seinen Nutzern subjektiv unterschiedlich wahrgenommen. Die Befragung von Besuchern der Kölner *City* etwa hinsichtlich der Abgrenzung dieses zentralen städtischen Teilraums ergab deutlich voneinander abweichende räumliche Ausbreitungsmuster. Gemeinsam war allen Befragten lediglich die Ostgrenze der City, der Rhein. Weniger als ein Prozent bezogen den rechtsrheinischen Kölner Stadtteil Deutz mit ein.

4.5 *Suchen Sie nach Gründen für die individuellen Unterschiede bei der Abgrenzung der Kölner City durch verschiedene Besucher (M 4.3).*

4.6 *Überlegen Sie, für welche städtischen Akteure die Befragung zur Abgrenzung der Kölner City von Interesse sein könnte. Begründen Sie, warum dies so ist.*

M 4.3 *Die Abgrenzung der Kölner City aus der Sicht ihrer Nutzer*

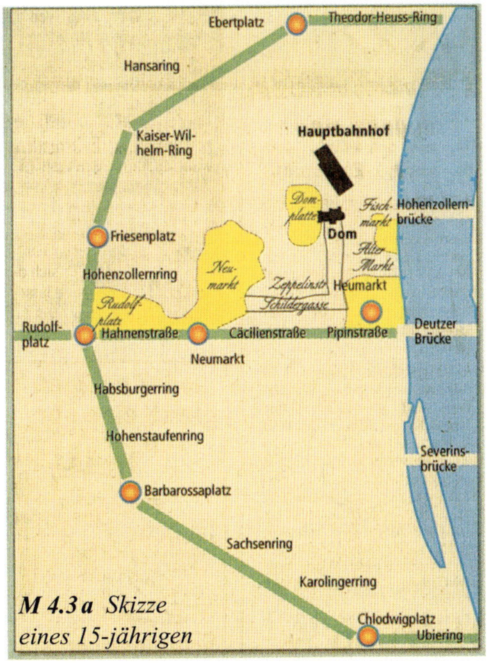

M 4.3 a *Skizze eines 15-jährigen*

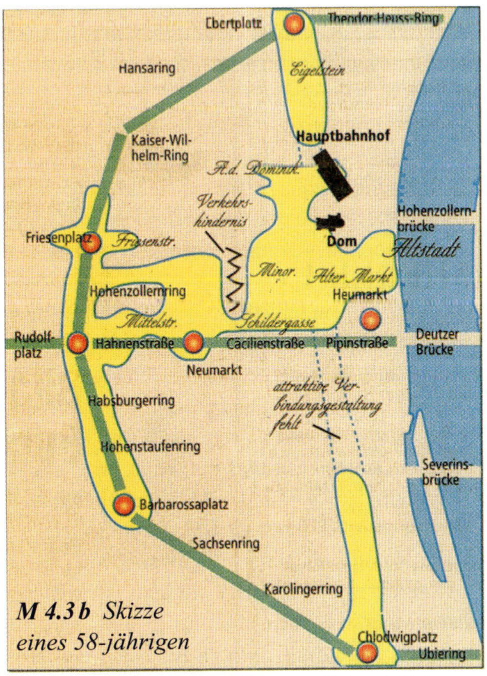

M 4.3 b *Skizze eines 58-jährigen*

Aufgabe für die Befragten war: Skizzieren Sie innerhalb des vorgegebenen Straßenplans die Kölner City

Quelle s. M 4.4, S. 110

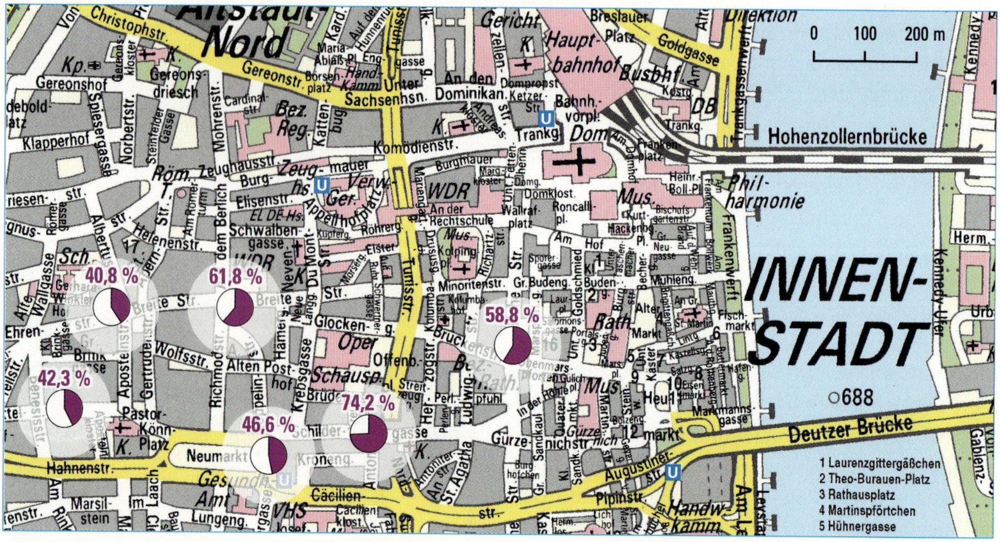

M 4.4 Kölner Innenstadt mit Besucherhäufigkeiten bekannter Straßen in der City (Prozent der Nennungen bei 2 400 befragten Personen) *Quelle für M 4.3 und M 4.4: Barbara aus der Wiesche in Auswertung einer Studie von Jürgen Friedrichs in: Kölner Stadtanzeiger vom 8./9., 11. März 1997. Köln 1997*

Citymerkmale

So wie die Umfrage die Subjektivität zeigt, mit der Teile der Kölner Innenstadt als *City* wahrgenommen werden, so besitzt der Begriff „City" selbst keine eindeutige Definition. Im allgemeinen Sprachgebrauch wird mit der „City" ein Stadtraum assoziiert, der

- den Stadtmittelpunkt bildet,
- physiognomische Besonderheiten aufweist, wie etwa eine hohe Bebauungsdichte und große Bauhöhe, architektonisch besondere und unter Umständen historische Gebäude,
- durch Menschenmengen und eine hohe Verkehrsdichte ein lebhaftes Umfeld zu bestimmten Tageszeiten aufweist,
- besondere Aufenthalts- und Erlebnisräume umfasst, wie z. B. Fußgängerzonen, Plätze, innerstädtische Einkaufszentren, Cafés und Kneipen,
- ein besonderes Einkaufsverhalten ermöglicht, das relativ zeitaufwändig ist, zu dem Shopping, Bummeln oder das Aufsuchen von Spezialgeschäften und -dienstleistungen gehört.

Die Gleichsetzung der City mit dem Begriff „*Innenstadt*" erfolgt vor dem Hintergrund der meist zentralen Lage der City. Die Bezeichnung „*Altstadt*" hat mit ihrem Bezug zum mittelalterlichen Stadtkern stadtgenetische Bedeutung. Dank ihrer zentralen Lage kann die Altstadt mit der City identisch oder zumindest Teilraum der City sein, muss es aber nicht. In der Regel liegt die City im europäischen Raum zwischen Altstadt und Bahnhof.

Mithilfe empirischer Verfahren wird über verschiedene Indikatoren versucht, die City gegenüber angrenzenden städtischen Funktionsräumen abzugrenzen, z. B. über Bodenpreis, Beschäftigtenstruktur oder Flächen- und Gebäudenutzung. Eine alle Wesensmerkmale der City umfassende Abgrenzungsmethode existiert allerdings nicht.

Der geographische Citybegriff beschreibt die City daher als funktionales Zentrum der Stadt. Es ist der Stadtraum mit der höchsten Konzentration hochrangiger zentraler tertiärer Wirtschafts- und Verwaltungsfunktionen. Hierfür werden in amerikanischen Städten die Bezeichnungen „*Downtown*" oder „*Central Business District" (CBD)* verwendet. Typisch für die City ist eine funktionale Viertelsbildung.

Genutzt werden City-Gebäude vorwiegend durch:

- Verkaufsstätten des Einzelhandels, z. B. Kaufhäuser, Boutiquen, innerstädtische Einkaufszentren,
- Büros für private/öffentliche Dienstleistungen,
- gastronomische Einrichtungen,
- kulturelle Einrichtungen, wie z. B. Konzertsäle, Theater, Museen, Galerien.

Citybildung

M 4.5 Begriff und Prozess der Citybildung

„Der deutsche Begriff City leitet sich ab aus der frühen Konzentration von Bürofunktionen in der historischen City of London, in der sich schon im 18. Jh. mit dem aufkommenden und sich rasch entfaltenden Banken- und Versicherungswesen der Prozess der Citybildung ... beschleunigte."

Heinz Heineberg: Grundriss Allgemeine Geographie: Stadtgeographie. Paderborn u. a.: Schöningh 2000, S. 161

Kennzeichen dieses Prozesses „war die weitgehende Verdrängung der Wohnbevölkerung und Auffüllung mit kommerziellen und administrativen Funktionen ... Anlass zu dieser Entwicklung gab die enorm steigende Nachfrage nach Geschäfts- und Büroraum im Gefolge des Wirtschaftswachstums im Zeitalter der Industrialisierung und der ebenfalls rasch zunehmenden Funktionstrennung nicht nur von Wohn- und Arbeitsstätten, sondern auch der sich innerhalb der Wirtschaft vollziehenden räumlichen Trennung von Produktion auf der einen, Verteilung und Verwaltung auf der anderen Seite. Hinzu kam, dass relativ bald ... die Beschäftigung im tertiären Sektor schneller anzuwachsen begann als die im sekundären Sektor."

Burkhard Hofmeister: Stadtgeographie. 7. Aufl. Braunschweig: Westermann 1997, S. 162

Der Einzelhandel als City-Funktion

Die *City* bildet den städtischen Nutzungsraum, der aufgrund seiner zentralen Lage und intensiven verkehrsmäßigen Erschließung im Hinblick auf den Gesamtraum der Stadt inner- und überstädtisch ein Höchstmaß an Erreichbarkeit aufweist. Dementsprechend siedeln sich in der City in erster Linie solche Funktionen an, deren Umsätze über eine hohe Besucher- bzw. Kundenfrequenz erzielt werden, wie dies für den Einzelhandel typisch ist. Der Wettbewerb verschiedener Einzelhandelsbranchen um einen Standort in der City führt aufgrund des begrenzten Flächenangebots zu hohen Flächenpreisen. Die City ist daher Standort insbesondere solcher Branchen, die in der Lage sind, hohe Mieten zu bezahlen. Dies trifft für Branchen mit einem hoch qualitativen, spezialisierten Angebot des langfristigen Bedarfs zu, wie z. B. Schmuck oder exklusive Bekleidung. Für diese Güter lassen sich hohe Verkaufspreise erzielen; eine überörtliche Reichweite einer kaufkräftigen Kundschaft ist durch die Verkehrslage der City gegeben.

Aus dem Wettbewerb um teure Einzelhandelsflächen gehen häufig Filialen überregionaler Geschäftsketten zu Lasten alteingesessener Familienunternehmen als Sieger hervor (Filialisierung). Hierzu gehören auch so genannte „Schnelldreher": Ladenketten, die auf einen möglichst raschen Umsatz großer Produktmengen zu Niedrigpreisen ausgerichtet sind. Gleichzeitig prägen in jüngster Zeit vermehrt Leerstände von Ladenlokalen die City. Hierfür ist vor allem die Konkurrenz des Einzelhandels im suburbanen Raum in hohem Maße verantwortlich (vgl. S. 124–127).

***M 4.6** Passantenfrequenzen in führenden Einkaufsstraßen deutscher Großstädte*

Nach www.kempers.de

Rang	Stadt	Einkaufsstraße	Zahl Passanten
1	Köln	Schildergasse	17 460
2	München	Kaufingerstraße	14 895
3	Frankfurt	Zeil	11 595
4	Mannheim	Kurpfalzstraße	11 455
5	Dortmund	Westenhellweg	11 145
6	Mannheim	Planken	10 770
7	Düsseldorf	Schadowstraße	10 530
8	München	Weinstraße	10 520
9	Hannover	Georgstraße	9 990
10	Bremen	Obernstraße	9 750

Zählung: Samstag, 05. Juni 2004, 12.00 bis 13.00 Uhr

4.7 *Untersuchen Sie das Zentrum Ihrer Heimat- oder Schulstadt im Hinblick auf Merkmale einer City. Ermitteln Sie Erreichbarkeit, bauliche Besonderheiten, spezielle Erlebnisräume, Einkaufsmöglichkeiten, weitere Nutzungen. Halten Sie Ihre Ergebnisse in einer Karte oder Kartenskizze fest.*

4.8 *Ermitteln Sie die Passantenfrequenz in der Hauptgeschäftsstraße zu einem Zeitpunkt, der ein hohes Aufkommen erwarten lässt.*

4.9 *Grenzen Sie die City Ihrer Heimat- oder Schulstadt ab und diskutieren Sie unterschiedliche Ergebnisse.*

M 4.7 Düsseldorfer Innenstadt von Südosten

Das Planungsamt der Stadt Düsseldorf grenzt innerhalb der Innenstadt den historischen Stadtkern von der City und der übrigen Innenstadt sowie seit den 1990er Jahren den umgebauten Zollhafen (Medienhafen) ab.

***M 4.8** Teilräume der Düsseldorfer Innenstadt*

„Der historische Stadtkern umfasst die Stadtteile Alt- und Karlstadt … Der Straßengrundriss zeigt noch heute den mittelalterlichen Zuschnitt. Die Ansicht der Rheinfront bildet mit den vom Rhein aus wahrnehmbaren Kirchtürmen, kleineren Hochhäusern und den sonstigen Verwaltungs- und Wohnbauten eine abwechslungsreiche Silhouette …

Die City umfasst den Stadtteil Stadtmitte und die Kern-Gebiete an der Friedrich- und Elisabethstraße. Zu diesem Bereich zählen das Bahnhofsviertel und die großen Straßenräume Am Wehrhahn, Oststraße und Immermannstraße mit ihren jeweiligen Funktionen als Einkaufs- und Büroarbeitsschwerpunkte … In der City befindet sich mit rd. 90 000 Arbeitsplätzen die größte Arbeitsplatzkonzentration Düsseldorfs. Dieser Bereich ist im Flächennutzungsplan und in Bebauungsplänen als Kerngebiet (MK) ausgewiesen und durch hohe Zentralität der regionalen und städtischen Erreichbarkeit (U-Bahn, Hauptbahnhof) gekennzeichnet. In den Kerngebieten gibt es aber z. T. auch stark wohnorientierte Bereiche, … die in dem Innenstadt-Bebauungsplan als Wohnsicherungsbereiche ausgewiesen sind.

Die übrige Innenstadt wird mit der spätgründerzeitlichen Bebauung in den Stadtteilen Unterbilk, Friedrichstadt und Pempelfort beschrieben. Diese mit nahezu homogener Bauhöhe (4 Geschosse, häufig mit Staffelgeschoss) charakterisierten Baublöcke werden zumeist gemischt genutzt, sind jedoch durch eine deutliche Wohnnutzung belegt. Die Struktur ist gekennzeichnet durch eine geschlossene Bebauung mit reiner Wohnnutzung an den Blockrändern, zumeist ab dem 1. OG und mit kleingewerblicher Nutzung auf den Blockinnenflächen."

http://www.duesseldorf.de/planung/stadtentw/hochhaus/hhkonzept/printversion pdf

M 4.9 *Ausschnitt Flächennutzungsplan Düsseldorf*

Nach http://www.duesseldorf.de/planung/stadtentw/entwicklungsgeb, ergänzt

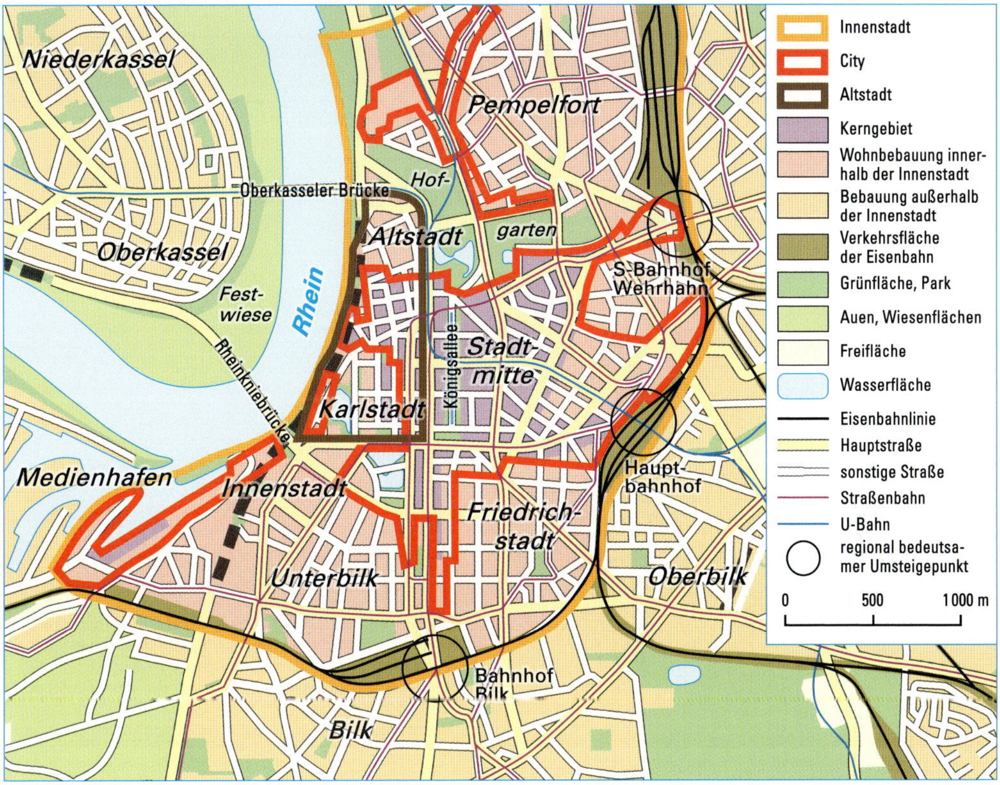

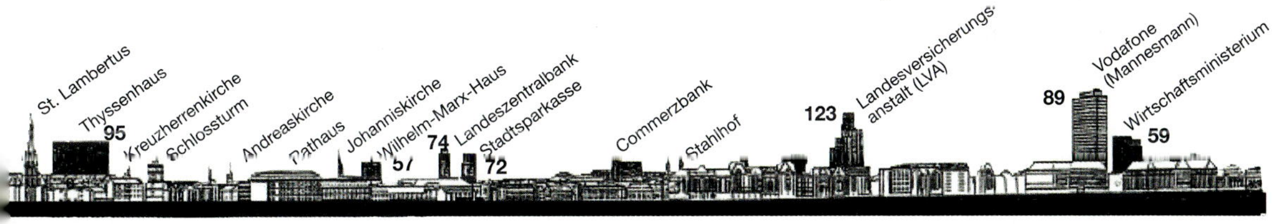

M 4.10 *Rheinfront der Düsseldorfer Innenstadt mit Angabe der Geschosszahl der Hochhäuser*

Anmerkung zum „Stahlhof“: Dieses elfgeschossige Hochhaus hat für die Geschichte Düsseldorfs eine besondere Bedeutung. Hier ließ sich 1926 die Führungszentrale des Zusammenschlusses der westdeutschen Stahlindustrie zu den Vereinigten Stahlwerken AG (Vestag) nieder und begründete den Ruf Düsseldorfs als „Schreibtisch des Ruhrgebietes“.

4.10 *Wenden Sie mithilfe der Karte M 4.9 am Beispiel Düsseldorf die Begriffe „Innenstadt“, „City“ und „Altstadt“ an.*

4.11 *Ordnen Sie den Flächennutzungsplan und das Profil der Rheinfront dem Luftbild zu. Welche Bereiche der Innenstadt Düsseldorfs sind auf dem Luftbild zu erkennen? Stellen Sie die Bereiche, ihre physiognomischen Merkmale und Funktionen (vgl. „Citymerkmale“ auf S. 110) tabellarisch zusammen.*

4.12 *Bewerten Sie die Erreichbarkeit der Düsseldorfer City (M 4.9, Atlas).*

Einzelhandel in der Düsseldorfer City.

M 4.11 *Die Königsallee – 1a-Lage*

„Die Düsseldorfer Königsallee gehört zu der kleinen Gruppe international bekannter Straßen, die sich zurecht als Boulevard bezeichnen. ... Knapp einen Kilometer lang erstreckt sich die Königsallee von Nord nach Süd, vom Hofgarten bis zur Friedrichstadt. Geprägt wird der Boulevard durch den 580 Meter langen und 32 Meter breiten Stadtgraben ... Getrennt durch das Wasser des Stadtgrabens haben sich Ost- und Westseite unterschiedlich entwickelt. Die Westseite ist vor allem Bankensitz. Ganz anders dagegen die Ostseite, wo der Einzelhandel dominiert. Nicht zu übersehen ist der Hang zu Exklusivität ... Untersuchungen ergaben, dass rund ein Drittel des Käufer-Publikums aus dem Großraum Düsseldorf kommt, zwei Drittel jedoch aus aller Welt."

http://www.duesseldorf.de/presse/sights/koenigsallee/index.shtml

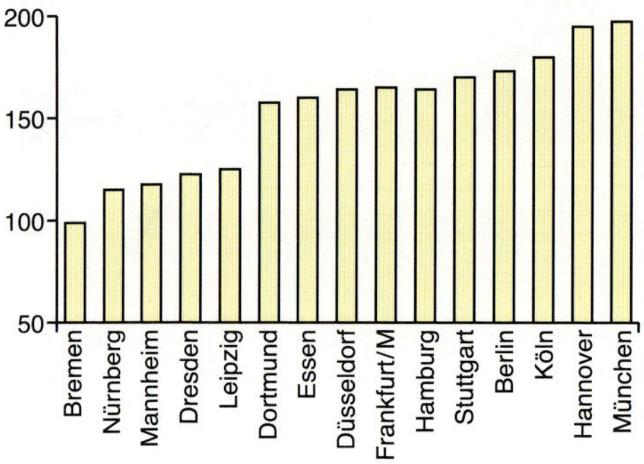

M 4.12 *Entwicklung des Mietpreisindex (2000 = 100) für Einzelhandelsflächen in 1a-Lagen bundesdeutscher Großstädte 2000–2006*

Nach http://www.bulwien.de/quarterly/2001-12.pdf

M 4.13 *Kennzeichen für den Einzelhandel in 1a-Lage Düsseldorf, Juli 2004*

Nach Kemper's City Profil Düsseldorf 2004

Kennzeichen	Ausprägung	bundesweiter Rang*
Kaufkraftkennziffer/Ew.**	114,8	5
Filialisierungsgrad***	74,7 %	
durchschnittlicher Mietpreis		
100-m²-Ladenlokal	175 Euro/m²	6
1000-m²-Ladenlokal	80 Euro/m²	
Länge der Straßenfronten	3 078 m	
Branchenstruktur		
Textil	40,7 %	
Schuhe	10,3 %	
Drogerien/Parfumerien	4,3 %	
Schmuck/Juwelier	9,5 %	
Gastronomie/Food	10,3 %	
Sonstige	24,9 %	

* Rangordnung unter 100 Städten Deutschlands

** Hier ist nur der Teil der Kaufkraft angegeben, der ausschließlich einzelhandelsrelevant ist und den Teil für Sparen und Versicherungsausgaben ausklammert. Je höher die Kennziffer, desto günstiger sind die Rahmenbedingungen für den örtlichen Einzelhandel.

*** Prozentualer Anteil der Filialunternehmen an den insgesamt ansässigen Einzelhandelsbetrieben

4.13 *Nennen Sie Merkmale, welche die „Kö" als hochrangige Geschäftsstraße charakterisieren.*

4.14 *Recherchieren Sie im Internet, inwieweit die Branchenstruktur der „Kö" typisch für 1a-Lagen in bundesdeutschen Großstädten ist.*

4.15 *Ermitteln Sie den Filialisierungsgrad am Südende der „Kö" durch eine Analyse der Firmennamen der ansässigen Geschäfte.*

M 4.14

Branchenstruktur am Südende der „Kö"

Daten nach Kemper's City Profil Düsseldorf 2004

DOB: Damenoberbkleidung > 25 Jahre

HAKA: Herrenkonfektion

Passantenfrequenz 5.6.2004/12–13.00 Uhr: 5 610

M 4.15 „Kaufhaus mit Gleisanschluss" – Leipzigs Hauptbahnhof

Cityentwicklung

Im Zusammenhang mit der Verlagerung der Wohnfunktion in Stadträume außerhalb der City (*Suburbanisierung*, s. S. 124–127) ergeben sich ausgeprägte Berufs- und Einkaufspendlerströme, die zu starken Belastungen führen können. Gleichzeitig erwächst der City aus der Suburbanisierung erhebliche Standortkonkurrenz. Nicht nur die im Gefolge der Bevölkerungsverlagerung in periphere Stadtteile auf der „Grünen Wiese" errichteten großflächigen Einkaufszentren gefährden die Attraktivität der City. Konkurrenz bilden ebenso Bürokomplexe außerhalb des Zentrums, ausgestattet mit moderner Infrastruktur und großem Flächenangebot. Insbesondere der *Central Business District* vieler US-amerikanischer Städte ist von enormen Attraktivitätsverlusten betroffen.

Für die City sind daher attraktivitätssteigernde Maßnahmen unentbehrlich. Hierzu sind funktionale und physiognomische Flächen- und Gebäudeumwidmungen zur Aufrechterhaltung bzw. Steigerung des Publikumsaufkommens notwendig. Diesem Zweck dient z.B. der Umbau zentral gelegener Hauptbahnhöfe mit ihren hohen Pendlerströmen zu erlebnisorientierten Einkaufspassagen. Branchenmix und das räumliche Nebeneinander eines Warenangebots unterschiedlicher Qualitätsstufen, kombiniert mit einer erlebnisorientierten gesteigerten Aufenthaltsqualität sind typische Kennzeichen der jüngsten Entwicklungen (innerstädtische Malls, Hauptbahnhofgebäude als erlebnisorientierte Einkaufspassagen).

M 4.16 Shopping Mall SEVENS auf der Düsseldorfer „Kö" (vgl. M 4.14)

Bau: 1997–2000; Lage: Ostseite der Königsallee

M 4.17 Werbetext der Shopping Mall SEVENS

„Das SEVENS ist die erste Shopping Mall, in der Sie Geizen und Prassen können. Auf 7 Ebenen und mehr als 15000 m² finden Verbraucher in der Mall Discounter, Nobelboutiquen, Sushi-Restaurant vis a vis Stehcafé. Aber immer renommierte Namen – einerseits Joop!, STRENESSE, Odeon oder Marlies Möller. Andererseits Saturn und Das Depot. Gerade noch auf Schnäppchenjagd und im nächsten Moment im Luxus schwelgen. Ein Phänomen, das Marktforscher als stabilen Konsumtrend identifiziert und einerseits hybrides Kaufverhalten, andererseits Smart Shopping getauft haben, nimmt im SEVENS auf der Düsseldorfer Königsallee auch in Deutschland erstmals Form an." *www.sevens.de*

***4.16** Erläutern Sie mithilfe der Lage und Ausstattung Ziele der beiden Entwicklungsmaßnahmen in Leipzig und Düsseldorf.*

***4.17** Leiten Sie aus den Entwicklungsmaßnahmen mögliche Reaktionen von Inhabern vorhandener Geschäfte in der City Leipzigs bzw. Düsseldorfs ab.*

M 4.18 *Einfamilienhäuser der Mittelklasse*

M 4.19 *Mietwohngebäude der Mittelklasse*

Funktion Wohnen – Entwicklungen im städtischen Sozialraum

M 4.20 *Wohnkarrieren in deutschen Städten*

Lebenszyklus	Wohnzyklus
1. Phase Junge Leute, z. B. Azubis, Studenten, Single	Auszug aus dem Elternhaus; Suche nach ausbildungs- und arbeitsplatzorientiertem Wohnstandort im urbanen Umfeld
2. Phase Familiengründung Anfang 30/ fortgesetztes Singleleben Karriere/Arbeitsplatzwechsel: unter Umständen mehrfache Umzüge, erhöhter Mobilitätszwang	Neue Wunschkriterien: Nachbarschaft, mehr Wohnfläche, evtl. Eigentum, „Wohnen im Grünen" oder „urbanes Leben", bei Kindern: kindgerechtes Umfeld; Suche innerhalb der Stadt, bei fehlendem passenden Angebot Abwanderung in die Region; Abwägen von Mieten, Grundstückspreisen, Pendlerkosten, Wohnumfeld
3. Phase Rentner/ Pensionär	Verbleib im gewohnten Wohnumfeld/Umzug in neu gewählten Altersruhesitz

Wohnungen müssen bezahlt werden

Während des gesamten Lebenszyklus hängt die Qualität einer Wohnung in hohem Maße von den zur Verfügung stehenden finanziellen Mitteln für die Erfüllung der *Grunddaseinsfunktion* „Wohnen" ab. Dabei spielt nicht nur die Höhe des momentan und künftig zur Verfügung stehenden Einkommens eine Rolle, mitentscheidend ist die Zahl der Personen, die davon versorgt werden muss. Hinzu kommt der städtische Wohnungsmarkt mit seinem stark variierenden Angebot an Mieten und Preisen für Wohnungen und Wohngebäuden je nach Qualität.

Insbesondere zu Beginn der 2. Phase des Lebenszyklus (M 4.20) ergibt sich eine größere Klarheit über die kommenden familiären Entwicklungen und die damit zusammenhängenden Bedürfnisse und Möglichkeiten bezüglich der Wahl des Wohnstandortes. Die Ansparzeit des für die Anschaffung einer Immobilie (Eigenheim, Eigentumswohnung) notwendigen Kapitals umfasst einen mehrjährigen Zeitraum, dessen Ende häufig ebenfalls in diese Phase des Lebenszyklus fällt.

Weststadt, 3-Zi.-Altbau, ruhig, 540 Euro
Neureut, 2 Zi., auf Wunsch teilmöbliert, 350 Euro
Weststadt, 4 Zi., 1. OG, separate Dusche/WC, Garage, 850 Euro
Möbliertes 1-Zi.-App., Küche, Bad, 290 Euro
Innenstadt, 2 Zi., ca. 90 m², 710 Euro
Knielingen, 2 Zi., Part., Terr., ca. 70 m², 470 Euro.
Zentrum, 4 Zi., Balkon, ca. 107 m², 700 Euro
Mühlburg, 1 Zi., ca. 30 m², Nachtspeicheröfen, 150 Euro

M 4.21 *Auszüge aus Mietwohnungsanzeigen – Angebote am Beispiel Karlsruhe (Kaltmiete ohne Nebenkosten, Lage der Stadtteile s. M 4.27, S. 119)*

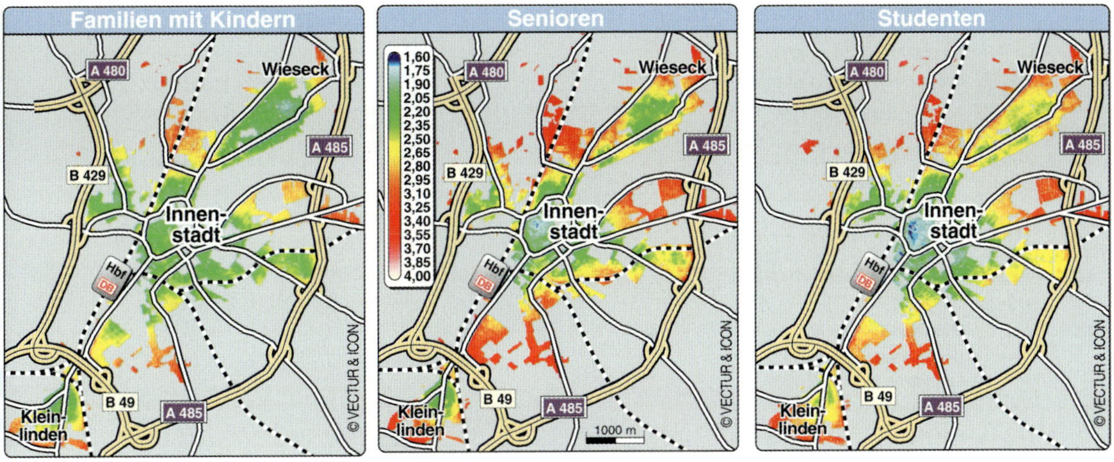

M 4.22 Altersspezifische Wohnlagequalität in Gießen

Thomas Christiansen/Thomas Gumm: Kurzer Weg zum Ideal. In: Rheinischer Merkur, Nr. 40 vom 02.10.2003. Verlag Rheinischer Merkur: Bonn 2003; nach Institut für Geographie der Universität Gießen

Wohnlagequalität – das Beispiel Gießen

Bei der konkreten Wohnungssuche wirken außer den finanziellen zahlreiche weitere Entscheidungskriterien mit, neben solchen, die die Wohnungsausstattung betreffen, insbesondere Lagekriterien. Bei einer Untersuchung der Wohnlagequalität verschiedener Stadtteile in der Stadt Gießen wurden 24 Versorgungs- und infrastrukturelle Einrichtungen (M 4.23) quantitativ und qualitativ innerhalb der gesamten Stadt erfasst, um für drei Altersgruppen – Studierende, Familien mit kleinen Kindern, Senioren – ein Bild der jeweils bevorzugten Wohnlage zu erhalten. Eine altersgruppenbezogene qualitative Gewichtung, wie z.B. die Bedeutungslosigkeit der Nähe einer Grundschule zur Wohnung für Senioren, floss mit in die Untersuchung ein. Auch Aspekte wie „Lärmbelästigung", „Anzahl der eine Haltestelle anfahrenden Linien" oder „Schulwege entlang viel befahrener Straßen" wurden bei der Bewertung mitberücksichtigt.

Die Note 1 gibt die höchste Stufe der Wohnlagequalität an (M 4.22).

4.18 *Ordnen Sie die Wohnungsangebote in M 4.21 nach Preis, Größe und Ausstattung. Weisen Sie den Angeboten mithilfe von M 4.20 mögliche Interessenten/Interessentengruppen zu.*

M 4.23 Versorgungs- und Infrastruktureinrichtungen als Kriterien zur Ermittlung der Wohnlagequalität in Gießen

- Bäcker- und Lebensmittelläden sowie Postfilialen
- Fitnessstudios, Kinos, Videotheken
- Kindergärten und Schulen
- Sportplätze, Schwimmbäder und Freiflächen
- Parkplätze, Tankstellen und Autobahnauffahrten
- Arztpraxen und Apotheken
- Bahn- und Bushaltestellen
- Begegnungsstätten

Nach ebenda

M 4.19 *Übertragen Sie das Verfahren von Aufgabe 4.18 auf aktuelle Angebote in der Tageszeitung/im Internet Ihres Heimatortes/Ihrer Schulstadt.*

M 4.20 *Informieren Sie sich über die Untersuchung zur Wohnlagequalität in der Stadt Gießen (M 4.23 und M 4.22).*

Ermitteln Sie Lageunterschiede der Wohnstandorte unterschiedlicher Altersgruppen. Unterscheiden Sie zwischen räumlicher Konzentration und Streuung von altersspezifischen Wohnstandorten.

Wohnen in verschiedenen Stadtteilen – Das Beispiel Karlsruhe

M 4.24 Entwicklung des Karlsruher Stadtgebietes seit 1715

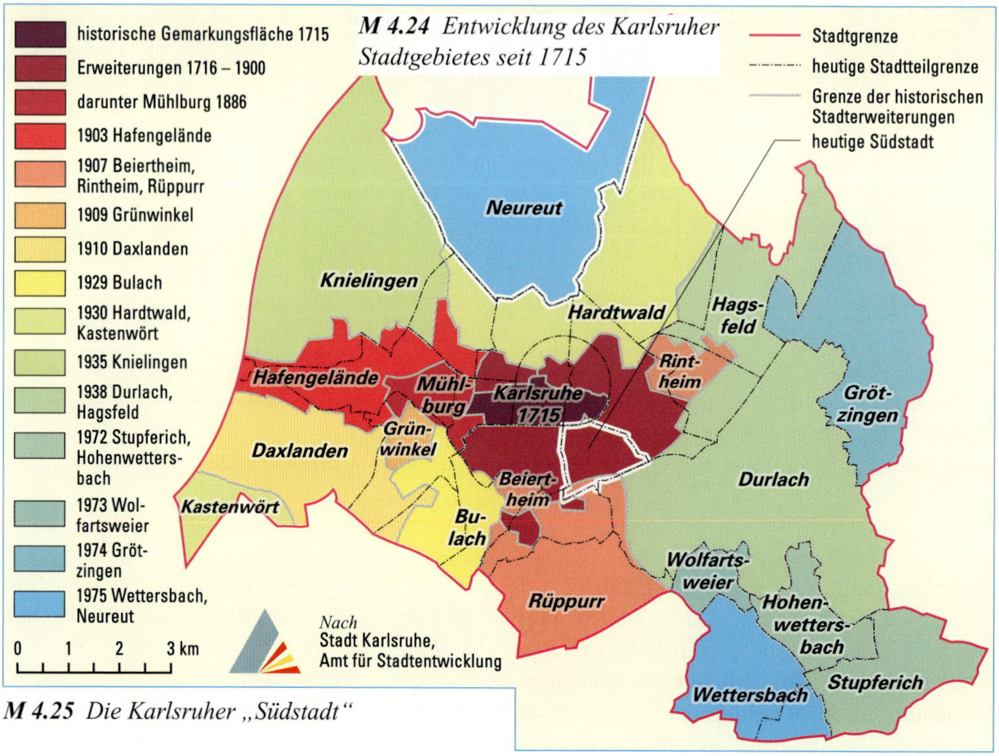

M 4.25 Die Karlsruher „Südstadt"

„Die Südstadt entstand als Arbeiterwohngebiet ab Mitte des 19. Jahrhunderts als erste Stadterweiterung südlich des damaligen Karlsruher Hauptbahnhofs … Nach Aufhebung des Bauverbots (1847) wurden neben Gewerbebetrieben auch Mietwohnungen errichtet; eine intensive Bautätigkeit ließ innerhalb von 20 Jahren (1863 bis 1883) die Einwohnerzahl von 1 000 auf 15 000 ansteigen... Mit der Aufgabe des alten Bahnhofs 1913 an der Kriegsstraße lockerte sich die Isolierung der Südstadt vom Stadtzentrum. Die Südstadt wurde so auch zum Bindeglied zwischen dem Stadtzentrum und dem neuen Hauptbahnhof …

Die Bewohner der Südstadt von heute schätzen das multikulturelle Miteinander im Stadtteil, mit über 30 % Ausländeranteil und vielen Studenten, auch wenn gewisse Mängel in der Wohnqualität und permanente Verkehrs- und Parkplatzprobleme zu den Negativeindrücken zählen. Dafür sind günstige Mieten und eine rege nächtliche Kneipenszene typische Kennzeichen der Südstadt."

http://www.karlsruhe.de/Stadtentwicklung/siska/pdf/stadtteilprofile-2002-03-suedstadt.pdf

M 4.26 Der Stadtteil „Neureut"

„... 1935 entsteht aus dem mittelalterlichen Teutschneureut und der neuzeitlichen Hugenottensiedlung Welschneureut ... Neureut.

Nachdem 1929 die Kirchfeldsiedlung begonnen wurde, entsteht ab 1950 der Ortsteil Heide. 1956 zählt Neureut bereits über 10 000 Einwohner, darunter sind ein Drittel Vertriebene und Flüchtlinge. Diese konzentrieren sich stark auf die Kirchfeldsiedlung. Erst 1975 wird Neureut nach Karlsruhe eingegliedert.

Die heute mehr als 16 000 Einwohner des Stadtteils verfügen über eine bestens ausgestattete Infrastruktur. Öffentliche und private Dienstleistungseinrichtungen machen den Stadtteil zu einem Siedlungsschwerpunkt im Norden der Stadt … Die Auflassung von Arealen der Bundeswehr und der amerikanischen Streitkräfte bietet zusätzliche Potenziale für den Wohnungsbau und die Ansiedlung von Gewerbe."

ebenda … pdf/stadtteilprofile-2002-26-neureut.pdf

M 4.27 Die Karlsruher Stadtteile 2004

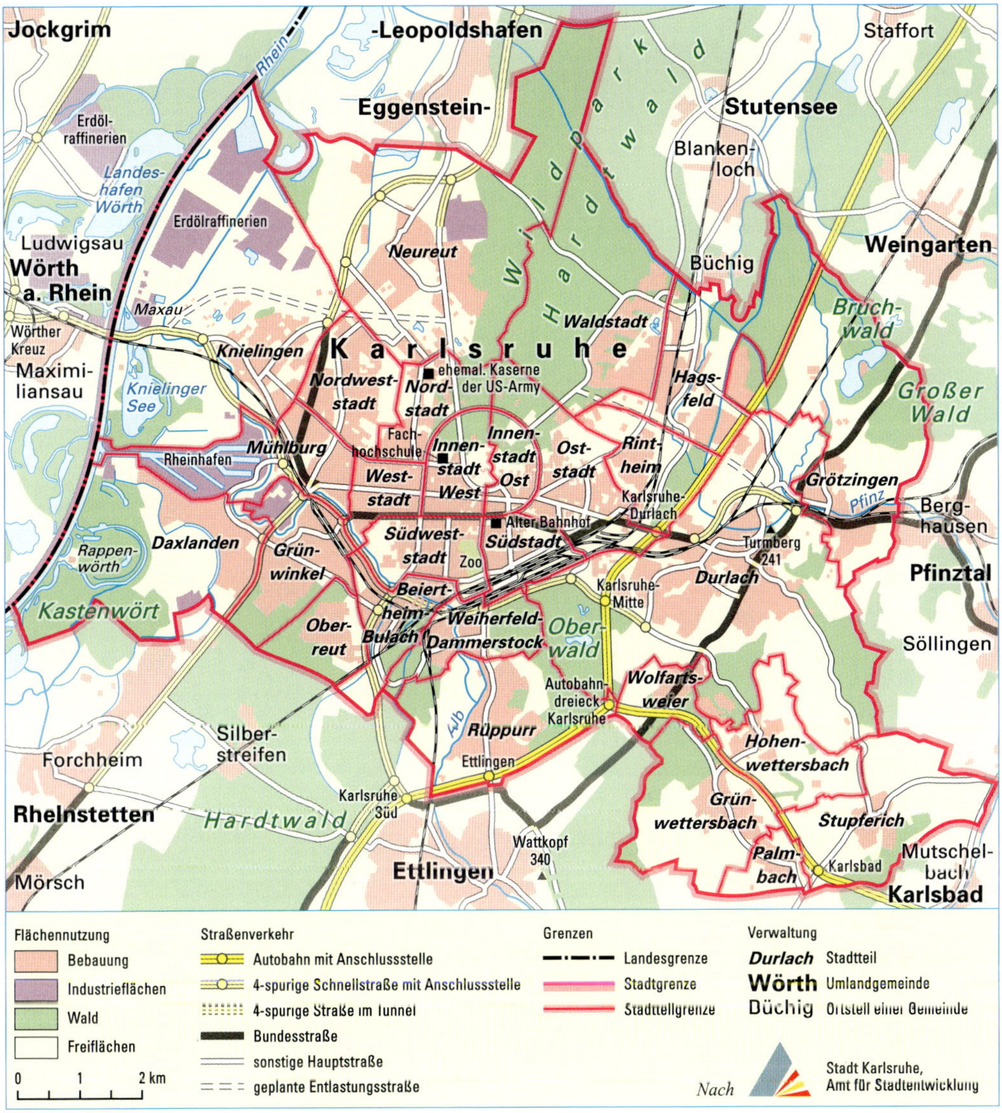

4.21 *Erarbeiten Sie die unterschiedliche Entstehungsgeschichte der Südstadt und Neureuts.*

4.22 *Stellen Sie die besonderen Lagemerkmale beider Stadtteile heraus: Lage innerhalb der Stadt Karlsruhe, Lage zu angrenzenden städtischen Nutzungsräumen, Verkehrsanbindung.*

4.23 *Schließen Sie mithilfe Ihrer Ergebnisse zu den Aufgaben 4.21 und 4.22 auf mögliche soziale Rangstellungen der Bewohnerschaft Neureuts und der Südstadt.*

4.24 *Beschreiben Sie vorhandene und geplante Wohngebiete in Bischofswerda (s. S. 106/107). Bewerten Sie diese unter dem Aspekt der Verträglichkeit mit benachbarten Funktionen.*

4.25 *Geben Sie in der Funktion als Stadtplaner von Bischofswerda (s. S. 106/107) Empfehlungen zum Maß der baulichen Nutzung in den geplanten Wohngebieten. Begründen Sie Ihre Empfehlung.*

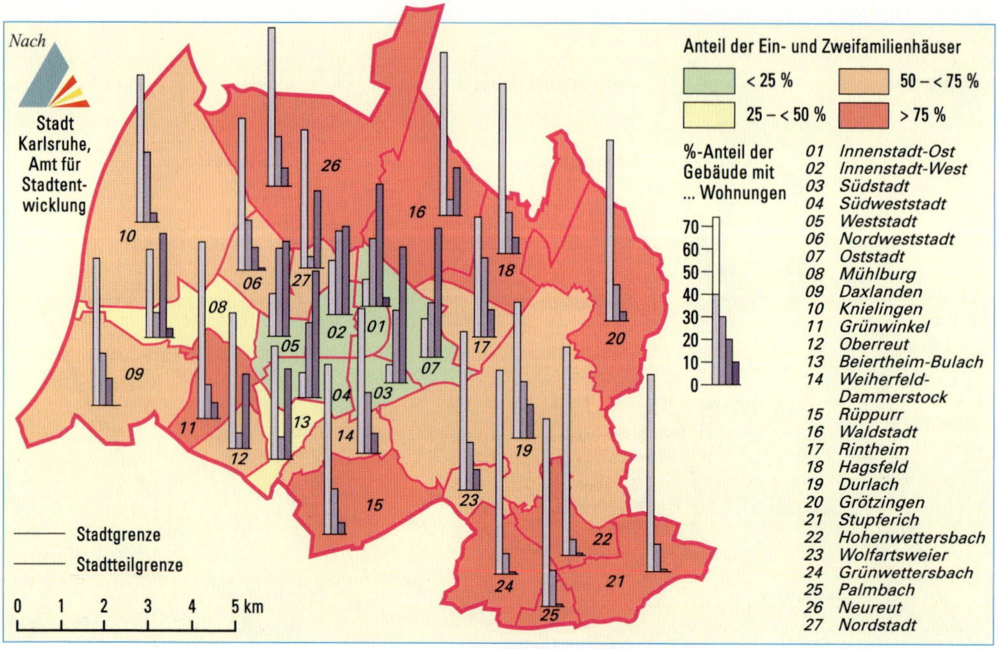

***M 4.28** Größenstruktur der Wohngebäude in den Karlsruher Stadtteilen*

***M 4.29** Sozialstruktur in den Stadtteilen „Südstadt" und „Neureut" 2002*

Nach http://www.karlsruhe.de/Stadtentwicklung/siska/stadtteilprofile

	Südstadt	Neureut	Σ Karlsruhe
Einwohnerzahl	15 098	17 108	278 000
Bevölkerungsdichte (Ew./ha)	61,2	8,4	15,6
Altersaufbau (in % der Gesamtbevölkerung)			
<18 Jahre	14,3	16,5	16,1
18–<65 Jahren	73,1	65,9	65,5
<65 Jahre	12,7	17,8	18,4
Zu-/Abnahme der Bevölkerungszahl (in % der Stadtteil- bzw. Stadtbevölkerung) in den letzten			
5 Jahren	–0,2	2,5	1,3
10 Jahren	–10,5	4,1	–0,7
Arbeitslosenanteil an der Bevölkerung im Alter von 15–64 Jahren (in %)	9,2	4,8	5,9

	Südstadt	Neureut	Σ Karlsruhe
Haushaltsgröße (in % aller Haushalte)			
Einpersonenhaushalte	73,1	54,7	63,0
Mehrpersonenhaushalte			
ohne Kinder <18 Jahren	13,4	26,3	20,4
mit Kindern <18 Jahren	13,4	19,0	16,6
Anteil an der Bevölkerung (in %) in Haushalten mit Haushaltsnettoeinkommen von			
<750 Euro	20,6	4,1	12,4
750–<1 500 Euro	39,1	17,5	23,0
1 500–<2 250 Euro	17,9	18,7	24,6
2 250–<3 000 Euro	15,4	17,7	16,8
>3 000 Euro	7,1	41,9	23,2
Übergangsquote Klasse 4 auf weiterführende Schulen (in %)			
Hauptschulen	39,2	22,8	30,2
Realschulen	32,3	26,5	24,8
Gymnasien	27,0	50,6	43,9

***4.26** Konkretisieren Sie Ihre Ergebnisse aus Aufgabe 4.23 im Hinblick auf die Bevölkerungsstrukturen (Altersstruktur, Haushaltsgröße, Bevölkerungsdichte/-entwicklung) in Neureut und Südstadt.*

***4.27** Ermitteln Sie die Größenstruktur der Wohngebäude Neureuts und der Südstadt und ordnen Sie diesen weitere vergleichbar ausgestattete Stadtteile Karlsruhes zu (M 4.28 und M 4.27).*

***4.28** Vergleichen Sie die Einkommens- und Bildungssituation der „Südstadt" und „Neureuts" miteinander und stellen Sie Zusammenhänge zu den jeweiligen Wohnverhältnissen her (M 4.29).*

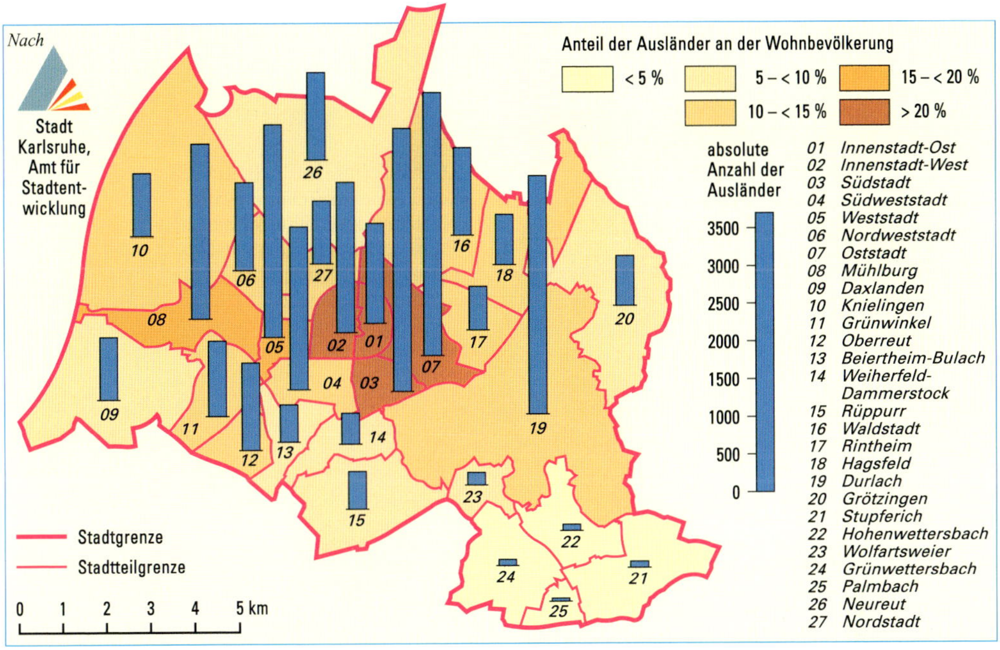

***M 4.30** Ethnische Segregation in Karlsruhe*

Segregation – Soziale Entmischung

Der Blick auf die Verteilung der Wohnbevölkerung über die gesamte Stadt als Ergebnis von Angebot und Nachfrage von Wohnraum macht deutlich, dass bei der Wahl des Wohnstandortes durch die Wohnungssuchenden soziale Abgrenzungskriterien mitwirken. Verschiedene Zonen innerhalb der Stadt zeichnen sich entsprechend der Qualität ihres Wohnungsangebots und Wohnumfelds durch soziale Profile ihrer Wohnbevölkerung unterschiedlichen Niveaus aus.

Der Begriff *Segregation* beschreibt diesen Abgrenzungsprozess, der durch soziale Kriterien wie insbesondere Einkommenshöhe, Bildungsgrad und berufliche Stellung gesteuert wird. Hinzu treten demografische Faktoren wie Haushaltsgröße und Alter. Aber auch eine Abgrenzung nach ethnischen und religiösen Kriterien findet statt. Häufig wirken verschiedene Kriterien zusammen. Zudem kann es zu Selbstverstärkungsprozessen bestehender Segregationsmuster kommen.

Typische Wohnviertel einkommensschwacher Haushalte sind z. B. Straßenzüge mit gründerzeitlicher Mietshausbebauung in Innenstadtrandlage, verbunden mit einem negativ geprägten Wohnumfeld. Dieses kann sich etwa aus der Nachbarschaft zu stark frequentierten, lärmbelasteten Straßen oder aus vernachlässigter Bausubstanz ergeben.

Auch in *Großwohnsiedlungen* in Stadtrandlage können sich sozial schwächere Schichten konzentrieren und es bilden sich teilweise soziale Brennpunkte. Ostdeutsche Großplattenbausiedlungen unterliegen dieser Gefahr besonders, da sie als bevorzugte Wohnstandorte zu DDR-Zeiten heute von einkommensstärkeren Schichten verlassen werden, wenn sich attraktiverer Wohnraum bietet.

Ergebnis der Segregation ist ein differenzierter städtischer Sozialraum, auf den die *Stadtplanung* nur bis zu einem gewissen Grad Einfluss nehmen kann. Sie kann im Gegensatz zur staatlich regulierten Wohnraumbewirtschaftung – bekannt z. B. aus der DDR – lediglich die rechtlichen Voraussetzungen für die Errichtung von Wohnraum für gemischte Bevölkerungsstrukturen schaffen.

***4.29** Gliedern Sie das Stadtgebiet von Karlsruhe nach dem Kriterium „Ethnische Segregation" (M 4.30).*

***4.30** Begründen Sie Segregationserscheinungen in Karlsruhe mithilfe der Strukturmerkmale der Stadtteile „Neureut" und „Südstadt" (M 4.28 – M 4.30).*

Stadtsanierung

Als öffentliches Steuerungsinstrument zur Beherrschung der Vielfalt und Dynamik gesellschaftlicher und wirtschaftlicher Prozesse innerhalb des städtischen Raums steht die Stadtplanung zur Verfügung. Das Baugesetzbuch regelt deren Aufgaben und Verfahren. Dazu gehört u.a. die Erstellung von Flächennutzungs- und Bebauungsplänen (vgl. S. 106 – 107). Zur Behebung städtebaulicher Missstände muss die Stadtplanungsbehörde laut Städtebauförderungsgesetz Sanierungsmaßnahmen durchführen.
Sanierungsbedarf wird für ein genau festzulegendes Stadtviertel ermittelt. Typische Sanierungsgebiete sind zentral gelegene Altstadtbereiche oder innenstadtnahe gründerzeitliche Mietshausquartiere, zumeist Stadtviertel mit historischer Bausubstanz. Im Verhältnis zur gesamtstädtischen Entwicklung weisen sanierungsbedürftige Stadtviertel städtebauliche, soziale und ökologische Defizite auf, die man durch Sanierung beheben will. Ausbleibende Investitionen in Modernisierung oder Instandhaltung innerstädtischer Wohngebiete, verbunden mit sozialen Verfallserscheinungen, stellen einen typischen Sanierungsanlass dar. Sie sind häufig Folgeerscheinung einer im Zusammenhang mit der *Suburbanisierung* auftretenden *Segregation*.
In den ostdeutschen Bundesländern wird die Situation dadurch verstärkt, dass zur Zeit der DDR aus ideologischen Gründen komplette Innenstädte verfielen; aber auch die damals aus eben diesen Gründen bevorzugten *Großwohnsiedlungen* weisen heute Sanierungsbedarf auf.
Auch in den Alten Bundesländern wird erst seit den 1980er Jahren nach dem Prinzip der „Behutsamen Stadterneuerung" saniert, nachdem flächenhafter Abriss und Neubebauung die vorangegangene Phase bestimmten (Flächensanierung). Die „Behutsame Stadterneuerung" geht vom einzelnen Bauobjekt einschließlich der betroffenen Bewohner aus (Objektsanierung, Bürgerbeteiligung). Ihre Zielsetzungen bündeln ökonomische, soziale, ökologische und kulturelle Aspekte.

***M 4.32** Städtebauliche und soziale Missstände in der „Historischen Altstadt" von Görlitz* →

Ebenda, nach STEG: Vorbereitende Untersuchung 1994

Fallbeispiel Görlitz – Sanierung „Historische Altstadt"

***M 4.31** Sanierungsziele*

- „Gebäudesubstanz: Erhalt Aufriss, dabei Priorität von Erhalt vor Rekonstruktion und Sicherung vor Neubau; Anwendung auch historischer Baukunst
- Raumgestaltung in der Altstadt: Freiraum-, Platz-, Grüngestaltung nach historischen Stadtstrukturen und Architektur, dabei Berücksichtigung stadtökologischer Belange, besonders am Neißeufer; Veränderungen am Stadtgrundriss unterbleiben
- Verkehr: Sperrung für Durchgangsverkehr; Heranführung des ÖPNVs an Neißeufer; Beschränkung der Einrichtung von Parkraum auf verträgliches Maß
- Funktionalität: Sicherung und Entwicklung der historischen Nutzungsstruktur unter Priorität Wohnen; Förderung ausgewogener Sozialstruktur, deshalb alten- und behindertengerechte Bauweise, Spielbereiche für Kinder, Aufenthaltsraum für alle Bewohner; preisgünstiger Wohnraum
- Stabilisierung der Hauptachse „Obermarkt – Brüderstraße – Neißestraße" u.a. durch Aufhebung der Sackgassensituation mittels Wiedererrichtung der alten Neißebrücke, damit erhielte auch Zgorzelec sein altes Stadtzentrum zurück; Entwicklung zeitgemäßer Nutzungsgemenge mit arbeitsplatzintensiven, wenig emittierenden Betrieben mit Versorgungsfunktion in zentraler Lage"

Nach Paul Lindner: Stadtsanierung in den neuen Bundesländern am Beispiel Görlitz „Historische Altstadt". In Geographie und Schule, 20. Jg., H. 115, (10/1998). Köln: Aulis 1998, S. 40–44

***M 4.32 a)** Ausstattung der Wohnungen*

Kriterienbereich	Anzahl	Anteil (%)	Anzahl	Anteil (%)
Innere Substanz	gut/ausreichend		schlecht/ohne	
– Decken, Wände, Böden	402	23,3	1 327	76,7
– Fenster	64	3,7	1 653	96,3
Ausstattung	gut/ausreichend		schlecht/ohne	
Bad/Dusche	237	13,7	1 492	86,3
– Toilette	784	56,8	596	43,2
– Zentralheizung	165	9,6	1 557	90,4
Grundriss	gut/ausreichend		schlecht/ohne	
– Zuschnitt	466	35,6	852	64,6
Äußere Einflüsse	beeinträchtigt		nicht beeinträchtigt	
Belichtung	691	65,5	42	4,0
Staub			54	5,1
Lärm			239	22,6
Geruch			62	5,9

Medium	Anschluss vorhanden		Voll funktionsfähig		Funktion eingeschränkt		Funktion stark eingeschränkt	
	Anzahl	Anteil (%)	Anzahl	Anteil (%)	Anzahl	Anteil (%)	Anzahl	Anteil (%)
Strom	6	0,4	789	45,7	519	30,3	414	24,0
Gas	170	9,9	819	47,8	390	22,8	335	19,5
Wasser	28	1,6	816	47,3	498	28,8	385	22,3
Abwasser	30	1,7	855	50,0	467	27,0	375	21,7

M 4.32 b) *Technische Erschließung der Wohnungen*

Haushaltsgröße (Personen)	Anzahl Haushalte	Anteil (%)	Durchschnittsalter der Haushaltsmitglieder
1	4444	42,7	59,6
2	308	29,6	51,5
3	149	14,3	29,0
4	110	10,6	22,0
5	21	2,0	19,2
6	6	0,6	20,4
7	3	0,3	17,9

Anteil kinderlose Haushalte: 75 %

M 4.32 c) *Struktur der Haushalte*

M 4.33 *Touristen statt Einwohner?*

„1989 hatte Görlitz knapp 75000 Einwohner, heute sind es noch 62000 ... Von 38000 Wohnungen stehen 8000 leer. Seit Jahren bemüht sich die Stadtverwaltung, die Görlitzer zum Umzug aus den Plattenbauten zurück in die Altstadt zu bewegen. Ein schwieriges Unterfangen ... Die Mieten in der Altstadt und in den Plattenbauten haben sich weitestgehend angeglichen. Junge Görlitzer und Auswärtige ziehen meist die Altstadt vor. Aber Denkmalschutz und kommerzielle Nutzung sind nur schwer zu vereinbaren: ‚Für die Händler im Mittelalter hatte es einen Sinn, riesige Hallenhäuser zu bauen, … ein Unternehmer heute zahlt so aber Unsummen für Quadratmeter, die er gar nicht nutzen kann, aber aus Denkmalschutzgründen auch nicht umbauen darf.' … [Man] hofft, dass die Görlitzer Innenstadt nach der EU-Osterweiterung auch für polnische Unternehmer, Freiberufler und Besserverdienende attraktiv werden könnte."

Stuttgarter Zeitung vom 16. 01. 2001. Stuttgart

4.31 *Erläutern Sie den Sanierungsbedarf für die „Historische Altstadt Görlitz", indem Sie städtebauliche Missstände für diesen Stadtteil aufzeigen (M 4.32 sowie ergänzend die Karte „Historische Altstadt" in der Internet-Begleitung dieses Schülerbuches).*

4.32 *Erläutern Sie den Einfluss der besonderen städtebaulichen Entwicklung der DDR auf die historische städtische Bausubstanz (s. a. S. 48–49).*

4.33 *Begründen Sie mithilfe der Sanierungsziele für Görlitz das Verfahren der „Behutsamen Stadterneuerung".*

4.34 *Nehmen Sie Stellung zur Absicht, die „Historische Altstadt" zum Wohnstandort für Besserverdienende (Gentrification) zu entwickeln (M 4.33 und M 4.34).*

M 4.34 *Gebäude der Altstadt von Görlitz*

a) *vor der Sanierung*

b) *nach der Sanierung*

Suburbanisierung – Aufstieg des Stadtrandes

Vor allem nach dem Zweiten Weltkrieg setzten in Deutschland am Stadtrand und im stadtnahen Umland Umwidmungsprozesse landwirtschaftlicher Nutzflächen in Siedlungs- und Gewerbeflächen ein. Gleichzeitig kam es zu *Eingemeindungen* von stadtangrenzenden Gemeinden und damit zur Flächenausdehnung der *Kernstadt*.
Ursachen der zunehmenden räumlichen Verlagerung von Wohn- und gewerblichen Funktionen an den Stadtrand bzw. in die Umlandgemeinden waren und sind:

- die gewachsene Kaufkraft von Teilen der Wohnbevölkerung für den Erwerb gehobener Wohnungen bzw. den Bau von Eigenheimen auf preisgünstigem Baugrund (Wohnsuburbanisierung),
- die Schaffung von preiswertem Mietwohnraum in großem Umfang (*Großwohnsiedlungen*) außerhalb der verdichteten Innenstädte,
- die Zunahme konsumorientierter Dienstleistungen, die der Wohnbevölkerung an die Stadtrandgebiete folgen, insbesondere der großflächige Einzelhandel (tertiäre Suburbanisierung),
- der erhöhte Flächenbedarf von Produktionsbetrieben, der durch niedrige Grundstückspreise am Stadtrand befriedigt werden kann (industrielle Suburbanisierung).

Folgen der Suburbanisierung. Die klaren funktionalen und baulich-physiognomischen Grenzen zwischen Stadt und Umland werden durch die *Suburbanisierung* verwischt. Im suburbanisierten Raum prägen unterschiedliche, kontrastierende Siedlungselemente, teilweise in direkter Nachbarschaft zueinander, das Erscheinungsbild: ehemalige Dorfkerne, Einfamilienhaus-Neubaugebiete, Großwohnsiedlungen, Gewerbeparks, Kleingartenkolonien, großflächige Freizeiteinrichtungen, Verkehrstrassen, häufig mit räumlicher Trennwirkung. Folgeprobleme sind z. B. ein zunehmender Flächenverbrauch, ein hohes Pendleraufkommen und Flächennutzungskonflikte zwischen den verschiedenen Funktionen. Deren Lösung sind wichtige stadtplanerische Aufgaben im suburbanen Raum.
Für die *Innenstädte* bedeutet die Suburbanisierung häufig nicht nur einen Funktionsverlust, sondern auch eine soziale Umstrukturierung ihrer Bewohnerschaft. Hinzu kommt der Verlust an Gewerbesteuereinnahmen an die Umlandgemeinden bei weiter bestehenden Kosten zur Aufrechterhaltung der kommunalen Infrastruktur, wie z. B. von Schwimmbädern, Schulen und Kultureinrichtungen sowie Straßen.

***M 4.35** Entwicklung von Stadt und Umland seit dem Zweiten Weltkrieg (Alte Bundesländer)*

Phasen und Rahmenbedingungen	**Innenstadt**	**Stadtrand**	**Umland**
1945–50 Erste Nachkriegsphase: Wiederaufbau von Infrastruktur, Produktionsstätten und Wohnraum für Heimkehrer, Vertriebene, wachsende Bevölkerungszahl	Wiederaufbau, Beginn des sozialen Wohnungsbaus traditionelles (Klein-)Gewerbe und Einzelhandel	Beginn des sozialen Wohnungsbaus	ländliche Struktur
1951–65 Zweite Nachkriegsphase: „Wirtschaftswunder“; Trennung der Funktionen Arbeiten – Wohnen – Versorgen; steigende Wohn- und Infrastrukturbedürfnisse	Citybildung: Geschäfts- und Büroviertel; beginnende Abwanderung von Wohnbevölkerung und traditionellem Gewerbe	Eigenheimsiedlungen („Wohnen im Grünen“), Großwohnanlagen Errichtung von Gewerbeflächen	einzelne Wohnsiedlungen für Beschäftigte aus der Stadt; einzelne gewerbliche Standorte
Ab 1965 Konsolidierung: Ausbau Verkehrsnetz, zunehmende Motorisierung, verbesserte Kommunikation, gestiegene Einkommen, wachsende Ansprüche an Infrastruktur und Wohnqualität	Ausbau der Cityfunktionen: Büro- und Bankenviertel; Abwanderung von Teilen des Einzelhandels und der Wohnbevölkerung	Großwohnanlagen; Ausbau der Gewerbeflächen	Eigenheimsiedlungen („Wohnen im Grünen“); weitere Gewerbeflächen; teilweise Übernahme städtischer Funktionen
		SUBURBANISIERUNG	
	STADT UND VERSTÄDTERTE ZONE		

M 4.36 Stadtentwicklung Reutlingen (Luftaufnahmen aus südöstlicher Richtung)

4.35 Kartieren Sie die Flächennutzung – Flächen für „Wohnen", „Gewerbe", „Verkehr", „Landwirtschaft", „Sonstiges" – für „Reutlingen heute" (z. B. mit transparenter Auflage auf das Bild, dort Abgrenzung der unterschiedlichen Nutzungsräume). Unterscheiden Sie danach in 1957 schon bestehende Flächennutzungen und solche, die später hinzukamen.

4.36 Kurzvortrag: Flächenentwicklung in Reutlingen seit 1957 unter besonderer Berücksichtigung der Entwicklung im suburbanen Raum. Stellen Sie im Vortrag unterschiedliche Wohnformen und gewerblichen Flächenbedarf heraus. Wo waren 1957 schon weitergehende Entwicklungsansätze zu erkennen, wo sind sie heute erkennbar?

Stadt-Umland-Beziehungen

Die auf der vorhergehenden Doppelseite herausgearbeiteten Prozesse der *Suburbanisierung* mit ihrer immensen Flächeninanspruchnahme durch die ins Umland der großen Städte abwandernde Wohnbevölkerung sowie durch die Verlagerung von Gewerbe und Tertiärem Sektor geben einen ersten Eindruck von den engen Beziehungen, aber auch möglichen Konflikten zwischen einer Stadt und ihrem *Umland*. Dies reicht aber nicht aus, um die Vielfalt der räumlichen und funktionalen Verflechtungen und deren Tragweite zu dokumentieren – denn es gibt kaum ein Problem, das an einer wie auch immer nach außen verschobenen Stadtgrenze Halt macht. Entsprechend vielfältig sind die Beziehungen zwischen der Stadt und ihrem Umland. Zu nennen sind insbesondere
- politisch-administrative Beziehungen,
- wirtschaftliche Beziehungen,
- arbeitsräumliche Beziehungen,
- Versorgungsbeziehungen,
- Entsorgungsbeziehungen,
- Kommunikationsbeziehungen,
- Beziehungen im Freizeitbereich,
- Beziehungen im Bildungsbereich.

Ein wichtiges Kriterium zur Darstellung der Stadt-Umland-Beziehungen sind die Pendlerströme. Als *Pendler* werden in der amtlichen Statistik diejenigen Erwerbstätigen bezeichnet, deren Wohnort (Wohngemeinde) nicht mit dem Arbeitsort (Arbeitsgemeinde) identisch ist und die regelmäßig, meist einmal täglich, einen Weg zwischen Wohnung und Arbeitsstätte zurücklegen (Berufspendler). Gleiches gilt für die so genannten Ausbildungspendler bezüglich Wohnung und Ausbildungsstätte (Schule, Universität etc.). Besonders aussagekräftig ist in diesem Zusammenhang die „Pendlerquote", d. h. der Anteil der Auspendler an den in einer Gemeinde wohnenden Erwerbstätigen (Auspendlerquote) bzw. der Anteil der Einpendler an den in einer Gemeinde arbeitenden Beschäftigten (Einpendlerquote). Sie erlaubt Rückschlüsse u. a. auf die funktionsräumliche Arbeitsteilung zwischen Stadt und Umland sowie auf besondere Ausstattungsmerkmale in den Quell- und Zielgebieten der Pendler. Dies erklärt auch, warum die Pendlerquote u. a. als eine Kennzahl zur Abgrenzung der einzelnen Teilräume einer *Stadtregion* (s. Modell M 4.44 auf S. 129) oder zur Messung der *Zentralität* eines Ortes (vgl. S. 140) herangezogen wird.

M 4.37 Wirtschaftsraum München

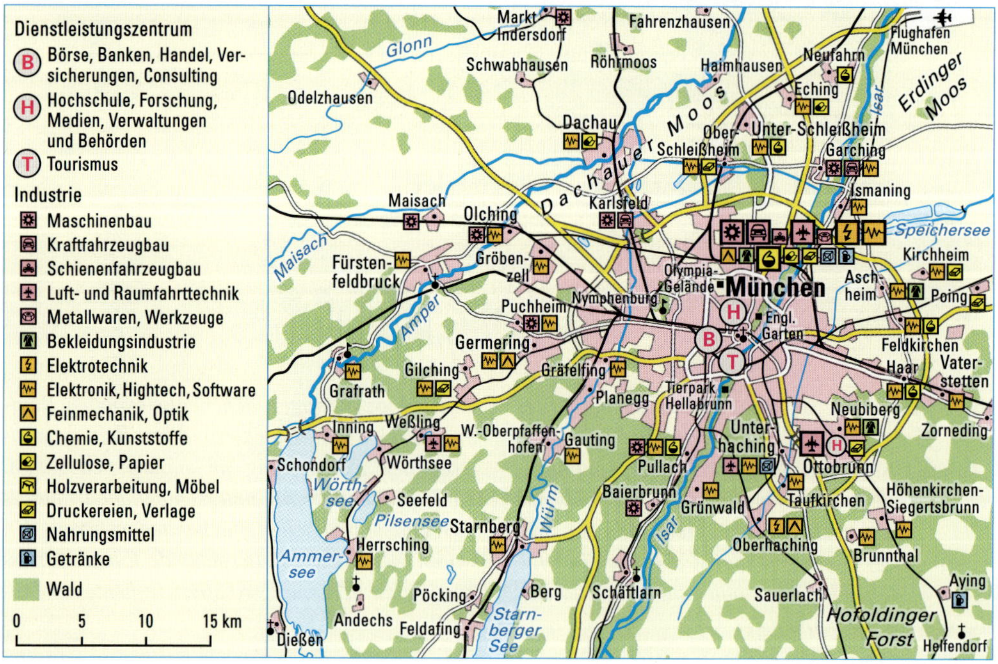

M 4.39 Kontroverse Sichten

„Die Verflechtungen zwischen Großstädten und ihrem Umland werden seit jeher problematisiert. Sowohl die Kernstädte als auch ihr Umland beanspruchen für sich, ... im Nachteil zu sein. Die einen argumentieren damit, Arbeitsplätze und Infrastruktureinrichtungen für die gut verdienende, ins Umland abgewanderte Bevölkerung bereitzustellen. Statt eines Ausgleichs müssten sie auch noch überdurchschnittlich hohe Transferleistungen für die eigenen finanzschwächeren Bevölkerungsgruppen aufbringen. Die anderen verweisen darauf, dass sie als Lieferant natürlicher Ressourcen eine ‚dienende' Funktion für ‚überbelastete' Teilräume ausüben.
Hinzu kommt die raumordnerische Problemsicht, aus der vor allem die Verknappung natürlicher Ressourcen, die Verkehrsbelastung und das Wachstum der Großstadtregion problematisiert und auf die räumliche Arbeitsteilung zwischen Kernstädten und Umlandgemeinden zurückgeführt werden."

Brigitte Adam/Antonia Blach: Räumliche Arbeitsteilung in Großstadtregionen – interkommunale und raumordnerische Konfliktkategorien. In: Informationen zur Raumentwicklung, Jg. 1996, H. 4/5. Bonn: Bundesanstalt f. Landeskunde u. Raumordnung 1996, S. 187

M 4.40 München – Pendlerverflechtungen 2003

Nach Angaben der Stadt München, Referat für Arbeit und Wirtschaft

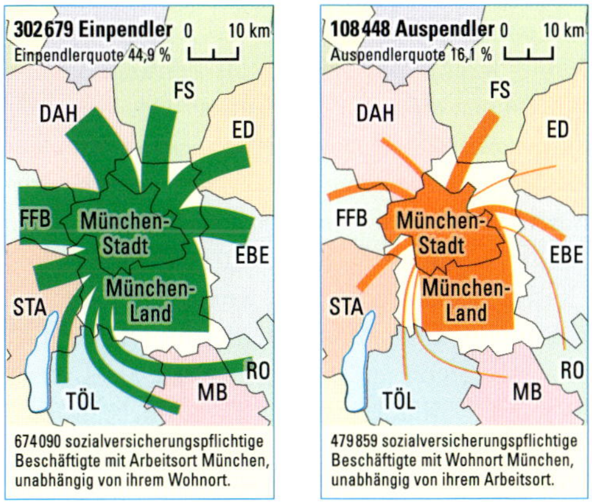

4.37 *Aus den beiden Karten M 4.37 und M 4.38 lassen sich funktionale Stadt-Umland-Beziehungen ableiten. Versuchen Sie anhand der Karten einige der auf Seite 126 übergreifend aufgelisteten Beziehungen beispielhaft zu konkretisieren.*

4.38 *Ermitteln Sie, ausgehend vom Quellentext M 4.39, mögliche Vor- und Nachteile, die die jeweiligen Teilräume aus der funktionsräumlichen Arbeitsteilung im Stadt-Umland-System ziehen.*

M 4.38 Freizeitraum München

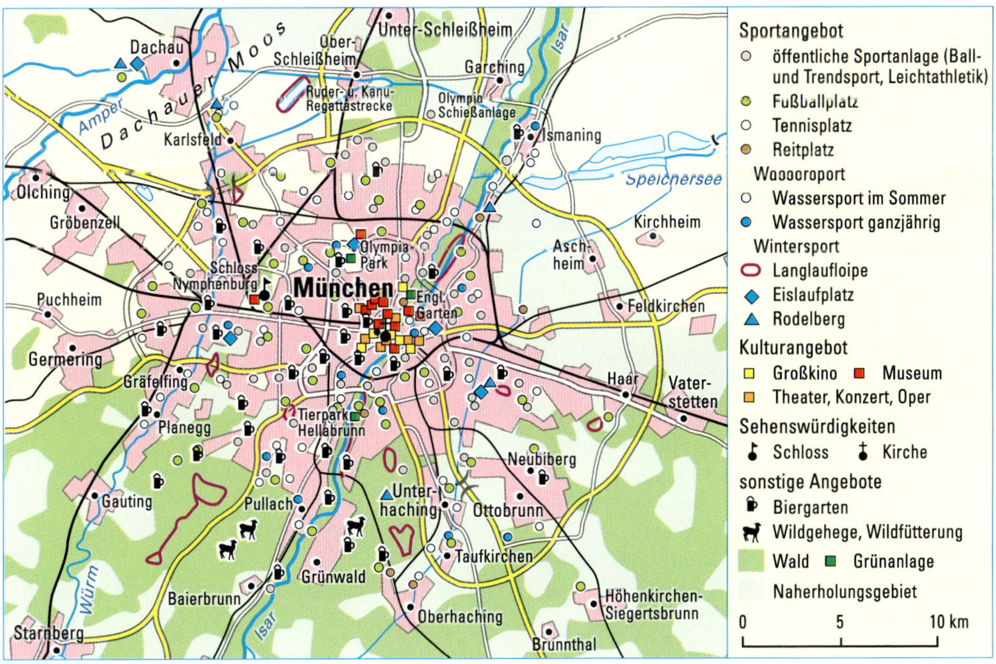

Edge Cities contra CBD

Über die Wohnsuburbanisierung hinaus haben sich im Umland der US-amerikanischen Städte so genannte *Edge Cities* herausgebildet (edge = Kante, Rand). Das sind urbane Zentren, die alle Funktionen einer City aufweisen. Den Kern bilden große Bürozentren (Office Parks) mit Banken, Versicherungen und Verwaltungen großer Unternehmen. Hinzu kommen gewerbliche Klein- und Mittelbetriebe, oft in Industrie- und Gewerbeparks (Industrial Estates) zusammengefasst, Einkaufsmöglichkeiten, Hotels für Geschäftsreisende und andere ergänzende Dienstleistungen. Häufig werden dort auch größere Apartmentsiedlungen errichtet, um den vielen Beschäftigten ein Wohnen in der Nähe des Arbeitsplatzes zu ermöglichen. Inzwischen ist das Angebot an Arbeitsplätzen und auch an Versorgungseinrichtungen in vielen Edge Cities größer als in der *Downtown* der jeweiligen Kernstadt.

Fallbeispiel Atlanta.

M 4.41 *Zentrensystem im Großraum Atlanta*

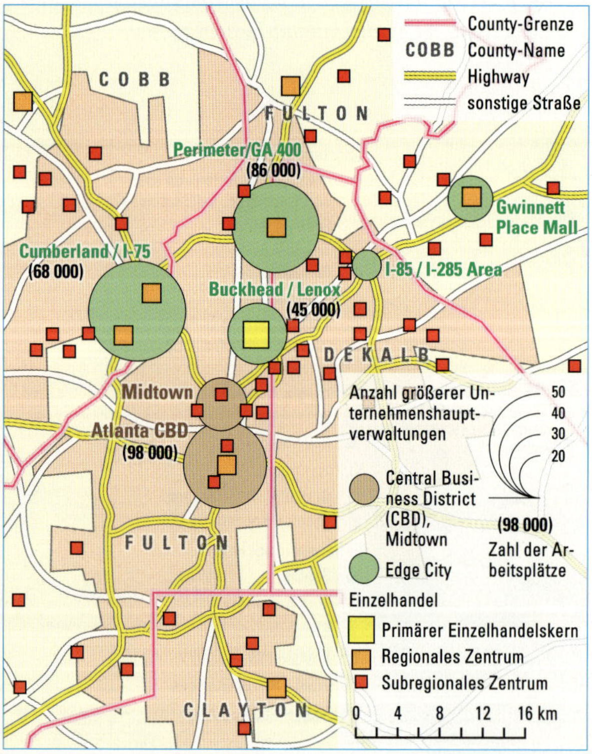

M 4.42 *Ausgewählte Strukturmerkmale der Edge City Perimeter/Greater Atlanta-400/Atlanta*

• Distanz vom CBD Atlanta:	20 km
• Hauptverkehrsanbindung:	zwei Autobahnen
• Gesamtgrundfläche:	ca. 800 ha
• Grundeigentum:	wenige Großeigentümer
• Frühere Nutzungen:	Freifläche
• Aktuelle Nutzungen:	Büros, Unternehmenszentralen, Einzelhandel, Film- und TV-Studios
• Bürofläche:	1 900 000 m²
• Einzelhandelsfläche:	150 000 m²
• Anzahl der Arbeitsplätze:	ca. 90 000
• Anteil Berufspendler mit Pkw:	90 %

M 4.41 und M 4.42 nach Boris Braun: Zentrenentwicklung im internationalen Vergleich: Nordamerika – Australien – Europa. In: Alois Mayr u. a. (Hrsg.): Stadt und Region. Dynamik von Lebenswelten. Tagungsbericht und wissenschaftliche Abhandlungen 53. Deutscher Geographentag Leipzig. Leipzig: Deutsche Gesellschaft für Geographie 2002, S. 195–209

New Towns – staatlich geplante Entlastungssiedlungen

Dem ungezügelten Wachstum städtischer Verdichtungsräume, insbesondere der Metropole London, versuchte man in Großbritannien seit Mitte des 20. Jh.s mit dem Konzept der *New Towns* zu begegnen. Maßnahmen hierbei waren:

- die Ausweisung eines Grüngürtels um das Kerngebiet, um dessen räumliche Ausdehnung zu unterbinden,
- die Gründung von „Neuen Städten", z.T. im Anschluss an bestehende Orte, außerhalb des Grüngürtels mit geplanten Einwohnerzahlen von 60 000–80 000; dabei Anlehnung an die Idee der *Gartenstadt* (M 2.28 auf S. 46).

Entscheidend ist die funktionale Ausstattung der New Towns, die bei enger verkehrsmäßiger Verflechtung zur Entlastung des Kerngebiets führen soll. Neben der räumlichen Trennung der verschiedenen *Daseinsgrundfunktionen* innerhalb der New Towns ist deren Ausstattung mit Arbeitsplätzen in Industrial Estates ein entscheidendes Kennzeichen.

4.39 *Erläutern Sie am Beispiel Perimeter/GA-400 Merkmale von Edge Cities und zeigen Sie mögliche Folgen für den CBD auf (vgl. S. 124 bis 127).*

4.40 *Vergleichen Sie Entstehung und Ausstattung der New Towns mit Edge Cities.*

M 4.43: *Modell der New Town Harlow nach dem Masterplan 1947*

Nach Heinz Heineberg: Großbritannien. Perthes Länderprofile. Gotha: Perthes 1997, S. 296

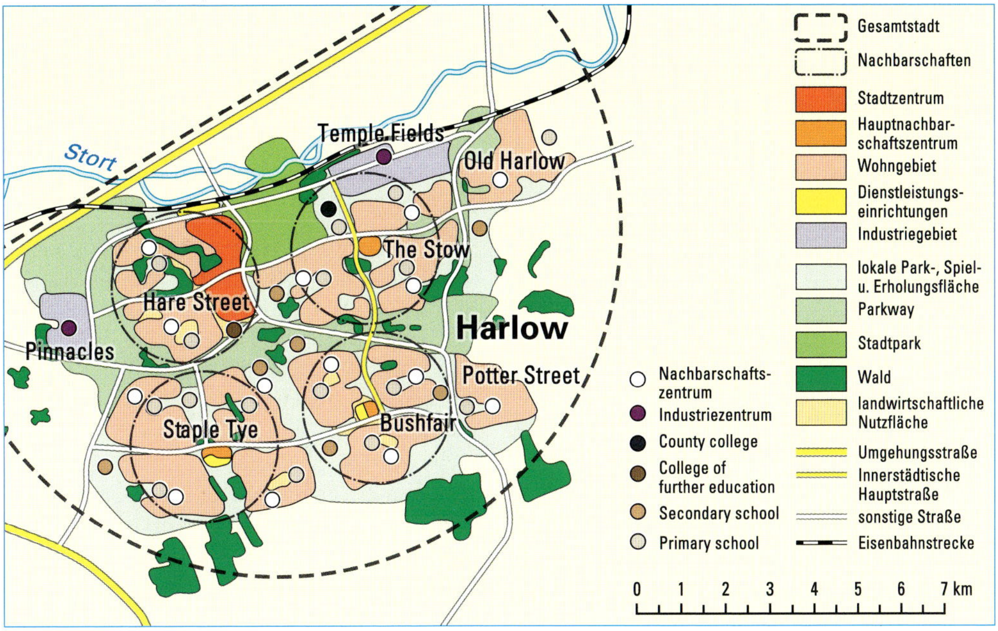

M 4.44 *Modelle der funktionalen Gliederung von Stadt/Stadtumland*

Zwar ergeben sich für jede Stadt einschließlich ihres Umlandes hinsichtlich der räumlichen Verteilung der Funktionen individuelle Ausprägungen, doch lassen sich übergreifend Regelhaftigkeiten in der funktionalen Gliederung erkennen, die in unterschiedlichen Modellen zusammengefasst werden können.

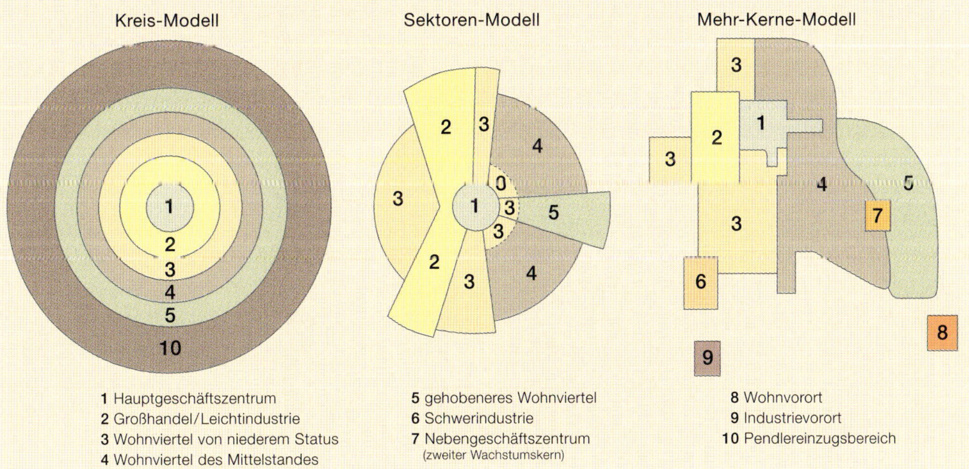

4.41 *Erarbeiten Sie Unterschiede und Gemeinsamkeiten der Modelle zur funktionalen Gliederung von Stadt/Stadtumland (M 4.44).*

4.42 *Ordnen Sie Ihre Heimatstadt/Schulstadt einem der Modelle zu.*

4.43 *Wenden Sie die Modelle von M 4.44 auf verschiedene Städtebeispiele in diesem Schülerbuch an.*

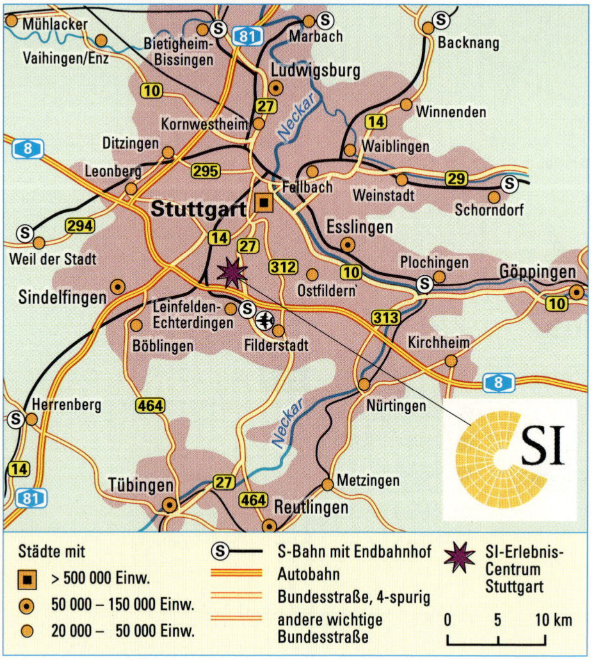

← M 4.45 Verdichtungsraum Stuttgart mit Lage des SI-Centrums

Strukturen und Prozesse in Agglomerationsräumen

M 4.46 Stadtrand-Visionen – Das „Stuttgart International Erlebnis-Centrum"

„Zu laut, zu groß, zu verkehrsreich – bisher wurden Großprojekte, die für die Stadt als abträglich galten, an den Stadtrand abgeschoben. So entstanden in Stuttgart-Möhringen neben landwirtschaftlichen Betrieben die Hauptverwaltung von Daimler-Chrysler, neben Wohnanlagen „Im Grünen" ein großes Erlebniszentrum für über 3000 Besucher. Diese Muster zusammenhangloser Randbebauung reichen entlang der großen Verkehrsachsen bis nach Karlsruhe und Mannheim und bilden – auch anderswo im Bundesgebiet – die neuen Stadtlandschaften. Die Zukunft der Stadt liegt nicht in ihrem Zentrum, sondern an der Peripherie, heißt heute das Credo von Stadtplanern wie Thomas Sieverts. Sein Begriff vom Stadtrand als der „Zwischenstadt" ist anderen Stadtplanern wiederum zu wachstumsorientiert. Sie wollen Stadtkern und Stadtrand in ein neues, harmonisches Verhältnis bringen …

Sprecherin:
[Das SI-Centrum] liegt in Möhringen, einem ehemaligen Bauerndörfchen vor den Toren der Stadt, das mittlerweile längst eingemeindet ist. Hier kann man im ‚Time Square'-Restaurant amerikanisch essen …, danach ins Musical-Theater hinüber spazieren, wie in Las Vegas oder am New Yorker Broadway – Besucher strömen in die inszenierte Großstadtwelt am Stadtrand von Stuttgart. Zur Großstadt, die niemals schläft, gehört im SI-Centrum die blitzblanke Ladenzeile mit einer Boutique ‚an der Ecke', geöffnet bis spät abends. An den Schaufenstern vorbei lässt sich auf echtem Kopfsteinpflaster flanieren – unter- und oberirdisch, vom Restaurant zu den Schwabenquellen – einem Erlebnisbad – und weiter zum Musical, oder der Spielbank ins Wiener Kaffeehaus.

K. Eberle (Bewohner Möhringens seit 30 Jahren):
Als 1993/94 dieses Musical gebaut wurde, waren wir hell entsetzt, in welch kurzer Distanz zu einem reinen Wohngebiet eine Vergnügungsindustrie aufgebaut wurde. Es war in unseren Augen eine krasse planerische Fehlentscheidung quasi über die Straße hinweg einen solchen Bau aufzuziehen.

Sprecherin:
Rolf Deyhle (Bau-Unternehmer), bekannt geworden als „Herr des SI", hatte schon sehr früh die verkehrsgünstige Lage von Möhringen erkannt. Bereits 1969 hatte er ein Hotel am Ortsausgang gebaut … Doch der große Wachstumsschub setzte erst in den [19-]70er Jahren ein. Zuerst erstellte die Verlagsgesellschaft der Stuttgarter Zeitung ein hochmodernes Druckzentrum neben dem SI-Hotel. Und als es der damaligen Daimler-Benz-AG im Neckartal zu eng wurde, baute der Konzern seine neue Hauptverwaltung auf das Gewann „Sternhäule" schräg gegenüber …

M 4.47 *SI-Centrum Stuttgart*

Neben dem SI-Centrum haben sich in Stuttgart-Möhringen zahlreiche Industriebetriebe und Dienstleistungsunternehmen niedergelassen, die derzeit ca. 36 000 Arbeitsplätze anbieten, u. a. die Verwaltungszentrale von DaimlerChrysler, DEKRA, Neoplan, Pressehaus, Hansa, Züblin, SSB-Zentrale.

Nach Landeshauptstadt Stuttgart auf www.stuttgart.de

R. Wißler (Regierungsbaumeister):
Nun ist eine Kommune natürlich auch daran interessiert und davon abhängig, dass sie Arbeitsplätze zur Verfügung stellt. Und in diesem Spannungsfeld steht nun die Stadt. Und es handelt sich um eine Landeshauptstadt und keine Kreisgemeinde, wobei die Kreisgemeinden auch eine sehr starke Expansionspolitik betreiben …

Sprecherin:
Die Standortkonkurrenz zwischen den Städten und Gemeinden macht es Investoren leicht, ihre Pläne politisch durchzusetzen und nach ihren Wirtschaftlichkeitsberechnungen zu bauen. Bundesweit sind – wie in Möhringen – zwischen Feldern, Wiesen und Wohnsiedlungen große, nach außen abgeschottete Verwaltungs-, Logistik- oder Einkaufszentren entstanden. Das Bundesamt für Bauwesen und Raumordnung stellt in einer neuen Studie fest:

Zitator:
Trotz zahlreicher Untersuchungen und daraus abgeleiteter Strategien zur Begrenzung der Suburbanisierung oder zur Eindämmung ihrer negativen Folgen konnte nie ein durchschlagender Erfolg verbucht werden …"

Agnes Handwerk: SWR2 2004, Reihe wissen-aula vom 21. 10. 2003

Diffuser Stadtrand

Die Vielzahl der Nutzungen mit ihren unterschiedlichen, häufig konkurrierenden Standortansprüchen und die zunehmende Flächeninanspruchnahme prägen das Bild des diffusen Stadtrandes. Das, was baulich und funktional noch als Stadt bzw. nicht mehr als Stadt gelten kann, verschwimmt. Sowohl während des Mittelalters als auch der Frühen Neuzeit ist der städtische Baukörper durch Stadtmauern bzw. Festungsanlagen und Glacis eindeutig vom ländlich geprägten *Umland* abgrenzbar (vgl. S. 38–42). Mit dem äußeren Erscheinungsbild war auch eine klare rechtliche Abgrenzung von städtischen Bürgern und ländlicher Bevölkerung verbunden. Die Auflösung klarer baulicher Konturen am Stadtrand seit der Industrialisierung traf insbesondere auf Regionen mit einer Häufung von Städten in enger räumlicher Nachbarschaft zu, wie z. B. im Rhein-Ruhr-Raum. Stadt und Umland verschmelzen seitdem nicht nur rein baulich, sondern auch über ihre funktionalen Verflechtungen. Gleichzeitig übernimmt das Umland vermehrt ehemalige Funktionen der *Kernstadt* mit der Folge wachsender Verflechtungen innerhalb des Umlandes.
Großstädtische Räume mit mehreren hunderttausend Einwohnern, die durch derartige Entwicklungen gekennzeichnet sind, werden als *„Ballungsraum"* oder *„Agglomeration"* bezeichnet.

Agglomeration und „Verstädterter Raum“ in der Raumordnung

Als Instrument zur Erfassung siedlungsstruktureller Entwicklungen, wie z. B. am Großstadtrand in Stuttgart, werden durch die Raumordnung der Bundesrepublik Deutschland auf der Basis von Gemeinde- und Kreisgrenzen so genannte „Siedlungsstrukturelle Gebietstypen“ unterschiedlicher Bevölkerungs- und Siedlungsdichte ausgewiesen. Dabei wird eine Untergliederung in Agglomerations-, Verstädterte und Ländliche Räume vorgenommen (vgl. M 4.48). Diese räumlichen Kategorien bilden den Ausgangspunkt für die Entwicklungskonzepte der *Raumordnung*. Mithilfe der „Laufenden Raumbeobachtung“ kommt man zu einer ständigen Aktualisierung der Bevölkerungs- und Siedlungswerte, die gegebenenfalls eine Korrektur bei der Zuordnung von Gemeinden zu den „Siedlungsstrukturellen Gebietstypen“ nach sich zieht.

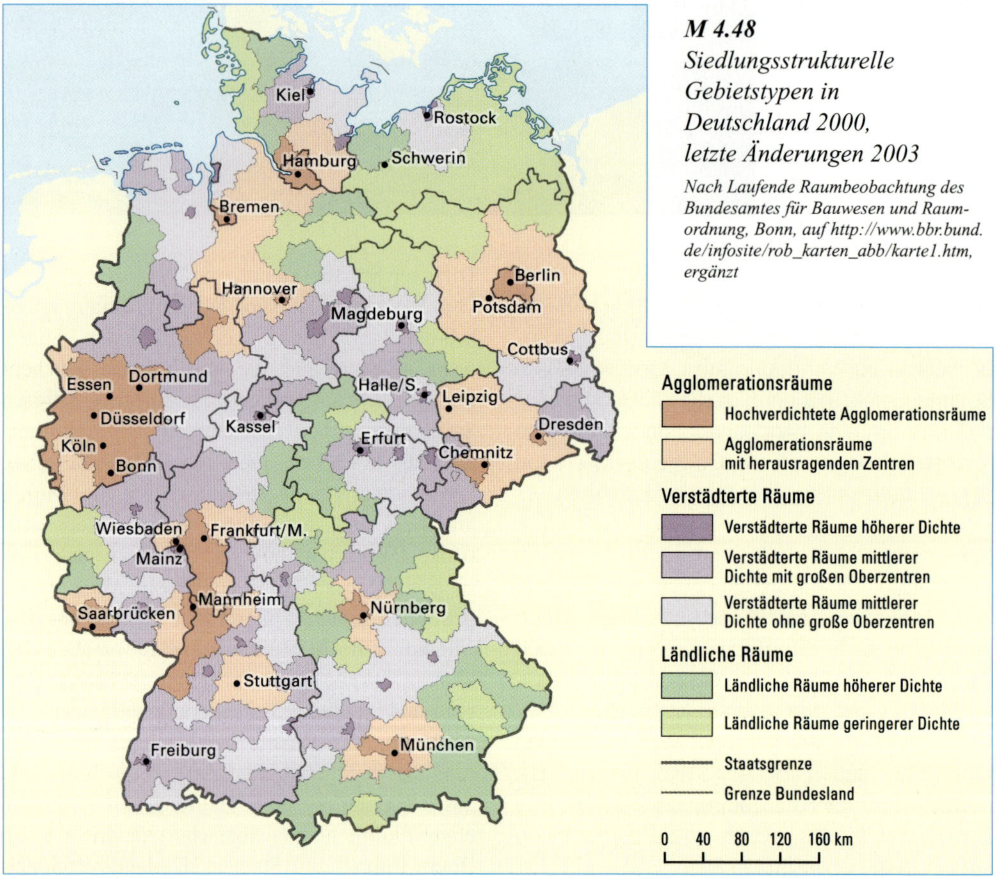

M 4.48
Siedlungsstrukturelle Gebietstypen in Deutschland 2000, letzte Änderungen 2003
Nach Laufende Raumbeobachtung des Bundesamtes für Bauwesen und Raumordnung, Bonn, auf http://www.bbr.bund.de/infosite/rob_karten_abb/karte1.htm, ergänzt

4.44 *Erläutern Sie Für und Wider der städtebaulichen Entwicklungen im Stuttgarter Stadtteil Möhringen (M 4.45 – M 4.47).*
4.45 *Formulieren Sie mithilfe von M 4.48 eine Definition für den Begriff Agglomerationsraum.*
4.46 *Ordnen Sie Stuttgart und sein Umland nach der Karte „Siedlungsstrukturelle Gebietstypen“ ein und suchen Sie hierzu vergleichbare Raumbeispiele in Deutschland (M 4.48).*
4.47 *Ordnen Sie Ihren Heimatraum den „Siedlungsstrukturellen Gebietstypen“ nach M 4.48 zu.*
4.48 *Suchen Sie Gründe für die zunächst vorläufige Abgrenzung „Siedlungsstruktureller Gebietstypen“ in den Neuen Bundesländern. Ziehen Sie hierzu auch die Seiten 162 – 165 von Kap. 5 heran.*

Stadtregionen

Die Ausweisung der räumlichen Kategorie „*Stadtregion*" durch die bundesdeutsche Raumordnung hat den Zweck, die besondere Problematik der Stadt-Umland-Verflechtungen als Planungsgrundlage zu erfassen. Infolge der anhaltenden *Suburbanisierung* verzeichnen insbesondere die kleinen Umlandgemeinden bei Bevölkerung und Beschäftigten Wanderungsgewinne, insbesondere zulasten der *Kernstädte*. Daher werden als *Stadtregionen* solche Teilgebiete der Agglomerations- und „Verstädterten Räume" zusammengefasst, die sich durch starke Pendelbeziehungen zwischen Kernstadt/Kerngebiet und Innerem und Äußerem Pendlereinzugsbereich auszeichnen.

In Deutschland weist die Bundesraumordnungsbehörde nach den Kriterien von M 4.51 62 Stadtregionen mit insgesamt 117 Kernstädten aus.

M 4.49 *Siedlungsflächenwachstum der Agglomerationsräume der alten Bundesländer 1981–2001*

Nach ebenda auf http://www.bbr.bund.de/raumordnung/siedlung/abb_flaeche_einw_1981.htm

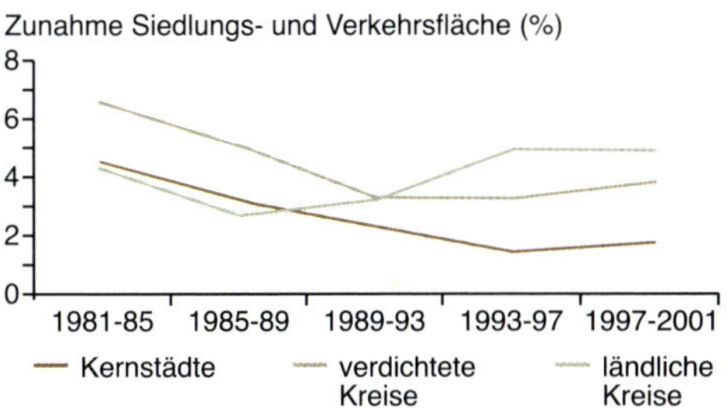

M 4.50 *Siedlungsflächenzunahme je Einwohner 1997–2001 in den deutschen Agglomerationsräumen* *Nach ebenda ..._1997.htm*

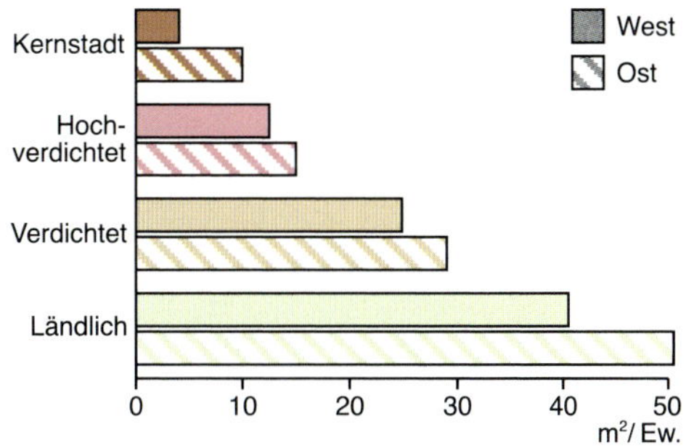

M 4.51 *Modell der Stadtregion in der amtlichen bundesdeutschen Raumordnung*

Paul Lindner nach ebenda auf www.bbr.bund.de/raumordnung/stadtregionen

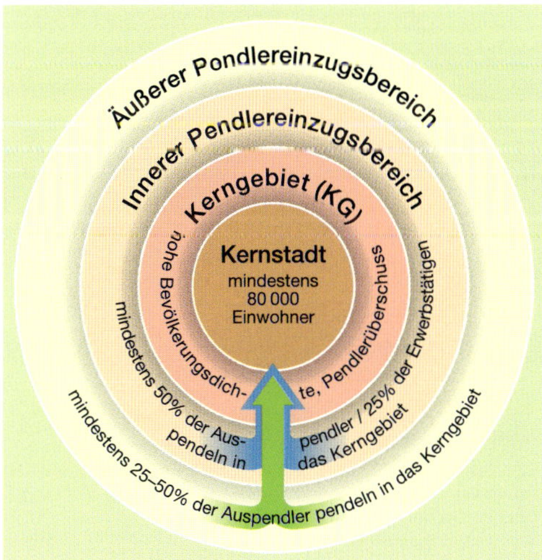

M 4.52 *Einwohnerverluste der Kernstädte der deutschen Agglomerationsräume (1990–1999)*

Nach Institut für ökologische Raumforschung e.V. Dresden von ebenda .../disperse_entwicklung

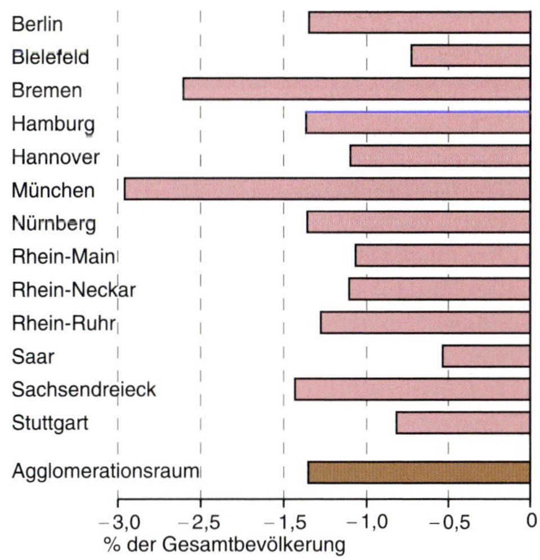

4.49 *Erläutern Sie die Entwicklungen in Stuttgart-Möhringen mithilfe des Modells der Stadtregion (M 4.51).*

Verdichtungsräume

Neben den *Stadtregionen* weist die Raumordnung in der Bundesrepublik Deutschland Teile der Agglomerations- und Verstädterten Räume als *Verdichtungsräume* aus. Im Gegensatz zu den Stadtregionen sollen mit Verdichtungsräumen nicht Stadt-Umland-Verflechtungen erfasst werden, sondern Gebiete außerordentlich hoher Verdichtung. Dementsprechend schließen Verdichtungsräume keine ländlichen Kreise mit ein. Auch eine hierarchische Abstufung in Kernstadt, Kerngebiet und Pendlereinzugsbereich unterbleibt.

***M 4.53** Abgrenzung von Verdichtungsräumen*

„Die letzte Abgrenzung erfolgte 1993 anhand der Kriterien „Anteile der Siedlungs- und Verkehrsfläche“ und der „Siedlungsdichte“ (hier: Einwohner je km² Siedlungsfläche). So wurden für die alten Länder Gemeinden dann den Verdichtungsräumen zugeordnet, wenn ihre Siedlungs- und Verkehrsflächenanteile bei mindestens 11,65 % lagen und die Siedlungsdichte bei 3620,33 Einwohnern je km² lag. Obwohl für die neuen Länder keine vergleichbare Datenbasis vorlag, wurde hier anhand ähnlicher Kriterien die Abgrenzung vorgenommen.“

www.bbr.bund.de/raumordnung/stadtregionen

Verdichtungsräume lassen sich nach der Anzahl der in ihnen liegenden *Zentralen Orte* (vgl. S. 140 bis 142) in poly- und monozentrierte Verdichtungsräume untergliedern. Insgesamt gliedert die bundesdeutsche Raumordnung 45 Verdichtungsräume in Deutschland aus. Mit ihrer Hilfe werden Vergleiche im bundesweiten Städtesystem durchgeführt, etwa bei Untersuchungen zur wirtschaftlichen Dynamik oder siedlungsstrukturellen Entwicklungen in den Agglomerations- und Verstädterten Räumen.

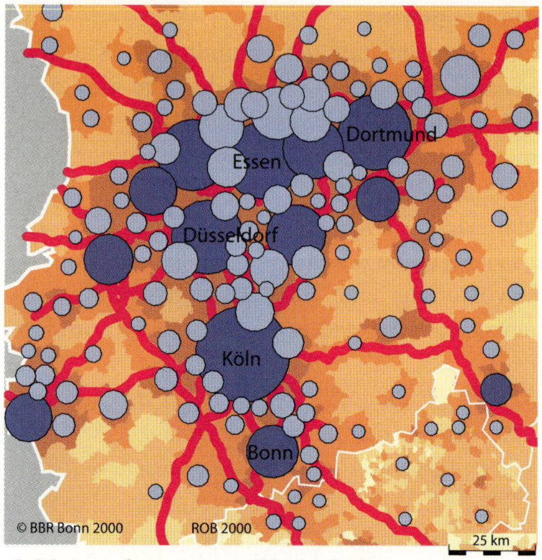

***4.54 a)** polyzentriert: Rhein-Ruhr*

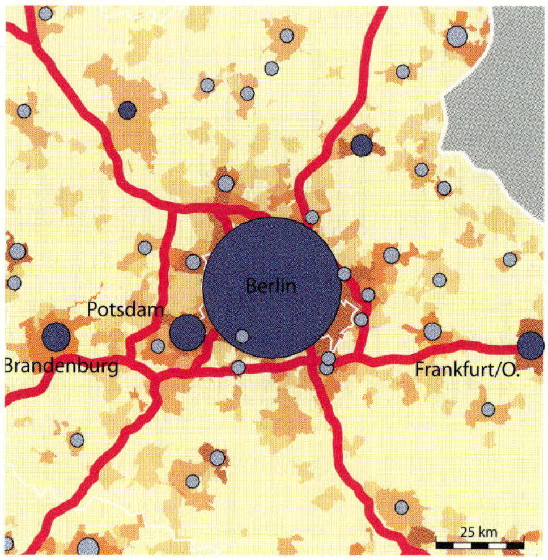

***M 4.54 b)** monozentriert: Berlin-Brandenburg*

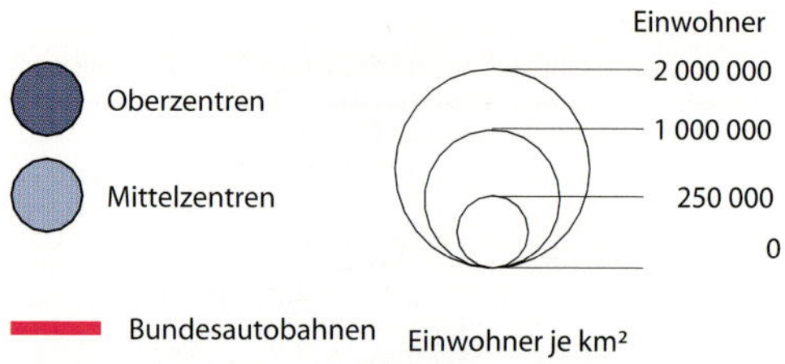

Datenbasis: Laufende Raumbeobachtung des BBR
Gemeinden: Stand 1997
Gemeinden: Stand 1. 1. 1997

Oberzentrum, Mittelzentrum: vgl. M 4.66 auf S. 140

***M 4.54** →*

Zentrenstruktur der Verdichtungsräume in der Bundesrepublik

Bundesamt für Bauwesen und Raumordnung (Hrsg.): Raumordnungsbericht 2000. Bonn: Selbstverlag 2000

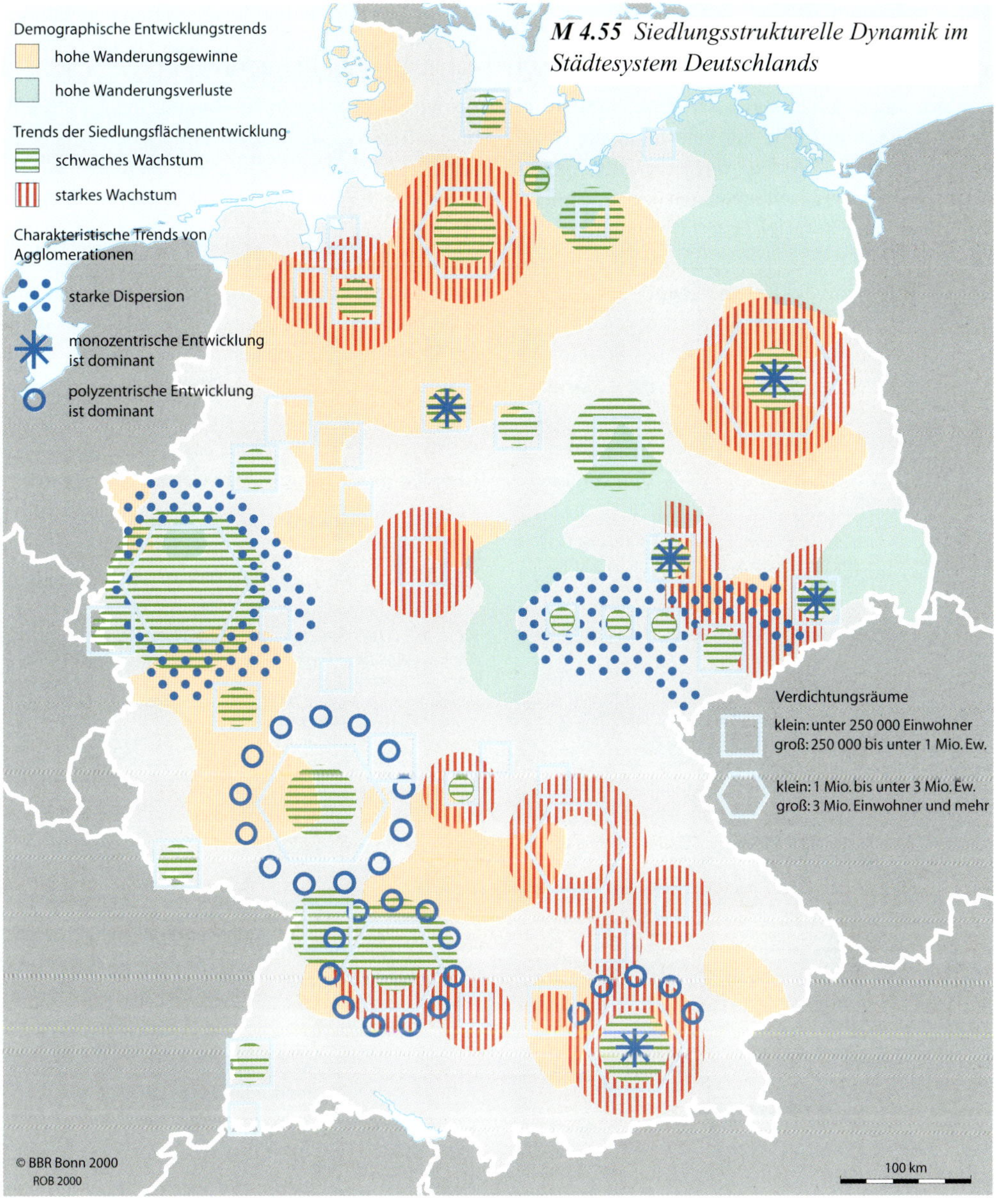

M 4.55 *Siedlungsstrukturelle Dynamik im Städtesystem Deutschlands*

zum Begriff Städtesystem vgl. S. 139

4.50 *Erarbeiten Sie die Grundzüge der Verteilung der großen Verdichtungsräume in der Bundesrepublik Deutschland (M 4.55).*

4.51 *Vergleichen Sie am Beispiel von Rhein-Ruhr und Berlin-Brandenburg die unterschiedliche Zentrenstruktur von Verdichtungsräumen (M 4.54).*

4.52 *Erläutern Sie die städtebaulichen Entwicklungen im Verdichtungsraum Stuttgart mithilfe der charakteristischen Trends in der siedlungsstrukturellen Dynamik (M 4.45, S. 130, M 4.49 – M 4.52, M 4.55).*

4.53 *Prognostizieren Sie die Entwicklung von Bevölkerung, Siedlungsfläche und Zentrenstruktur an ausgewählten Beispielen von Verdichtungsräumen und leiten Sie mögliche Planungsprobleme ab (M 4.55).*

Metropolregionen

Die räumlichen und funktionalen Siedlungsstrukturen Deutschlands sind nicht allein Ergebnis nationaler Entwicklungsprozesse. Sie werden in immer stärkerem Maße von internationalen Vorgängen wie der *Globalisierung*, dem Zusammenwachsen der europäischen Staaten oder in jüngster Zeit durch die EU-Osterweiterung beeinflusst.

Hierauf hat die EU 1999 mit dem „Europäischen Raumentwicklungskonzept" (EUREK) reagiert. Dieses Konzept schreibt den *Metropolregionen* eine Schlüsselfunktion bei der Gestaltung des EU-Raums zu. Ziel ist die „Stärkung eines polyzentrischen und ausgewogenen Systems von Metropolregionen, Stadtgruppen und *Städtenetzen* (vgl. S. 143 – 147) durch engere Zusammenarbeit bei der Strukturpolitik und der Politik der Transeuropäischen Netze sowie durch Verbesserung der Verbindungen zwischen internationalen/nationalen und regionalen/lokalen Verkehrsnetzen." (EUREK, Luxemburg 1999)

In Deutschland wurden 1995 Metropolregionen von der Ministerkonferenz für Raumordnung (MKRO) als „Motoren der gesellschaftlichen, wirtschaftlichen, sozialen und kulturellen Entwicklung zur Erhaltung der Leistungs- und Konkurrenzfähigkeit Deutschlands und Europas" eingestuft; 1997 setzte man für Deutschland sieben Metropolregionen von europäischer Bedeutung fest. Inzwischen hat sich Hannover dem „Initiativkreis Europäische Metropolregionen in Deutschland" angeschlossen.

Innerhalb des nationalen Städtesystems nehmen *Metropolregionen* eine Spitzenstellung ein, die sich aus ihrer Größe, ihrer herausragenden funktionalen Bedeutung sowie ihrer Einbettung in das globale Städtesystem ergibt. Sie dienen mit ihrer europa- und weltweiten Vernetzung als Schnittstellen zwischen internationalen und nationalen

***M 4.56** Europäische Metropolregionen in Deutschland*

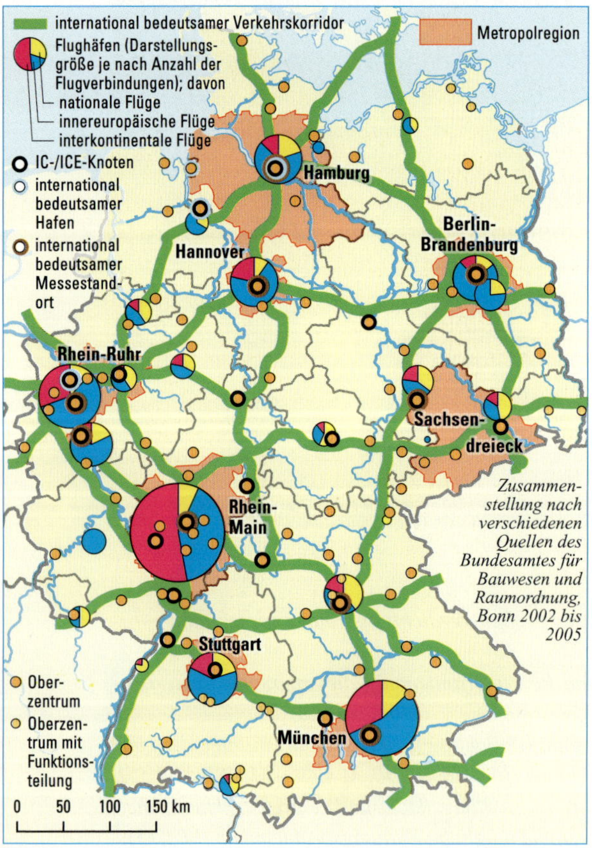

Zusammenstellung nach verschiedenen Quellen des Bundesamtes für Bauwesen und Raumordnung, Bonn 2002 bis 2005

***M 4.57** Metropolregionen als Wirtschaftsstandorte*

Nach Brigitte Adam/Jürgen Gödecke-Stellmann: Metropolregionen – Konzepte, Definitionen und Herausforderungen. In: Informationen zur Raumordnung, H. 9/2002. Bonn: Bundesamt für Bauwesen und Raumordnung 2002, S. 520

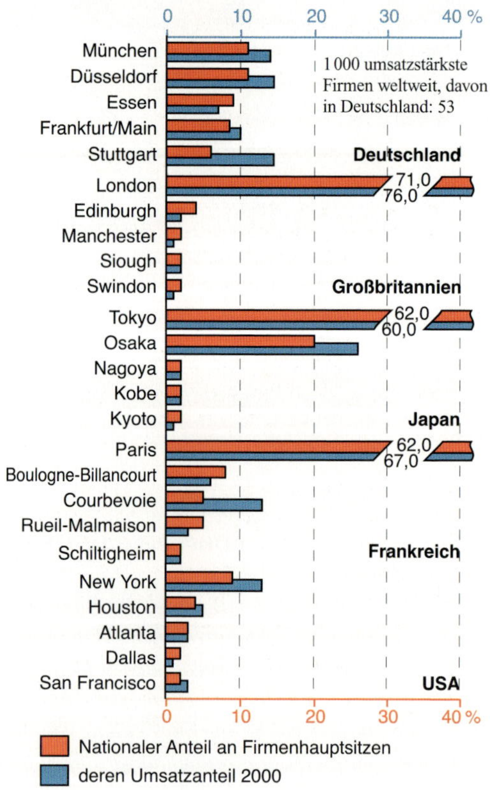

Entwicklungsprozessen. Im Gegensatz zu stark zentralistisch geprägten Ländern wie z. B. Frankreich fehlt Deutschland historisch bedingt eine überragende Hauptstadtregion. Vielmehr verteilen sich Funktionen, die Metropolregionen auszeichnen, auf mehrere Agglomerationen.

***M 4.58** 24 nationale Indikatoren zur Bestimmung von Metropolregionen*

www.bbr.bund.de/Raumordnung/Stadtregionen/Metropolregionen/Identifizierung von Metropolfunktionen

Entscheidungs- und Kontrollfunktion

- Teilfunktion: unternehmerische Entscheidungs- und Kontrollfunktion (TF 1)
  - 1/2 Summe der Beschäftigten/des Umsatzes am Hauptsitz aus Top 1 000
- Teilfunktion: unternehmensnahe Entscheidungs- und Kontrollfunktion (TF 2)
  - 3 Niederlassungen höherwertiger, unternehmensnaher Dienstleister
- Teilfunktion: kapitalmarktorientierte Entscheidungs- und Kontrollfunktion (TF 3)
  - 4 Anzahl Hauptsitze der 20 größten deutschen Banken
- Teilfunktion: politische Entscheidungs- und Kontrollfunktion (TF 4)
  - 5/6 Regierungssitz/Personal des Bundes
  - 7/10 Hauptsitze/Vertretungen von UN- und EU-Organisationen

Innovations- und Wettbewerbsfunktion

- Teilfunktion: Generierung technisch-wissenschaftlicher Innovationen (TF 5)
  - 11/13 Universitäten: Studierende/ausländische Studenten im Wintersemester 2002/2003/Anzahl der Sonderforschungsbereiche
  - 14 Anzahl Stammsitze Großforschungseinrichtungen
- Teilfunktion: Generierung sozialer und kultureller Innovationen (TF 6)
  - 15 Austragungsorte von Sommerolympiaden
  - 16 Besucher offentlicher und privater Theater
  - 17 Auftritte Rolling Stones und Bruce Springsteen

Gateway-Funktion

- Teilfunktion: Zugang zu den Menschen (TF 7)
  - 18/20 Internationale Flughäfen: Frachtaufkommen/Passagieraufkommen/internationale Verbindungen
  - 21/22 Güterumschlag Seehäfen/Binnenhäfen (in 1 000 t)
  - 23 Anzahl Abfahrten ICE/IC/EC-Züge/a
- Teilfunktion: Zugang zu Wissen (TF 8)
  (noch) nicht besetzt
- Teilfunktion: Zugang zu Märkten (TF 9)
  - 24 Messeplätze: Ausstellungskapazitäten in m² (mindestens eine Messe überregionaler oder internationaler Bedeutung) mit Hallenkapazitäten über 100 000 m²

Beispiel Rhein-Main.

***M 4.59** Städte der Metropolregion Rhein-Main 2004*

Stadt	Einwohner	Beschäftigte
Frankfurt	643 726	487 736
Wiesbaden (Landeshauptstadt Hessen)	270 537	122 855
Mainz (Landeshauptstadt Rheinland-Pfalz)	186 103	101 168
Darmstadt	138 959	87 632
Offenbach	119 233	46 513
Gesamtregion	4,9 Mio.	2,4 Mio.

Nach Stadt Frankfurt: Frankfurt/Rhein-Main präsentiert sich in Brüssel, 29. September 2004, auf www.frankfurt.de

***M 4.60** Internationaler Finanzplatz Frankfurt*

Nach Vivian Lo/Eike Schamp: Finanzplätze auf globalen Märkten – Beispiel Frankfurt/Main. In: Geographische Rundschau, 51. Jg., H. 7. Braunschweig: Westermann 2001, S. 28

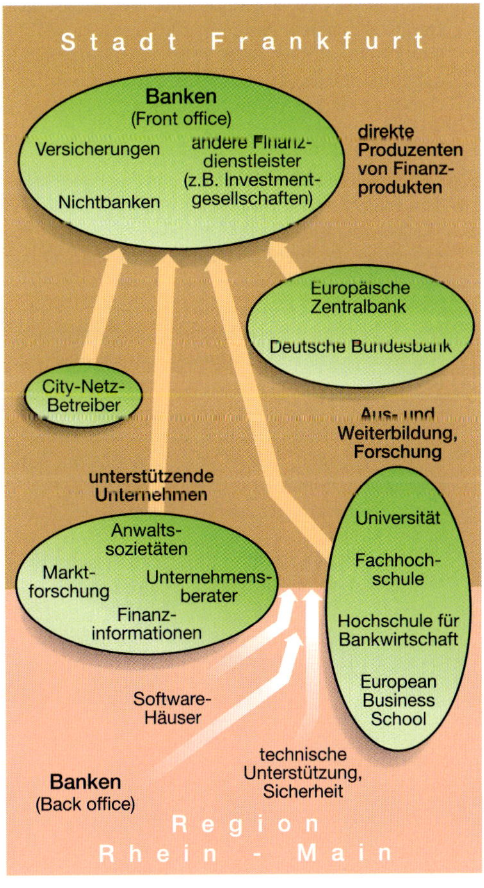

M 4.61 *Messe Frankfurt 2004 im Überblick*

Nach www.messefrankfurt.com

Inlandsmessen	
Zahl der Messen und Ausstellungen	51
Aussteller	40 600
Besucher	1,55 Mio.
Auslandsmessen	
Zahl der Messen und Ausstellungen	59
Aussteller	15 000
Besucher	0,74 Mio.
Flächen	
Hallenfläche	324 041 m²
Freifläche	83 163 m²

M 4.62 *Europa-Info in Frankfurt (Auswahl)*

a) Die Europaabteilung im Referat für internationale Angelegenheiten der Stadt Frankfurt am Main ist Ihr Ansprechpartner für Fragen zur Europäischen Union. Das Referat koordiniert die städtischen Europaaktivitäten, darunter:
- Information über aktuelle kommunalrelevante Politik und Rechtsentwicklung im Bereich Europa sowie EU-Förderprogramme
- internationale Projektarbeit,
- Kontakt zu europäischen Netzwerken,

b) Die Europäische Zentralbank mit Sitz in Frankfurt am Main steht im Zentrum der Europäischen Währungsunion. Hauptziel ihrer Arbeit ist die Erhaltung der Stabilität der europäischen Währung,

c) Netzwerk Hessen Europainfo
Die acht hessischen Kooperationspartner des Netzwerkes Hessen Europainfo informieren und beraten in Zusammenarbeit mit der Europäischen Kommission und der Europaabteilung der Hessischen Staatskanzlei hessische Unternehmen, Existenzgründer, Städte und Kommunen, Forschungseinrichtungen, Bürger und andere Institutionen in allen Fragen, die die Europäische Union betreffen. U. a.:
- Unterstützung kleiner/mittlerer Unternehmen,
- Information zu europäischen Förderprogrammen,
- Recherche nach europaweiten öffentlichen Aufträgen für spezifische Produkte und Dienstleistungen,
- Technologietransfer (Technologieangebote, Technologiegesuche werden in ein europaweites Netzwerk eingespielt).

Stadt Frankfurt auf www.frankfurt.de/Frankfurt A – Z/Europa

M 4.63 *Frachtflughafen Frankfurt am Main im weltweiten Vergleich*

Nach Fraport AG auf www1.cargocity.de; ACI 2004

„Frankfurt ist beim Luftfrachtaufkommen die Nr. 1 in Europa und weltweit die Nr. 8. Im Jahre 2003 belegte es beim Passagieraufkommen den zweiten Platz in Europa. Das prognostizierte Luftfrachtwachstum für Frankfurt beträgt jährlich 3,8 %. Daraus resultiert hochgerechnet ein Frachtvolumen von 2,75 Mio. t im Jahr 2015. Der hohe Umladefrachtanteil von 60 % bestätigt darüber hinaus die Bedeutung des Standortes als Drehscheibe des internationalen Luftfrachtverkehrs."

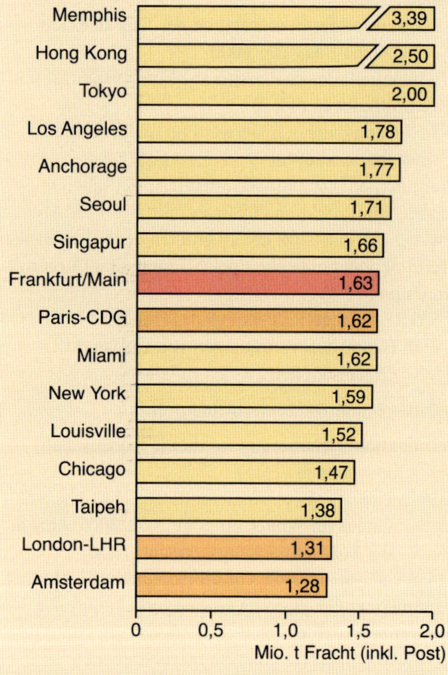

4.54 *Stellen Sie mithilfe von M 4.56–M 4.63 die Metropolfunktion der Region Rhein-Main dar.*

4.55 *Führen Sie für die Metropolregion Rhein-Main eine Internetrecherche zu den Teilfunktionen „Kultur- und Sportveranstaltungen von europäischer Bedeutung" durch.*

4.56 *Nürnberg, wie auch andere deutsche Großstädte, bemüht sich mit großem Aufwand um die Anerkennung als Metropolregion in Europa. Nennen Sie mögliche Gründe für ein derartiges Bemühen.*

Städtesysteme

Städte liegen in aller Regel nicht isoliert im Raum. Es bestehen vielmehr vielfältige Beziehungen und Verflechtungen sowohl zwischen den Städten und ihrem jeweiligen *Umland* (vgl. das Modell der *Stadtregion* M 4.51, S. 133) als auch zwischen den einzelnen Städten selbst – sowohl auf regionaler, nationaler als auch internationaler Ebene. Die Gesamtheit der Städte eines Raumes, z. B. eines Staates, bezeichnet man in der Fachsprache als „Städtesystem", die Beziehungen zwischen den einzelnen Städten, den Elementen des Systems, als „Systembeziehungen".

Die Systembeziehungen haben Auswirkungen auf viele Bereiche. Sie zeigen sich z. B. in der Lage und Größe, vor allem aber in der funktionalen Ausstattung und damit in der Bedeutung der jeweiligen Stadt. Besonders in den Industrieländern haben der Personen- und Güterverkehr sowie der Austausch von Dienstleistungen ein eng vernetztes Gefüge von Städten unterschiedlicher Größenordnung sowie ein Netz von Verkehrskorridoren geschaffen, die die städtischen Siedlungen untereinander verbinden, sowohl räumlich als auch funktional.

Aufgrund der Entwicklungen im Informations-, Kommunikations- und Technologiebereich gewinnen die Systembeziehungen in jüngerer Zeit zunehmend an Bedeutung. Dies zeigt sich u. a. in der Konzentration des Eisenbahnfernverkehrs auf wenige die Großstädte verbindende Achsen oder in der Ausweitung internationaler Geschäftsbeziehungen und damit der Zunahme des Flugverkehrs zwischen den *Metropolen* der Industrieländer.

Im Zusammenhang mit der hohen Städtedichte und dem steigenden Verkehrsaufkommen führen die wachsenden Systembeziehungen in Deutschland zu vielfältigen Problemen, die umfassende raumordnerische Maßnahmen erfordern, z. B. zur Bündelung des Verkehrs auf eine begrenzte, ökologisch vertretbare Anzahl von Achsen, zur Gewährleistung einer raumdeckenden Versorgung der Bevölkerung in peripheren Regionen mit lebensnotwendigen Gütern und Diensten oder zur Einschränkung des wachsenden Flächenverbrauchs durch Siedlungen, Verkehr und Gewerbe.

***M 4.64** Grundmuster der Funktionsbeziehungen in Städtesystemen*

Nach Hans Heinrich Blotevogel: Das Städtesystem in Nordrhein-Westfalen. In: P. Weber und K. F. Schreiber (Hrsg.): Westfalen und angrenzende Gebiete. Festschrift zum 44. Deutschen Geographentag. Paderborn: Schöningh 1983, Abb. 1

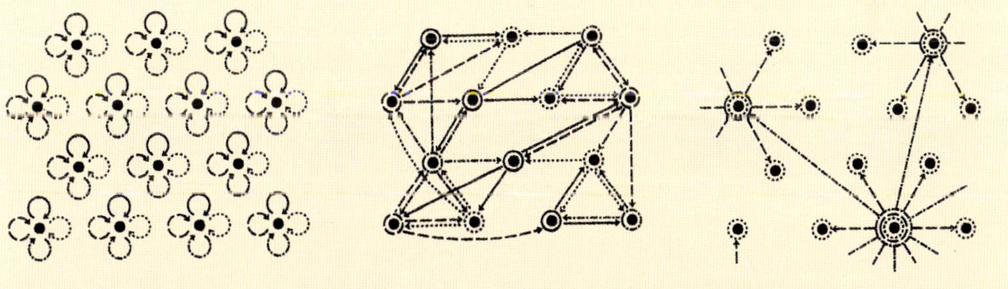

„Städtesystem" ohne Funktionsspezialisierung
Hierbei handelt es sich um einen nur theoretisch denkbaren Extremfall: In jeder Stadt sind alle Funktionen vorhanden, d. h., es fehlen die Beziehungen zwischen den Städten; die jeweilige Stadt ist ausschließlich auf ihr Umland bezogen. Ein Städtesystem im eigentlichen Sinne existiert nicht.

Sektorale Funktionsspezialisierung
Die Funktionen A bis D sind in jeweils verschiedenen Städten lokalisiert, sodass sich die Städte gegenseitig funktional ergänzen. Da jede Stadt nur über eine der vier Funktionen verfügt, müssen zur Bedarfsdeckung die Nachbarstädte in Anspruch genommen werden.

Hierarchische Funktionsspezialisierung
Die Städte bieten eine jeweils unterschiedliche Zahl und Art von Funktionen an. Funktion B ist z. B. in allen Städten vorhanden, während die Funktion D in drei und die Funktion C nur in einer Stadt gegeben ist. Eine Folge dieses Modells ist eine funktionale Über- bzw. Unterordnung im Städtesystem.

Zentrale Orte und Städtenetze als raumordnungspolitische Handlungsansätze

Im Folgenden werden zwei Formen von Städtesystemen vorgestellt: Zentrale Orte und Städtenetze. Beide werden in Deutschland als Instrumente regionaler Raumordnungspolitik eingesetzt, um z. B. den oben angedeuteten Problemen entgegenzuwirken.

Das Zentrale-Orte-Modell

Die funktionalen Beziehungen zwischen den Städten und ihrem Umland sowie zwischen benachbarten Städten unterschiedlicher hierarchischer Funktionsspezialisierung (M 4.64) werden besonders deutlich in den Berufspendlerbeziehungen. Untersuchungen in Deutschland zeigen, dass von den Erwerbstätigen, die täglich zwischen Wohnort und Arbeitsstätte pendeln, in Deutschland fast zwei Drittel in die jeweils größere Stadt fahren. In dieser Zahl spiegelt sich zum einen die Bedeutung der Städte als Arbeitsmarktzentren wider. Darüber hinaus bieten die Städte zahlreiche andere Einrichtungen an, die von den Bewohnern der engeren oder weiteren Umgebung in Anspruch genommen werden, z. B. spezialisierte Einzelhandelsgeschäfte, Schulen, Krankenhäuser u. a. m. Dieser Bedeutungsüberschuss, den eine Stadt gegenüber ihrem Umland und Nachbarstädten ausweist, wird als *Zentralität* definiert. Städtische Siedlungen mit einem solchen Bedeutungsüberschuss sind *Zentrale Orte*. Den Einzugsbereich eines Zentralen Ortes nennt man *Reichweite*. Sie gibt die maximale Entfernung an, aus der die Bevölkerung des Umlandes zum Besuch einer Einrichtung in den Zentralen Ort kommt.

M 4.65 *Die Theorie der Zentralen Orte*

„Die klassische Theorie der Zentralen Orte geht auf den Geographen Walter Christaller (1933) zurück. Die Theorie basiert auf der ökonomischen Überlegung, dass Güter und Dienste nicht in gleicher Weise und Häufigkeit von den Bewohnern eines Raumes in Anspruch genommen werden. Manche, wie z. B. Lebensmittel für den täglichen Bedarf, werden ständig benötigt, müssen also leicht erreichbar sein; andere, beispielsweise Luxusartikel der Bekleidung, werden nur selten oder nicht von allen nachgefragt. Entsprechendes gilt für die Inanspruchnahme von unterschiedlichen Diensten. Je seltener ein Gut oder ein Dienst benötigt wird, umso größer muss das Absatzgebiet (zentralörtlicher Bereich) sein, um ein derartiges Angebot wirtschaftlich erbringen zu können …

Hauptanliegen W. Christallers war es, mithilfe einer ökonomischen Theorie die Verteilung unterschiedlich großer Siedlungen bzw. Zentraler Orte zu erklären und Regelhaftigkeiten ihrer räumlichen Anordnung nach Größenkategorien zu erfassen … Darüber hinaus fand das aus der Theorie abgeleitete Modell der Zentralen Orte seit den [19-]sechziger Jahren Eingang in die Raumordnung, Landes- und Regierungsplanung, und dies nicht nur in Deutschland, sondern nahezu weltweit. Seine wichtigsten Anwendungsfelder liegen in der Infrastrukturplanung sowie in der planmäßigen Entwicklung von innerstädtischen Zentrensystemen und regionalen und nationalen Städte- und Siedlungssystemen."

Heinz Heineberg: Stadtgeographie, a. a. O., S. 80–81

M 4.66 *Zentralitätsstufen*

Die Zentralität eines Ortes wird heute mithilfe von Ausstattungsmerkmalen bestimmt. Dabei ergibt sich folgende Gliederung:

- Oberzentren – in der Regel Großstädte mit zentralen Einrichtungen von hoher Reichweite, z. B. Universitäten, Krankenhäuser mit allen Fachabteilungen, Museen, bedeutende Verwaltungseinrichtungen, spezialisierte Fachgeschäfte mit hoch- und höchstwertigen Gütern für den langfristigen bzw. episodischen Bedarf,
- Mittelzentren – in der Regel Mittelstädte/Kreisstädte, deren Einrichtungen den mittelfristigen (periodischen), gehobenen Bedarf der Bevölkerung der Stadt und des Umlandes decken, z. B. Fachärzte, Rechtsanwälte, höhere Schulen,
- Unterzentren – meist Kleinstädte oder Marktorte im ländlichen Raum mit Einrichtungen zur Versorgung des Nahbereiches; angeboten werden insbesondere Güter und Dienstleistungen des täglichen und kurzfristigen Bedarfs.

***M 4.67** Zentrale Orte in Deutschland*

Bundesamt für Bauwesen und Raumordnung (Hrsg.): Raumordnungsbericht 2005. Bonn: Selbstverlag 2005

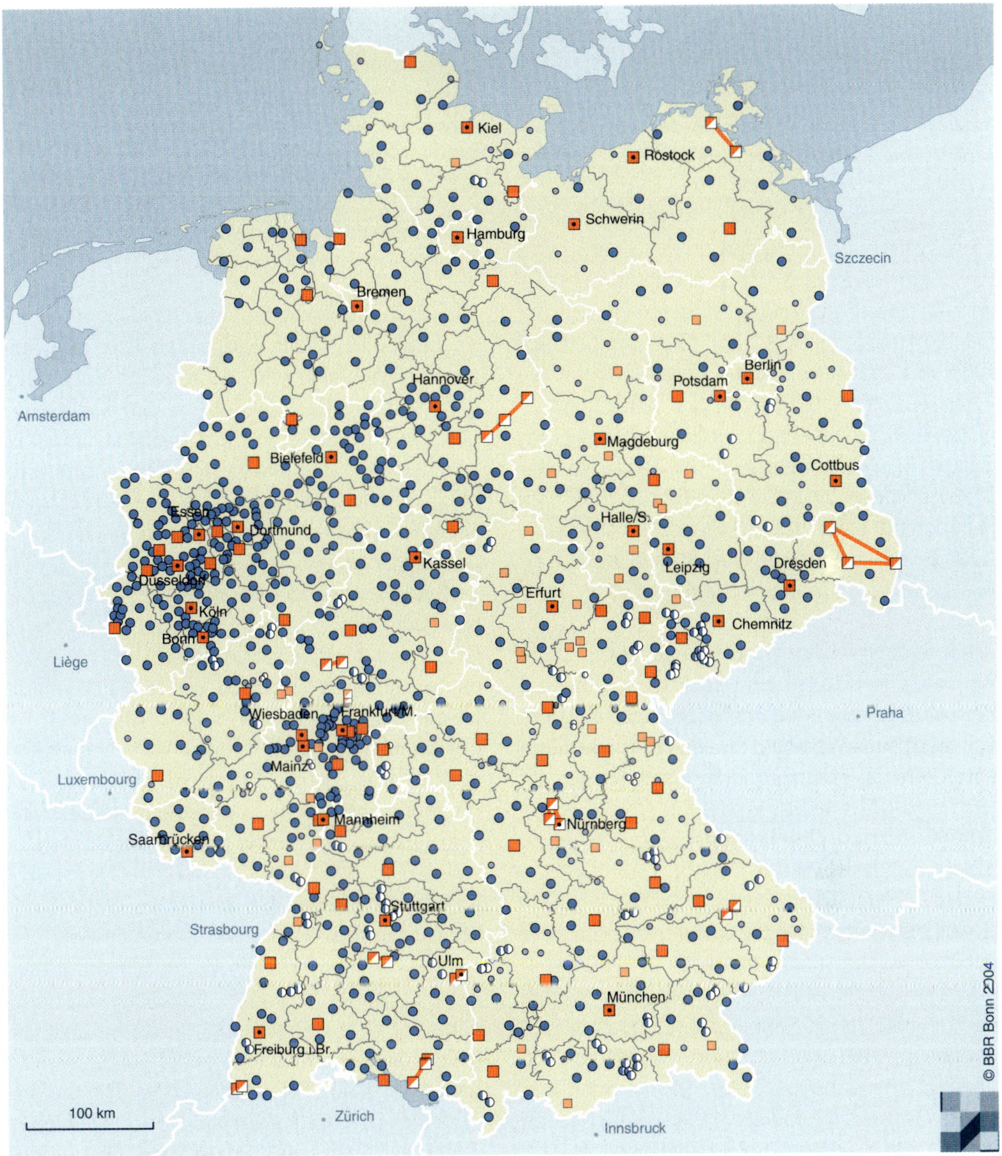

Oberzentrum

Oberzentren in gegenseitiger Funktionsergänzung, oberzentrale Doppel- oder Mehrfachorte und oberzentrale Städteverbünde

mögliches Oberzentrum bzw. Mittelzentrum mit Teilfunktionen eines Oberzentrums

Teil eines möglichen Oberzentrums bzw. Mittelzentrums mit Teilfunktionen eines Oberzentrums

Mittelzentrum

Teil eines Mittelzentrums

mögliches Mittelzentrum bzw. Unter-/Grundzentrum mit Teilfunktionen eines Mittelzentrums

Teil eines möglichen Mittelzentrums bzw. Unter-/Grundzentrums mit Teilfunktionen eines Mittelzentrums

Quelle: Pläne und Programme der Länder, Bearbeitungsstand: 31.12.2004

Planungsregionen, Stand 31.12.2002

Bedeutung des Zentralen-Orte-Modells für die Raumordnung. Seit den 1960er Jahren ist das System der Zentralen Orte ein fester Bestandteil der bundesdeutschen Raumordnungspolitik.

M 4.68 *Das Zentrale-Orte-Modell als bundesweites Raumordnungsinstrument*

„Das Zentrale-Orte-System stellt ein Steuerungssystem bei Entscheidungen über raumwirksame Planungen und Maßnahmen dar. Es kann beispielsweise eine Rolle spielen bei der Genehmigung großflächiger Einzelhandelsprojekte. Bei der Ausgestaltung des kommunalen Finanzausgleichs lag bzw. liegt in vielen Ländern ein zentralörtlicher Ansatz vor. Das Zentrale-Orte-System kann ferner angewendet werden bei der Steuerung des Einsatzes von Fördermitteln, im Rahmen der Struktur- und Standortpolitik sowie auch zur Gestaltung des Verkehrsnetzes".

Bundesraumordnungsbericht 2000, S. 202

Auch in den meisten Landesplänen kommt dem Zentrale-Orte-Modell eine Schlüsselstellung zu. So wurde in dem Landesentwicklungsprogramm von Nordrhein-Westfalen die zentralörtliche Gliederung für das gesamte Landesgebiet festgelegt.

M 4.69 *Zentrale Orte in der Landesplanung von Nordrhein-Westfalen*

„Das Grundraster der Besiedlung des Landesgebietes wird ... durch ein Netz funktional miteinander verbundener Gemeinden, das System der zentralörtlichen Gliederung, dargestellt. Das Landesentwicklungsprogramm verpflichtet die öffentlichen Planungs- und Maßnahmeträger dazu, die raumstrukturellen Planungsaufgaben auf dieses funktional gegliederte System von Grund-, Mittel- und Oberzentren und – davon ausgehend – auf ein System von Entwicklungsschwerpunkten und Entwicklungsachsen auszurichten ... Die Einordnung der Städte und Gemeinden in das zentralörtliche Gliederungssystem richtet sich nach den dafür maßgeblichen Kriterien, das heißt insbesondere den Einwohnerzahlen der einzelnen Versorgungsbereiche sowie bei der Beurteilung von Grenzfällen, der besonderen Stellung einzelner Gemeinden im regionalen Arbeitsmarkt ... Entwicklungsschwerpunkte im Sinne des Landesentwicklungsprogramms ... sind alle Gemeinden des Landes, deren mittelzentraler Versorgungsbereich mindestens 25 000 Einwohner umfasst oder in Kürze umfassen wird; sie sind deckungsgleich mit den Mittel- und Oberzentren."

Ministerium für Umwelt, Raumordnung und Landesplanung des Landes Nordrhein-Westfalen: Landesentwicklungsplan Nordrhein-Westfalen 1995, S. 15–16

Die formelle Ausweisung einer Gemeinde als „Zentraler Ort" kann entscheidend für ihre weitere Entwicklung sein, da mit der Einstufung nicht nur Prestige, sondern in der Regel auch Geld verbunden ist. Für ein Oberzentrum ist es z. B. leichter, an Bundes- und Landesmittel heranzukommen, etwa für den Ausbau entsprechender Infrastruktureinrichtungen oder Dienstleistungsangebote.
Im Sinne der geforderten Gleichwertigkeit der Lebensbedingungen muss im System der Zentralen Orte bis in die Randgebiete eines Versorgungsbereiches optimaler Zugang zu den zentralen Dienstleistungen gewährleistet sein. Erforderlich ist deswegen ein gezielter Ausbau der Verkehrsinfrastruktur. Das Zentrale-Orte-Konzept wird von der Raumordnung in Deutschland daher verbunden mit dem Ausbau so genannter *Entwicklungsachsen.*

Kritik am Modell der Zentralen Orte. Kritiker werfen dem Modell der Zentralen Orte u. a. vor, dass es die wirklichen räumlichen Strukturen zu sehr vereinfacht, z. B. die ungleiche Verteilung Zentraler Orte infolge topografischer Gegebenheiten oder durch die wirtschaftlichen Voraussetzungen und Entwicklungen (z. B. Ballung Zentraler Orte im Ruhrgebiet bzw. ihr Fehlen in peripheren Regionen). Somit könne das Modell auch keine ausreichende Basis für raumplanerische Maßnahmen liefern.

4.57 *Erläutern Sie das Modell der Zentralen Orte. Welches Prinzip liegt ihm zugrunde?*
4.58 *Ordnen Sie Ihre Heimatgemeinde anhand entsprechender Ausstattungsmerkmale in das System der Zentralen Orte ein. Vergleichen Sie Ihr Ergebnis mit der Karte M 4.67.*

Städtenetze

Seit Anfang der 1990er Jahre sehen sich die Städte des Bundesgebietes, wie auch die anderer europäischer Staaten, verstärkt mit neuen Herausforderungen konfrontiert. Durch die deutsche Wiedervereinigung, die Öffnung nach Osteuropa, die Vollendung des europäischen Binnenmarktes sowie die weltweite Entwicklung unter dem Stichwort „Globalisierung“ entstanden nicht nur eine stärkere Konkurrenz der Regionen und Städte untereinander, sondern auch neue Handlungsfelder, für die die bislang praktizierten raumordnerischen Instrumente nur unzureichende Hilfen boten. Aber auch die weltweit drohende Verknappung natürlicher Ressourcen und wachsende Umweltbelastungen verlangten von den Städten und Kommunen, nachhaltige Entwicklungsstrategien vor Ort zu entwickeln (Agenda 21 – M 3.45, vgl. S. 99–103). Auch angesichts der wachsenden Finanzarmut kamen die verantwortlichen Entscheidungsträger in den Städten mehr und mehr zu der Einsicht, dass diese neuen Anforderungen im Alleingang kaum noch zu bewältigen seien. Unter dem Motto „Kooperation statt Konkurrenz“ schlossen sich viele Städte zu „Städtenetzen“ zusammen, um sich gemeinsam im regionalen, nationalen und internationalen Wettbewerb zu behaupten.

M 4.70 *Merkmale von Städtenetzen*

„Freiwilligkeit: Städtenetze beruhen auf der freien Entscheidung der beteiligten Kommunen, die auch die Arbeitsfelder des Netzes eigenverantwortlich bestimmen.

Gleichberechtigung: Die in Städtenetzen kooperierenden Kommunen sind – unabhängig von ihrer Größe – gleichberechtigte Partner, die auch ihre volle Selbstständigkeit bewahren.

Gemeinsames Geschäftsziel: Städtenetze haben ein gemeinsames Geschäftsziel, zu dem alle Partner Leistungen beitragen und von dem alle Nutzen erwarten.

Interessensidentität: Städtenetze leben also von der Erwartung jeder einzelnen Kommune, dass sie durch die Zusammenführung der Potenziale ihre Aufgaben besser erfüllen kann …

Mehrdimensionalität der Kooperation: Das Geschäftsziel eines Städtenetzes ist nicht eine einmalige oder auf eine Einzelmaßnahme bezogene Kooperation, sondern auf mittel- bis langfristigen Leistungszuwachs in mehreren wichtigen/unterschiedlichen Bereichen angelegt …

Raumbedeutsamkeit: Städtenetze sollen raumbedeutsam sein. Unter Raumbedeutsamkeit verstehen wir hier jede Maßnahme, die die Ausnutzung der Potenziale eines Raumes beeinflusst – zu einer effektiveren und verträglicheren Nutzung.“

http://www.saechsisch-bayerisches-staedtenetz.de/download/definition.pdf

M 4.71 *Städtenetz Damme – Diepholz – Lohne – Vechta*

Verbund zur Stärkung der Region

wir, vier

damme · diepholz · lohne · vechta

EFFIZIENZ UND INNOVATION
DURCH KOOPERATION

M 4.72 *Handlungsfelder von Städtenetzen*

Die Zusammenarbeit innerhalb der Städtenetze richtet sich im Wesentlichen auf Aufgaben, die effektiv nur im Verbund zu lösen sind. Dabei handelt es sich nicht um eine abgeschlossene Festlegung der Aufgabenbereiche, sondern um einen offenen Katalog von Maßnahmen, der je nach Situation geändert oder erweitert werden kann. Die wichtigsten Handlungsfelder sind:

- Politische Außenvertretung und Außenmarketing, z. B. Profilierung der Region gegenüber Verdichtungsräumen, Schaffung einer besseren Ausgangsposition im Wettbewerb der europäischen Regionen,
- Wirtschaftsförderung und Gewerbeentwicklung, z. B. Ausweisung gemeinsamer Gewerbeflächen oder Einrichtung von Technologiezentren,
- Siedlungsentwicklung, z. B. Durchführung eines gemeinsamen Flächenmanagements, Ausweisung von Sanierungs- und Neubaugebieten,
- Verkehrsentwicklung, z. B. Entwicklung von ÖPNV-Konzepten und Einrichtung von Güterverkehrszentren,
- Umweltvorsorge und Umweltschutz, z. B. Festlegung überörtlicher Standorte für Deponien und Müllverbrennungsanlagen,
- Tourismus und Fremdenverkehr, z. B. gemeinsame Werbeaktionen, Ausbau der touristischen Infrastruktur.

„Modellvorhaben Städtenetze". Der Gedanke der Städtenetze wurde in Deutschland zum ersten Mal im „Raumordnerischen Orientierungsrahmen" (ORA) vom November 1992 als Element der Raumordnungs- und Regionalpolitik konzipiert.

Zwei Jahre später wurde auf der Grundlage von Empfehlungen der Bundesforschungsanstalt für Landeskunde und Raumordnung (BfLR) im Rahmen des experimentellen Wohnungs- und Städtebaus das „Modellvorhaben Städtenetze" ins Leben gerufen. An 11, später 12 ausgewählten Modellvorhaben (siehe nebenstehende Karte) sollte überprüft werden, unter welchen Bedingungen Städtenetze die bislang praktizierten raumordnerischen Leitbilder und Instrumente ergänzen können. Bei der Weltsiedlungskonferenz HABITAT II in Istanbul im Jahre 1996 gehörten die Städtenetze bereits zu den „German best practices".

Die 12 Modellvorhaben spiegeln die gesamte Vielfalt der deutschen Siedlungsstruktur wider: von großen Metropolregionen bis Mittelzentren in stärker ländlich strukturierten Regionen. Auch nach räumlichen Ausgangssituationen wurde differenziert:

- Städtenetze zur Entlastung von hochverdichteten Agglomerationsräumen in Westdeutschland,
- Städtenetze mit Ausbaubedarf in strukturschwachen ländlichen Regionen in Westdeutschland,
- Städtenetze mit besonderem Entwicklungsbedarf in den Neuen Bundesländern.

Anmerkungen zur nebenstehenden Karte M 4.74 →

Das „Modellvorhaben Städtenetze" ist eingebunden in das umfassendere Aktionsprogramm „Modellvorhaben Raumordnung" des Bundesamtes für Bauwesen und Raumordnung. Dieses dient zur Erprobung neuer raumordnerischer Handlungsansätze und Instrumente. Damit sollen laufende regionale Entwicklungsprozesse unterstützt und gefördert werden. Als Beispiele werden in der Karte, zusätzlich zu den Städtenetzen, folgende Instrumente aufgeführt.

Regionalkonferenzen:
Mit ihnen wird eine Stärkung der regionalen Zusammenarbeit zur Förderung von Entwicklungsprozessen angestrebt.

Regionale Sanierungs- und Entwicklungsgebiete:
In drei Modellvorhaben sollen neue, integrierte Konzepte, Methoden und Instrumente zur Vermeidung und Verminderung von Umweltbelastungen entwickelt und erprobt werden; Bergbaufolgeschäden (Okertal/Harz und Johanngeorgenstadt/Erzgebirge), landwirtschaftliche Intensivgebiete (Vechta-Cloppenburg).

Wettbewerb „Regionen der Zukunft":
Im Mittelpunkt des Wettbewerbs steht inhaltlich die Umsetzung von Zielen einer nachhaltigen Raum- und Siedlungsentwicklung im Sinne der Agenda 21, z. B. sparsame und verkehrsreduzierte Flächennutzung, besserer Freiraumschutz, Förderung innovativer, umweltorientierter Betriebe. Das für die Raumordnung neue Instrument „Wettbewerb" wurde gewählt, um der regionalen Vielfalt von Wegen in eine nachhaltige Entwicklung besser Rechnung tragen zu können und da viele ökologische und soziale Probleme von den einzelnen Gemeinden allein nicht mehr gelöst werden können.

M 4.73 Gegenüberstellung wesentlicher Merkmale von Zentralen Orten und Städtenetzen

Axel Priebs: Zentrale Orte und Städtenetze – konkurrierende oder komplementäre Instrumente der Raumordnung? In: Bundesamt für Bauwesen und Raumordnung (Hrsg.): Informationen zur Raumentwicklung, H. 10, 1996. Bonn: Selbstverlag, S. 685

Zentrale Orte	Städtenetze
• Bollwerke für gleichwertige Mindestversorgung (flächendeckend)	• Kooperativer Gesamtstandort mit insgesamt verbessertem und stärker ausdifferenziertem Angebot (selektiv)
• Versorgungsbereiche sind in der Regel klar voneinander abgegrenzt	• Städtenetz bildet grundsätzlich einen gemeinsamen Versorgungsbereich mit funktionaler Ergänzung
• Festlegung von oben als förmliches Ziel der Raumordnung	• Initiative „von unten", informell und nicht notwendigerweise unter Beteiligung bzw. mit Zustimmung der Raumordnung
• Die einzelne Kommune ist Element des zentralörtlichen Systems mit klarer hierarchischer Einstufung	• Die einzelne Kommune ist gleichberechtigter Partner und Akteur
• Auf langfristige Wirksamkeit ausgerichtetes, relativ statisches Ordnungsinstrument	• Strategische Allianz eventuell auf Zeit; flexibel und handlungsorientiert

M 4.74 *Bundesprogramm: Modellvorhaben der Raumordnung (ergänzt durch weitere Städtenetze; Stand 2005)*

Datenbasis: Laufende Raumbeobachtung des BBR

Nach Bundesamt für Bauwesen und Raumordnung (Hrsg.): Raumordnungsbericht 2000. Bonn: Selbstverlag 2000, S. 209

Die erste **KERNFUSION** bei 21 °C

Bei 100 Millionen Grad Celsius laufen in der Sonne ständig Kernfusionen ab. Sie produzieren große Mengen an Energie. Der Mensch bemüht sich bisher vergeblich darum, diesen Prozess auf der Erde in großem Maßstab zu kopieren. Nun scheint es, dass die Städte **K**iel, **E**ckernförde, **R**endsburg und **N**eumünster den Technikern ein großes Stück voraus sind. Bei einer sommerlichen Durchschnittstemperatur von 21 °C haben sie sich zur Technologie-Region **K.E.R.N.** zusammengeschlossen. Mitten in Schleswig-Holstein. Durch die Verschmelzung werden immer mehr und immer neue wirtschaftliche und kulturelle Energien freigesetzt. Jeder, der hier arbeitet, wohnt und neu hinzukommt, profitiert davon. Informieren sie sich über das Potenzial der **K.E.R.N.**-Region.

M 4.75 *Werbung Modellvorhaben K.E.R.N.*

M 4.76 *Kurzprofil K.E.R.N.*

„Im Zentrum Schleswig-Holsteins bilden die Landeshauptstadt Kiel, die sie umgebenden Landkreise Rendsburg-Eckernförde und Plön [2005 aus dem K.E.R.N. e. V. ausgetreten] sowie die Stadt Neumünster die Technologie-Region K.E.R.N. Die Organisation „Technologie-Region K.E.R.N. e.V." wurde 1991 mit dem Ziel gegründet, die regionale Entwicklung auf allen Ebenen zu fördern …

Der Arbeitsauftrag K.E.R.N. umfasst die stetige Verbesserung der kommunalen, wirtschaftlichen und kulturellen Kooperationen innerhalb der Region sowie die Darstellung ihrer Leistungsfähigkeit nach außen … Auf internationaler Ebene unterhält K.E.R.N. im Rahmen eines von der Europäischen Union geförderten Programms intensive Beziehungen zur Region Fünen in Dänemark."

Bundesamt für Bauwesen und Raumordnung (Hrsg.): Modellvorhaben „Städtenetz". Werkstatt: Praxis Nr. 3/1999. Bonn: Selbstverlag, S. 25

M 4.77 *K.E.R.N. – Raumstrukturelle Grunddaten (2002)* *Nach Angaben der IHK Kiel*

Stadt	Einwohner	Zentralität	Besondere Merkmale
Kiel	233 270	Oberzentrum	Landeshauptstadt, Fährhafen, Universität, Fachhochschule
Eckernförde	23 250	Mittelzentrum	Fremdenverkehrsort, Marinestandort, Fachhochschule für Bauwesen
Rendsburg	29 101	Mittelzentrum	Traditionelles Handels- und Dienstleistungszentrum am Nord-Ostsee-Kanal, Fachhochschule für Landwirtschaft, AKAD-Fachhochschule
Neumünster	79 540	Oberzentrum	Ehemaliges Zentrum für Leder- und Textilindustrie, heute bedeutender Gewerbestandort im mittleren Schleswig-Holstein, Messestandort, Verlagsstandort

M 4.78 *K.E.R.N. – Ausgangslage und Ziele*

„– Ursprünglich (1991): Notwendigkeit zur Bündelung und gemeinsamen Vertretung der regionalen Ressourcen und Interessen,
- Änderung der wirtschaftlichen Situation durch deutsche Einheit, EU-Erweiterung, politischen und wirtschaftlichen Wandel in den baltischen Ländern,
- Neue Verflechtungen, Herausforderungen, Chancen im zusammenwachsenden Ostseeraum,
- Neudefinition der Rolle im deutschen und europäischen Raum, verstärkte Profilierung und Bündelung der Eigenkräfte,
- Langfristige Sicherung seiner Konkurrenzfähigkeit,
- Chance zur Ausweitung der – bisher stark auf innere Identitätsbildung und gemeinsame Außendarstellung konzentrierten – Netzaktivitäten auf gemeinsame Behandlung von Projekten mit regionaler Bedeutung,
- Ausrichtung der Organisationsformen auf eine stärkere Rückkoppelung mit den Planungsebenen und damit stärkere Innenwirkung,
- Breitere Grundlage der bisher auf Arbeit der Geschäftsstelle und des Vorstandes gestützten Organisation zur gemeinsamen Planung und Realisierung entwicklungsrelevanter Maßnahmen."

Bundesamt für Bauwesen und Raumordnung (Hrsg.): Modellvorhaben ..., a. a. O., S. 40–41

4.59 *Erläutern Sie das raumordnerische System der „Städtenetze": Welche Intentionen liegen ihm zugrunde? Inwiefern kann man hier von einem „neuen" raumordnerischen Ansatz sprechen?*

M 4.79 *Bevölkerungsanateile der einzelnen Kreise an der K.E.R.N.-Region und Anteil der K.E.R.N.-Region an der Bruttowertschöpfung Schleswig-Holsteins (2002)*

Nach Angaben der IHK Kiel

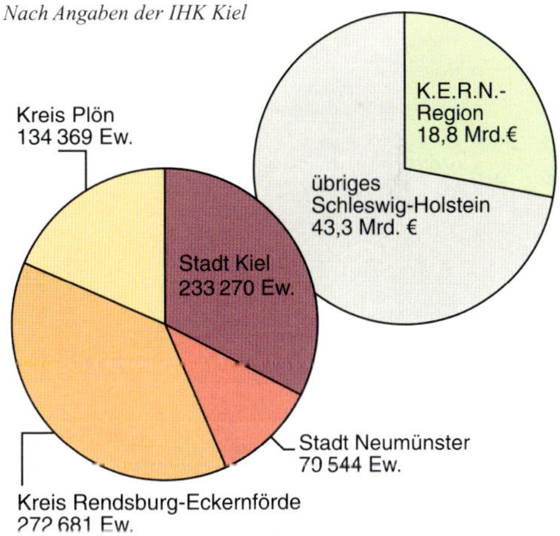

Landkreis Plön 2005 aus dem K.E.R.N. e. V. ausgetreten.

4.60 *Nennen Sie besondere Vorteile, die das Instrument der „Städtenetze" im Vergleich zum „Zentrale-Orte-Modell" bietet.*

4.61 *Erstellen Sie anhand der Materialien M 4.76–4.79 sowie geeigneter Atlaskarten und ggf. des Internets ein Profil der Region Kiel/Eckernförde/Rendsburg/Neumünster/Plön (z. B. Lage, wirtschaftliche Struktur und Bedeutung, Verkehrsanbindung und -erschließung ...).*

4.62 *Internetrecherche: Wählen Sie aus der Karte „Modellvorhaben der Raumordnung" (M 4.75) ein Städtenetz aus und erstellen Sie, vergleichbar zum Städtenetz K.E.R.N., davon ein Profil. Mögliche Internetadressen:*
www.saechsisch-bayerisches-staedtenetz.de oder www.staedtenetz-sehn.de/sehn.html

5. Stadtzukunft – Wirklichkeit und Vision

M 5.1 *Stadt mit oder ohne Zukunft?*

Die vorangegangenen Kapitel haben gezeigt, dass sich städtische Räume und Städtesysteme seit jeher in einem ständigen Wandel befinden. Gegenwärtig ist weltweit zu beobachten, dass das Tempo dieses Differenzierungsprozesses immer mehr zunimmt. Fünf fundamentale Faktoren prägen diese Entwicklung: die *Globalisierung*, der demographische und soziale Wandel sowie Umwelt- und Ressourcenprobleme.
Aus diesen Faktoren bzw. ihrer Kombination ergeben sich deutlich erkennbare Trends der Stadtentwicklung:

- Im Zuge zunehmender Globalisierung steigen einzelne Städte als Steuerungszentralen der Weltwirtschaft zu „*Global Citys*" auf (S. 150 bis 159).
- Andererseits führt der wirtschaftliche Strukturwandel in einigen Regionen zum Schrumpfen von Städten mit entsprechenden sozialen und politischen Problemen (S. 162–165).
- Nicht nur in der Dritten Welt, sondern auch in den wohlhabenderen Staaten findet eine zunehmende Auseinanderentwicklung der Gesellschaften statt, was sich in den Städten mit der Entstehung charakteristischer „Quartiere" mit spezifischen Nutzergruppen niederschlägt – „*Quartered City*" (S. 67–71) – oder sogar zur Ausbildung von abgeschotteten Gemeinden („*Gated Communities*") führt, wie sie in den USA während der letzten Jahrzehnte in großer Zahl entstanden sind und inzwischen auch in den Metropolen der Entwicklungsländer Platz greifen (S. 70–71)).
- Die Individualisierung der Lebensstile sowie die steigenden Ansprüche einer mobilen Konsum- und Freizeitgesellschaft fordern entsprechende Angebote im urbanen Raum, was die Auflösung traditioneller Strukturelemente der Stadt und die Entwicklung von „Patch-Work-Mustern" zur Folge hat (S. 128, S. 166–167).
- Insbesondere in den großen Städten ist der Lebensraum Stadt gefährdet durch ökologische Erschöpfungserscheinungen bei Luft, Wasser und Böden mit entsprechenden Folgen für die Gesundheit (S. 78–93), durch Probleme bei der Energie- und Wasserversorgung, durch das Fehlen umweltverträglicher Entsorgungssysteme, durch Kriminalität und Fundamentalismus (S. 67–71).

Vor dem Hintergrund dieser Entwicklungen erhält die Frage, wie und ob dieser Prozess noch gesteuert werden kann, wie unser Lebens- und Wirtschaftsraum Stadt für die Zukunft gestaltet werden muss und welche Rolle er für uns und unseren Alltag spielt, eine existenzielle Bedeutung.

***M 5.2** Künftige Gestaltung und Rolle der Stadt*

„Gerade in Zeiten der Globalisierung muss die Stadt mehr denn je eine Identifikationsmöglichkeit des Einzelnen mit seiner Umgebung sein. Globalisierung darf nicht mit Uniformisierung verwechselt werden. Gerade Städte müssen deshalb ihre Unverwechselbarkeit gestalten ... Kultur muss Identität vermitteln, denn mit dem Verlust an kultureller Identität geht auch die Vielfalt in anderen Lebensbereichen verloren ... Vor diesem Hintergrund ist es von herausragender Bedeutung, das in den Städten über Jahrhunderte gewachsene Verständnis der Gesellschaft, das sich in den Gebäuden niedergeschlagen hat, zu erhalten. Wir müssen uns auch in der Architektur unserer Städte von der Wegwerfmentalität verabschieden. Gewachsene Strukturen erhalten, langfristig planen, den Kreislaufgedanken durch das Recycling alter Gebäude auch in die Stadtentwicklung hineintragen, dies sind einige Aufgaben, denen wir uns stellen müssen, um die Stadt lebensfähig und lebenswert zu machen ... Nicht jede Baulücke, die heute entsteht, muss morgen bereits zugebaut werden. Die Herausforderung besteht darin, Freiräume zu schaffen, in die die Stadt hineinwachsen kann, städtische Funktionen wieder aufeinander zu beziehen, um eine produktive Konzentration zu ermöglichen, in der ein Austausch zwischen Gesellschaftsgruppen stattfinden kann. In der Fühlungsdichte der Stadt liegt somit die Hoffnung auf eine neue soziale, wirtschaftliche und ökologische Dynamik ..."

Klaus Töpfer: Traumatische, träumerische Stadt. In: Max Stemshorn (Hrsg.): Dream City. Zur Zukunft der Stadträume. Ostfildern-Ruit: Hatje Cantz 2001, S. 112

***5.1** Betrachten Sie intensiv die Collage M 5.1 und erläutern Sie, welche Vorstellungen Sie mit den Bildern und den eingetragenen Begriffen verbinden.*
***5.2** Der Lebensraum Stadt in der Zukunft: Horrorvision oder „schöne neue Welt"? Nehmen Sie Stellung.*

Global Citys –

M 5.3 a Londoner City: Bankenviertel

M 5.3 b Singapur: Hafen

... Schaltstellen der Weltwirtschaft und Politik

M 5.3 c New York: Hauptsitz der Vereinten Nationen

M 5.3 d Paris: Flughafen Charles de Gaulle

Von der Megastadt zur Global City: eine Begriffsbestimmung

Der Globalisierungsprozess mit seiner zunehmenden internationalen Verflechtung des Kapitals, der Arbeitsmärkte, des Handels, des Verkehrs und der Kommunikation wirkt sich nicht nur in immer stärkerem Maße auf unsere wirtschaftliche Situation, unseren Alltag und unsere Lebenschancen und Perspektiven aus. Er verändert auch die Struktur und das Aussehen unserer Städte. Und er schafft sich seine eigenen Steuerungszentren.

M 5.4 Funktionen von Global Citys

„Diese, insbesondere auf ökonomischem, arbeitsorganisatorischem und kommunikationstechnischem Gebiet sich vollziehende Intensivierung des Globalisierungsprozesses, mit der die räumliche wie sektorale Zersplitterung der Produktionsprozesse einhergeht, macht zentralisierte Managementfunktionen notwendig. Ihre transnationale Bündelung erfordert einen konkreten Standort: die Global City ...
Als Knotenpunkte einer transnational organisierten kapitalistischen Ökonomie sind Global Cities somit internationale Zentren – im Unterschied zu der großen Mehrzahl der Megastädte, die als nationale Zentren fungieren.
Die insbesondere bei den Entwicklungsländer-Megastädten überragende funktionale Primacy [S. 66 dieses Buches] bezieht sich auf die nationale Ebene ... Global Cities oder Weltstädte, als Hauptsitz der bedeutendsten transnationalen Konzerne, Finanzzentren (Banken u. Börsen) sowie als Drehscheiben des Weltverkehrs – kurz: ausgestattet mit einer herausragenden globalen Primacy, fungieren hingegen als Motoren der Internationalisierung. Das aber bedeutet, dass Global Cities unabhängig von der Größe der Stadt existieren und deshalb a priori auch nicht auf Megastädte beschränkt sind ...
Anhand von acht Indikatoren soll nachfolgend auf die Frage nach dem gegenwärtigen Stand und der Rangfolge des Global-City-Systems eine ... quantitativ überprüfbare Antwort versucht werden. Folgende Indikatoren wurden als relevant erachtet – Indikatoren, für die international vergleichbare Daten vorliegen:

- Firmensitze der Zentralen der 500 größten Transnationalen Unternehmen (TNC) nach Anzahl ... und
- Umsatz ...,
- Hauptverwaltungen der 500 größten Banken nach Umsatz,
- Sitz der größten Börsen nach Umsatz ...,
- bedeutendste internationale Flughäfen nach Anzahl der Passagiere ... und
- Frachtaufkommen ...,
- führende Seehäfen nach Umschlag ...,
- Sitz bedeutender internationaler/weltwirtschaftlicher Institutionen ...

Allerdings ist die ökonomische einschließlich der verkehrlichen Dimension bei dieser Auswahl einseitig in den Vordergrund gerückt; die kulturelle bleibt z. B. ausgeblendet. Die Zahl der ausländischen Touristen/Stadt wäre ein ebenso relevanter Indikator wie etwa die Zahl auswärtiger Messebesucher. Flächendeckende, weltweit vergleichbare Daten sind jedoch für alle diese Indikatoren nicht verfügbar ...“

Dirk Bronger: Metropole, Megastädte, Global Cities. Darmstadt: Wissenschaftliche Buchgesellschaft 2004, S. 144–147

M 5.5 Tokyo City: Lage der „TOP 500-TNC“
Nach ebenda, S. 148

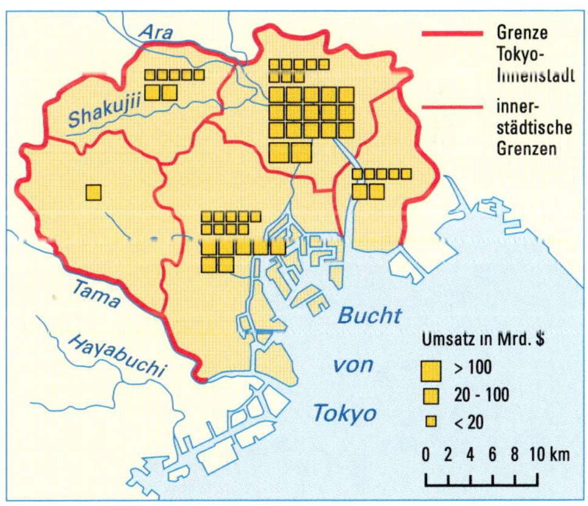

Zum Vergleich: In Manhattan/New York haben 19 TNC ihren Sitz.

5.3 *Untersuchen Sie M 5.1–M 5.6 im Hinblick auf die Funktionen von Global Citys.*
5.4 *Erarbeiten Sie auf der Grundlage Ihrer Ergebnisse aus Aufgabe 5.3 und des Quellentextes M 5.4 wesentliche Definitionsmerkmale des Begriffes „Global City“.*

Global Citys der Gegenwart

Zur Bedeutung und Hierarchie der *Global Citys* existiert eine Fülle von Untersuchungen, die jeweils unterschiedliche Kriterien zugrunde legen. Entsprechend differenziert sind die Ergebnisse im Hinblick auf die Global Citys der zweiten und dritten Rangebene. Nur über die Städte in der „obersten Liga", also Tokyo, New York, London und Paris, besteht Einhelligkeit. Die neue urbane Ordnung von Global Citys lässt sich auch mit dem *Zentrale-Orte-Modell* von Christaller (S. 140 – 142) vergleichen, das allerdings um zwei höhere Stufen (subglobale und globale Stadt) ergänzt werden müsste, während die unteren beiden Ebenen (Marktort und Amtsort) wegfallen könnten.

***M 5.6** Hierarchie und Verteilung der Global Citys*

Bei Anwendung der von D. Bronger vorgeschlagenen Kriterien (M 5.4, S. 151) ergibt sich folgende aktuelle Situation:

„1. Als ‚Global Cities' im (strengen) Wortsinn [von einigen Autoren auch als ‚Weltstädte mit Führungsaufgaben' oder ‚Kommandozentralen mit Weltgeltung' bezeichnet] sind bis heute nur die ‚Großen Vier' – New York, Tokyo, Paris und London – zu bezeichnen … Die ‚Großen Vier' sind allesamt in den drei, die Weltwirtschaft bis in die Gegenwart dominierenden Volkswirtschaften lokalisiert. Europa, genauer die EU, verfügt dabei mit London und Paris über eine Doppelspitze. Ihr (Einzel-)Rückstand zu New York und Tokyo resultiert ganz wesentlich daraus, dass sich in Europa bis heute keine eindeutige (wirtschaftliche) Führungsmacht etabliert hat – im Gegensatz zur Asiatischen Pazifikregion (wo Japan im Jahre 2000 noch immer allein 65 % des nominalen BSP erwirtschaftete) oder auch zu Nordamerika.

Trotz gravierender Wirtschaftsprobleme des Landes erscheint die Vorrangstellung der Global City Tokyo … bis heute ungebrochen. Das betrifft insbesondere die Stadt Tokyo (Tokyo-ku) selbst: Trotz zahlenmäßiger Abnahme seit 1994 ist noch immer mehr als die dreifache Zahl (60 : 19) an ‚Transnationalen Unternehmen' (TNC) und Großbanken gegenüber der vergleichbar großen New York City hier lokalisiert...

2. Die Städte der zweiten Kategorie mit teilweise globalen Kommandofunktionen können nur eingeschränkt als Global Cities bezeichnet werden. Sie weisen nicht allein einen deutlichen Abstand zu London und Paris auf, sondern lassen vor allem im Vergleich zu den ‚Großen Vier' … eine unausgewogene Struktur bzw. Ausstattung erkennen...

3. Insgesamt korrespondiert ein niedrigerer Rang mit einer größeren Unausgewogenheit bei den acht Indikatoren: Rotterdam verdankt seinen (immerhin) 23. Rang fast ausschließlich seiner Funktion als drittgrößer Hafen der Erde. Diese insgesamt 21 Metropolen/Großstädte umfassende dritte Kategorie sollte man daher als ‚Städte mit spezialisierter Kommandofunktion' klassifizieren …"

Ebenda, S. 147 – 149

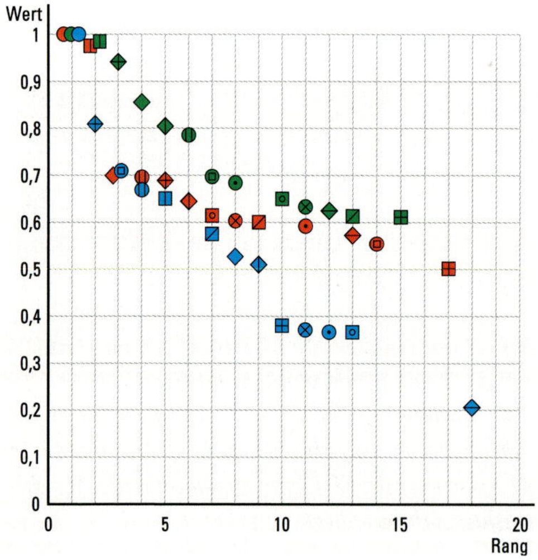

***M 5.7** Hierarchie der Global Citys*

Nach D. Smith/M. Timberlake in Sebastian Kinder: Singapur – Global Cities im Vergleich. In: Geographie und Schule 25, H. 141 (2/2003), S. 21, sowie P.J. Taylor/G. Catalano: World city network formation in a space of flows. In: A. Mayr/M. Meurer/J. Vogt: (Hrsg.): Stadt und Region: Dynamik von Lebenswelten. Leipzig 2002, S. 68 – 87

Chicago
Frankfurt
Hongkong
London
Los Angeles
Madrid
Mailand
New York
Paris
San Francisco
Singapur
Sydney
Tokyo

gemessen am Grad der Vernetzung von Büros international agierender Dienstleistungsunternehmen (2002)
gemessen am Grad der Vernetzung von Banken (2002)
gemessen am Grad der Vernetzung von Flugpassagierströmen (1997)

M 5.8 Global Citys der Gegenwart (Angaben für die jeweilige Metropolitane Region; alle Indikatorwerte: weltweit höchster Wert = 100, – = < 0,5 Punkte) *Dirk Bonger: a. a. O., S. 191*

Rang	Metropole/ Megastadt	Unternehmen 2001 Anzahl	Umsatz	Banken 2001	Börse[1] 2000	Flugverkehr 2001 Passagiere	Fracht	Häfen 2000	Internat. Institutionen 2003	Gesamt
Global Citys (Kategorie 1)										
1	New York	61	78	79	100[1]	86	100	37	150[2,3]	691
2	Tokyo	100	100	100	11	74	90	100	50[3]	625
3	Paris	56	53	69	9	64	52	(18)[6]	50[4]	353
4	London	49	45	59	10	100	66	16	–	345
Städte mit teilweise globalen Kommandofunktionen (Kategorie 2)										
5	Chicago	21	20	17	x[5]	75	49	5	50[5]	237
6	Los Angeles	13	7	2	0	75	91	32	–	220
7	Frankfurt/Main	7	7	35	10	43	59	–	50[3]	211
8	Osaka/Kobe	30	25	27	2	18	34	48	–	184
9	Singapur	2	1	11	0	25	57	88	–	184
10	Seoul	18	15	13	3	32	64	32	–	177
10	San Francisco	20	22	22	0	56	55	2	–	177
12	Brüssel	5	4	19	1	19	22	–	100[7]	170
13	Xianggang (Hongkong)	–	–	1	2	29	76	47	–	155
14	Houston	15	24	–	–	39	15	52	–	145
15	Amsterdam	8	14	22	1	35	44	16	–	140
16	Atlanta	15	13	5	0	69	29	–	–	131
17	Beijing	18	15	52	0	20	20	–	–	125
18	Dallas/Ft. Worth	13	19	–	0	58	32	–	–	122
19	Miami/Ft. Lauderdale	3	2	–	–	43	66	–	–	114
20	Washington	8	8	–	–	31	14	–	50[8]	111
21	Memphis	2	1	3	–	11	84	–	–	101
Städte mit spezialisierter Kommandofunktion (Kategorie 3)										
22	Shanghai	–	–	3	0	17	27	50	–	97
23	Rotterdam	–	–	–	–	1	0	86	–	87
24	Toronto	16	8	16	4	25	17			86
25	Taipeh	3	1	9	5	17	42	7	–	84
26	Zürich	11	13	22	1	20	15	–	–	82
27	Detroit	11	25	3	–	30	10	–	–	79
28	München	11	18	18	–	21	5	–	–	73
28	Boston	8	4	13	0	23	15	10	–	73
28	Minneapolis/St. Paul	11	8	9	0	32	13	–	–	73
28	Philadelphia	8	5	7	0	22	19	12	–	73
32	Charlotte	5	8	29		21	7		–	70
33	Nagoya	10	11	–	–	1	5	41	–	68
34	Wien	–	–	1	0	11	5	–	50[9]	67
35	Mailand	5	3	15	5	24	14	–	–	66
36	Seattle	7	5	9	0	25	15	4	–	65
37	Madrid	8	8	2	2	29	12	–	–	61
38	Bangkok	–	–	–	0	26	30	4	–	60
39	Genf	–	–	1	–	7	1	–	50[10]	59

[1] Ampex, NYSE & Nasdaq; [2] UNO-Hauptsitz; [3] Zentralbanken: USA, Europa, Japan; [4] OECD & UNESCO; [5] Sitz der mit weitem Abstand größten Agrarbörse der Erde; [6] Le Havre (außerhalb der MR); [7] Sitz der EU-Kommision & NATO-Hauptquartier; [8] Sitz von IWF und Weltbank; [9] Sitz von OSZE, OPEC & UNIDO; [10] Sitz von UNCTAD, ILO, WHO, IKRK u. a.

5.5 *Erläutern Sie die Indexberechnung in M 5.8.*
5.6 *Entwerfen Sie auf der Grundlage von M 5.7 und M 5.8 eine thematische Karte zur Verteilung und Hierarchie der Global Citys.*
5.7 *Fassen Sie die Aussagen Ihrer Karte in Thesen zusammen.*
5.8 *Vergleichen Sie Ihre Aussagen aus Aufgabe 5.7 mit den in M 1.32 (S. 21) und M 2.66 und M 2.67 (S. 64) enthaltenen Informationen.*

Sozialräumliche Auswirkungen und Probleme

M 5.9 Sieben Weltstadthypothesen

„1. Maßgeblich für strukturelle Veränderungen in Städten sind ihr Integrationsgrad in den Weltmarkt sowie die Funktionen, die ihnen in der neuen internationalen Arbeitsteilung zugeschrieben werden.
2. Einzelne Städte werden vom globalen Kapital als ‚Stützpunkte' zur räumlichen Ordnung von Produktion und Markt genutzt.
3. Die globale Kontrollfunktion von Weltstädten wird in der Dynamik und Struktur ihrer Produktions- und Beschäftigungssektoren deutlich.
4. Weltstädte sind die wichtigsten Orte der Konzentration und Akkumulation von internationalem Kapital.
5. Weltstädte sind die Zielorte einer großen Zahl nationaler und internationaler Migranten.
6. Weltstädte zeigen die wesentlichen Widersprüche des industriellen Kapitalismus auf – darunter räumliche und klassenspezifische Polarisierung.
7. Durch das Wachstum von Weltstädten entstehen hohe soziale Kosten, die die Finanzkapazität des Staates gefährden."

John Friedmann: The World City Hypothesis. In: Development and Change, 17. Oxford: Blackwell 1986. Zitiert und übersetzt nach: Ulrike Gerhard: Global Cities. In: Geographische Rundschau, 56. Jg. H. 4. Braunschweig: Westermann 200, S. 5

Bereits in den ersten Untersuchungen zur Global-City-Entwicklung Mitte der 1980er Jahre wurde auf die innerstädtischen Auswirkungen und Probleme hingewiesen, die mit diesem Teilbereich des *Urbanisierungsprozesses* verbunden sind (M 5.9). Es wurde gewarnt vor einer zunehmenden sozialen Polarisierung, vor einem immer stärkeren Trend hin zu „*Quartered Cities*", die sich aus verschiedenen Enklaven (z. B. gentrifizierten Stadtteilen, Arbeitervierteln, ethnischen *Ghettos*) zusammensetzen. Der Globalisierungsprozess verschärfe die bereits bestehenden Disparitäten.

M 5.10 Strukturelle Merkmale und Besonderheiten von Global Citys

„Die funktionale Spezialisierung der Global Cities spiegelt sich in einer starken Ausdifferenzierung ihrer Arbeitsmärkte. Die Konzentration hoch bezahlter, internationaler Spezialisten, die in internationalen Organisationen und an Hauptsitzen transnationaler Unternehmen arbeiten, hat die Entstehung innovativer Milieus begünstigt. Sie bilden zum einen den Nährboden für neues wirtschaftliches Unternehmertum, zum anderen bringen sie neue Formen und Kulturen sozialen Zusammenlebens hervor. Die Zunahme höherer Einkommensgruppen kommt im Stadtbild deutlich zum Ausdruck. In attraktiven innenstadtnahen Wohngebieten hat eine Modernisierung und Renovierung der Wohngebäude stattgefunden. Dort wie auch in den Cities hat die Zahl der Luxusgeschäfte und gehobenen Gastronomiebetriebe deutlich zugenommen. Eine Besonderheit der Global Cities ist die Entwicklung hoch spezialisierter Kunstmärkte, die nur durch die Existenz eines schmalen Segments von Spitzenverdienern entstehen konnten …
Die Zunahme hoch dotierter Berufe zog neue Arbeitsplätze in schlecht bezahlten Dienstleistungsbereichen nach sich. Die Banker, Börsianer und Makler stützen sich bei ihrer Arbeit wie auch im privaten Bereich auf eine Gruppe von Erwerbspersonen, die einfache kundenorientierte Dienstleistungen erbringen ... Taxiunternehmen, Botendienste, Reinigungsfirmen und Sicherheitsdienste haben nachweislich hohe Wachstumsraten aufzuweisen. Frauen bilden die Kerngruppe der Arbeitskräfte, welche die ‚bad jobs' der städtischen Gesellschaft (nicht nur) in den Global Cities erledigen. Typisch für dieses Arbeitsmarktsegment sind marginalisierte und prekäre Beschäftigungsverhältnisse … Große innerstädtische Gebiete sind bereits zum Schauplatz einer staatlich nicht mehr kontrollierten, informellen Schattenwirtschaft abgesunken …
Je höher der Rang einer Stadt in der globalen Städtehierarchie ist, desto schärfer entwickeln sich die Gegensätze zwischen Spitzenverdienern und Unterbezahlten. Der Streit zwischen lokalen

Gruppen und global operierenden Akteuren um künftige Flächennutzungen und die Entwicklung städtischer Infrastruktureinrichtungen wird zunehmend erbitterter geführt.
Somit lassen sich gerade in den Global Cities die Auswirkungen gesellschaftlicher Flexibilisierung studieren: Indikatoren einer zunehmenden Stigmatisierung ökonomisch benachteiligter Gruppen sind Konflikte und bürgerkriegsähnliche Unruhen, die in Los Angeles, New York, London und Paris in den letzten Jahren wiederholt aufgebrochen sind. Dabei handelt es sich um Auseinandersetzungen zwischen Gruppen, deren Position sich durch den skizzierten wirtschaftlichen Umbau der Städte verschlechtert hat. Ziel der Unruhen, Krawalle und Gewalttaten ist es, auf die eigene soziale Problematik hinzuweisen. Beziehungen zwischen dem Auftreten dieser Konflikte und dem Abbau sozialer Leistungen, vor allem in den USA und Großbritannien, sind dabei nicht zu übersehen …
Konterkariert wird der Trend zur Gettoisierung durch den Bau ‚postmoderner Superhochhäuser', in denen sich die Hauptquartiere der großen Unternehmen und Banken befinden. Sie stellen äußere Anzeichen von Macht und wirtschaftlicher Prosperität dar. In einigen Fällen sind sie zu neuen Wahrzeichen der Städte aufgestiegen, jedenfalls haben sie zu einer massiven architektonischen Überformung der Innenstädte geführt. Das bekannteste Beispiel in Europa ist der obeliskartige ‚Canada Tower' in den Londoner Docklands, der, weithin sichtbar, zum postmodernen Symbol für die Stadtentwicklung Londons … geworden ist."

Klaus Zehner: Stadtgeographie. Gotha: Perthes 2001. S. 194 195

5.9 *Erläutern Sie mithilfe des Quellentextes M 5.10 die „Weltstadthypothesen" 4 bis 7 aus M 5.9.*

5.10 *Erarbeiten Sie soziale Konflikte und Probleme, die sich aus der aufgezeigten Entwicklung in den Global Citys ergeben.*

5.11 *Stellen Sie dar, wie sich die Funktionen von Global Citys in deren äußerem Erscheinungsbild widerspiegeln und belegen Sie Ihre Aussagen mit entsprechendem Bildmaterial (Internet-Recherche).*

M 5.11 a *Luxus und …*

M 5.11 b *… Elend der Global Citys*

Stadtimage als Kennzeichen für Globalität?

M 5.12 Wolkenkratzer – Immer höher aus Prestige

M 5.12 a New York, Empire State Building von 1931 (381 m)

M 5.12 b Chicago: Sears Tower von 1973 (443 m)

M 5.12 c Kuala Lumpur: Petronas Towers von 1997 (450 m)

Die Zunahme sozialer und räumlicher Disparitäten in den Global Citys wird verschärft und gleichzeitig auch verdeckt durch den Bau von immer aufwändigeren postmodernen Superhochhäusern und Wolkenkratzern. Da sie die Hauptquartiere der großen Unternehmen und Banken beherbergen, stellen sie äußere Zeichen von Macht und wirtschaftlichem Wohlstand dar. Sie werden gleichsam zu Wahrzeichen der Global Citys.

M 5.13 Wolkenkratzer als Statussymbole

„Zu Recht wird zu den Merkmalen einer Weltstadt (Global Citiy) oft auch ein ‚weltweiter Bekanntheitsgrad' sowie die ‚Originalität im Stadtbild' …, kurz: ein bedeutendes Stadtimage gezählt. Was aber kennzeichnet ein ‚Stadtimage'? Was begründet die Unverwechselbarkeit von New York und Chicago?
Mit zu ihrem weltweiten Bekanntheitsgrad hat die auf der Erde lange Zeit einmalige Konzentration von Hochhäusern, erst recht von Wolkenkratzern in ‚Downtown' und ‚Midtown Manhattan' bzw. im ‚Loop' beigetragen. Jahrzehntelang wetteiferten beide Metropolen um das höchste Gebäude der Welt; seit 1909 dominierte New York den Hochhausbau mit dem 213 m hohen ‚Metropolitan Life Insurance Tower', von 1931 bis 1972 mit dem 381 m hohen ‚Empire State Building', bis heute das Wahrzeichen von New York …, und dem 1972 fertig gestellten ‚World Trade Center' mit 417 m Höhe, ehe nur zwei Jahre später Chicago … mit dem ‚Sears Tower' … die Führung übernahm. Seit 1997 befindet sich das höchste Gebäude der Welt erstmals in einer Metropole des ‚Südens', in Kuala Lumpur. Die 452 m hohen Zwillingstürme der ‚Petronas Towers' symbolisieren den Anspruch der jungen ‚Tiger'-Staaten, in nächster Zukunft zur ‚Ersten' Welt zu gehören. [2004 Fertigstellung von „Taipeh 101", mit 508 m der derzeit höchste Wolkenkratzer der Erde.]
Schon längst wurden diese Giganten nicht mehr aus Platzmangel und damit Kostengründen in den ‚Central Business District' gebaut, sondern in erster Linie aus reinem Prestigedenken …
Seit langem haben viele Unternehmen, Banken und Versicherungen Wolkenkratzer als werbeträchtige Prestigeobjekte entdeckt. Es galt und gilt weiterhin als ein gutes Aushängeschild, wenn der Firmensitz eine Adresse in einem bekannten Wolkenkratzer angeben kann … die höchsten und attraktivsten Wolkenkratzer … waren Werbeträger für die Stadt und ihr Image – und repräsentierten zugleich Macht und wirtschaftliche Stärke der Metropole. Nicht ohne Grund war das Ziel der Terroranschläge vom 11. September 2001 das WTC in New York als das Symbol für die freie, kapitalistische Welt und für die wirtschaftliche Stärke der USA."

Dirk Bronger: a. a. O., S. 150–151

New York: Beispiel einer Global City

M 5.14 Global Citys der USA (vgl. M 5.8) und Headquarters der 100 umsatzstärksten Unternehmen der USA 2003

Nach: Fortune Magazin, 14.04.2003, aus Barbara Hahn: New York, Chicago, Los Angeles. Global Cities im Wettbewerb. In: Geographische Rundschau, 56. Jg. H. 4. Braunschweig: Westermann 2004, S. 16; sowie Quellenangabe zu M 5.8

Aufstieg zur Global City

Als im Jahre 1626 der Holländer Peer Minnewitt den dort ansässigen Indianern im Austausch gegen Glasperlen, Messer und Beile die Insel Manhattan abkaufte, ahnte noch niemand etwas von der rasanten Aufwärtsentwicklung, die dieser Ort einmal nehmen sollte. Zwar bot die auch im Winter meist eisfreie Lage am Hudson River und am Atlantik günstige Bedingungen für den Handel mit dem Mutter- und dem Hinterland, trotzdem wuchs die Siedlung zunächst nur langsam. Sie erhielt 1653 unter Peter Stuyvesant, dem letzten Direktor der Holländisch-Westindischen Compagnie, das Stadtrecht und wurde elf Jahre später, als die Holländer die Stadt an die Engländer abtreten mussten, zu Ehren des Herzogs von York in New York umbenannt.

Erst als mit der Eröffnung des Erie-Kanals im Jahre 1825 und etwas später mit dem Bau der Eisenbahnen ein immer größeres Hinterland erschlossen wurde, entwickelte sich New York zur Drehscheibe des nationalen und internationalen Handels. Wie kaum eine andere Stadt Nordamerikas profitierte dieser wichtige Anlaufhafen für Immigranten von den gewaltigen Einwanderungswellen, sodass bereits vor 1900 bei der Einwohnerzahl die Millionengrenze erreicht war. Der Zustrom an preiswerten Arbeitskräften war eine der wesentlichen Grundlagen für die Entwicklung New Yorks zu einem bedeutenden Standort der Bekleidungs- und Stahlindustrie, aber auch des Druck- und Verlagswesens im 19. Jh. Mit dem Aufbau großer Industrie- und Handelsunternehmen konzentrierte sich sehr viel Kapital in der Stadt, die dadurch zum dominierenden Banken- und Finanzzentrum des Landes aufstieg. Bereits 1817 war die „New York Stock Exchange" gegründet worden. Auf der Basis des in der Stadt vorhandenen Vermögens und der entsprechenden Nachfrage durch die finanzkräftige Ober- sowie Mittelschicht wuchs das kulturelle Angebot, sodass New York heute als Kulturhauptstadt der USA gilt.

Die verstärkte Ansiedlung auch internationaler Organisationen, Banken, Handels- und Industrieunternehmen ließ nach dem Zweiten Weltkrieg New York zur führenden *Weltstadt* aufsteigen. Mit der seit den 1980er Jahren einsetzenden *Globalisierung* entwickelte sie sich schließlich zur *Global City*, also zu einer der wichtigsten Schaltstellen der Weltwirtschaft.

M 5.15 New York: Diamantenhandel in der Diamond Row (47. Straße)

M 5.16 Globale Funktionen

„Global Cities sind untereinander vernetzt; hier werden Entscheidungen von überregionaler oder weltweiter Bedeutung in den Headquarters internationaler Unternehmen gefällt ... Die Dominanz von Region und Kernstadt New York [innerhalb der USA] ist auffallend [M 5.14] ...

In einigen Bereichen, wie z.B. in der Medienindustrie, ist New York auf dem Weltmarkt führend. Historisch bedingt konzentrieren sich in Manhattan die Werbeindustrie, Printmedien und Fernsehsender ... Die Werbebranche nimmt in New York eine Spitzenposition ein. Hier sind sowohl der weltweit größte Anbieter Omnicon Group sowie die kaum kleinere Nr. 2 Interpublic Group ansässig. Interpublic hat weltweit 49 000 Mitarbeiter, die mehr als 4 000 Kunden in ca. 130 Ländern bedienen ... Auch mehrere Hersteller von Konsumartikeln haben ihren Sitz in New York. Besonders Hersteller teurer Produkte bevorzugen eine prestigeträchtige Anschrift. Der Kosmetikkonzern Estée Lauder ist in bester Lage auf der Fifth Avenue zu finden ...

Ein weiteres wichtiges Merkmal von Global Cities ist die Fähigkeit, internationales Kapital anzuziehen und zu verwalten. Die Liberalisierung der Wechselkurse, die zunehmende Globalisierung der Wirtschaft sowie Fortschritte in der Computertechnologie und Telekommunikation haben den weltweiten Kapitalverkehr in neuerer Zeit stark anwachsen lassen. Insbesondere Manhattan konnte seine historische Dominanz ausbauen. New York ist mit Abstand der wichtigste Börsenplatz der USA. Die größten amerikanischen Banken, Broker und Versicherungen sowie die wichtigsten Auslandsbanken haben hier ihre Zentrale. Der Grad der weltweiten Verflechtung ist hoch. Die Citibank hat z.B. Filialen in mehr als 40 Ländern ...

[New York ist] mit dem am East River gelegenen Hauptquartier der Vereinten Nationen auch Schauplatz weltpolitischer Entscheidungen. Darüber hinaus lassen sich die New Yorker Museen mit denen Londons oder Paris' vergleichen und auch der private Kunstmarkt zieht Sammler aus aller Welt an. 2003 gab es ca. 550 Museen und Galerien in der Stadt ... Auch in den Bereichen Schauspiel, Musical und Musik besticht New York durch die Fülle des Angebots ... New York, d.h. vor allem die 47. Straße, ist neben Amsterdam das führende Handelszentrum für Diamanten. Außerdem ist die Stadt ein globales Einkaufsparadies, in das sogar Europäer für Weihnachtseinkäufe jetten."

Barbara Hahn: a. a. O., S. 16–17

M 5.17 New York und Chicago: Börsenumsätze

Zusammenstellung W. Korby nach verschiedenen Quellen

	Umsätze (Mrd. US-$)		
	1980	1990	2000
New York Stock Exchange	398	1 394	11 213
Chicago Stock Exchange	21	74	1 038

Umsatz der deutschen Wertpapierbörsen 2003: 4 000 Mrd. US-$

5.12 *Überprüfen Sie in einer kleinen Umfrage das Image einer ausgewählten Global City: Welche Merkmale werden an erster Stelle genannt?*

5.13 *Erläutern Sie Faktoren, die zum Aufstieg New Yorks zur Global City beigetragen haben.*

5.14 *Vergleichen Sie die in M 5.16 vorgestellten „Globalen Funktionen" New Yorks mit den Kriterien von D. Bronger (M 5.4, S. 151).*

Sozialräumliche Disparitäten in New York

M 5.18 a *New York: Sozialstruktur*

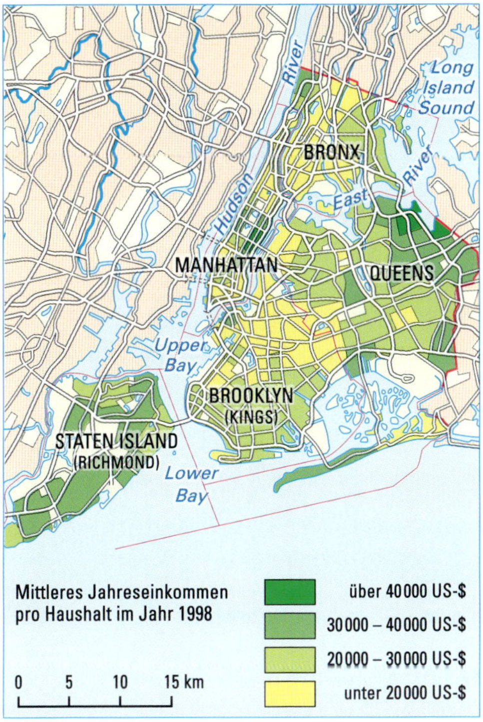

M 5.18 b *New York: ethnische Struktur*

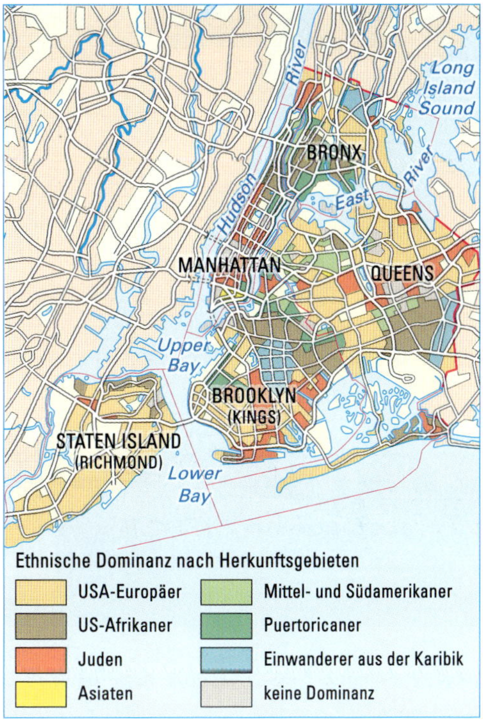

M 5.19 *Soziale Gegensätze am Rande der Wall-Street*

5.15 *Fassen Sie die wesentlichen Aussagen der Materialien M 5.17 bis M 5.19 in Thesen zusammen.*

5.16 *Vergleichen Sie diesen Befund mit den Ergebnissen Ihrer Umfrage aus Aufgabe 5.12.*

5.17 *Erläutern Sie nun zusammenfassend wesentliche Merkmale von Global Citys.*

Ausblicke und Szenarien

M 5.20 Schöne neue Welt …

M 5.22 … oder Horrorvision?

M 5.21 „Vision 2052" – schöne neue Welt?

„Das klassische Einfamilienhaus am Stadtrand, das Reihenhaus oder die Eigentumswohnung … sind passé. Wir wohnen heute in Mega-Giga-Cities mit zehn bis 20 Millionen Einwohnern. Die Städte sind zwar weiter in die Höhe und Breite gewachsen, aber genauso unsichtbar in die Tiefe. Reflektoren tragen das Sonnenlicht bis in die untersten Stockwerke... In Wohn- bzw. Geschäftstürmen, die bis zu einem Kilometer in den Himmel ragen, wohnen und arbeiten bis zu 500 000 Menschen …

Die immer höhere Bevölkerungsdichte in den Ballungszentren ... hat dazu geführt, dass es in den Städten überwiegend Miniappartements gibt. In diesen ‚Microflats' … zehn Quadratmeter-Miniappartements … lebt man während der oft zwei- bis dreimonatigen Arbeitszeit in der Stadt, erholt sich dann … bei der Familie, die zumeist in großzügig ausgestalteten Häusern auf dem Land lebt."

Pascal Bader: Vision 2052 – eine (noch) nicht ganz ernst gemeinte Geschichte. In: Erde 2.0 – Ausstellungsführer Baden-Württemberg zeigt Technologien für morgen. Stuttgart: Ministerium für Umwelt und Verkehr Baden-Württemberg 2002, S. 271 ff.

M 5.23 Negatives Extremszenario

„Da die Städte wenig familienfreundlich sind, sinkt die Zahl der Kinder stetig ab. Dadurch ist die Familie nur noch begrenzt in der Lage, Ältere zu versorgen. Eine überalterte und kränkelnde Einwohnerschaft lässt die Sozialausgaben des Staates und der Kommunen steigen. Es kommt zu Spannungen zwischen Jüngeren und Älteren. Bei rückläufigen Einwohner- und Erwerbstätigenzahlen können Städte die Unterhaltung einer gut ausgebauten, aber kapital- und wartungsintensiven Infrastruktur nicht mehr finanzieren. Öffentliche Nahverkehrssysteme wie S- und U-Bahnen rotten vor sich hin, Wasser- und Abwasserleitungen sind defekt, Müllberge wachsen.

Die Arbeitslosigkeit konzentriert sich auf innerstädtische Gebiete mit geringer Qualität. Wohlhabendere Bevölkerung wandert ab. Zugenagelte Läden in verödeten Innenstädten und eingezäunte Vorstadtsiedlungen für die Reichen bestimmen das Bild der Städte. Kriminalität und Drogenkonsum bei Jugendlichen nehmen zu."

Wilfried Korby: unveröffentlichtes Manuskript

M 5.24 Berliner Erklärung zur Zukunft der Städte

„Wir, Bürger und Repräsentanten aus 1 000 Städten, Vertreter von Regierungen und Organisationen der Zivilgesellschaft aus über 100 Ländern der Welt, kamen vom 4. bis 6. Juli 2000 in Berlin zur Weltkonferenz zur Zukunft der Städte URBAN 21 zusammen ...
Wir empfehlen folgende Maßnahmen als äußerst dringlich: ...

- Die Städte sollten darum kämpfen, die Armut zu verringern und die Grundbedürfnisse ihrer Bürger zu erfüllen ...
- Die Städte sollten eine Sozialpolitik verfolgen und Maßnahmen ergreifen, die geeignet sind Gewalt und Verbrechen zu verringern.
- Die Städte sollten die Chancen der Informations- und Kommunikationstechnologie nutzen und allen Bürgern die Möglichkeit des lebenslangen Lernens eröffnen ...
- Die Städte sollten den Einsatz umweltfreundlicher Technologien und Materialien fördern ...
- Die Städte sollten die lokale Wirtschaftsentwicklung fördern, dabei die Rolle der informellen Wirtschaft anerkennen und diese in die formelle Wirtschaft integrieren ...
- Die Städte sollten ihr historisches Erbe bewahren und sich bemühen, Orte der Schönheit zu werden ...
- Die Städte sollten die Entwicklung eines geeigneten integrierten öffentlichen Nahverkehrssystems fördern, das schnell, sicher, leicht zugänglich und erschwinglich ist; ferner sollen sie die Nutzung privater Kraftfahrzeuge stärker beeinflussen und die Nutzung umweltfreundlicher Verkehrsmittel unterstützen.
- Die Städte sollten versuchen, ein Gleichgewicht zwischen der natürlichen Umwelt und der gebauten Umwelt herbeizuführen, um die Verschmutzung von Wasser, Luft, Boden sowie Lärmbelastungen zu verringern ...
- Nichtstaatliche Organisationen und Bürgerinitiativen sollten in die Lage versetzt werden, umfassend an einer gerechten und nachhaltigen Entwicklung teilzuhaben ...“

http://www.bbr.bund.de/index.html?/staedtebau/staedtebaupolitik/urban21.htm

Wollen Sie in Zukunft so leben, wie in der „Vision 2052“ beschrieben? Ist das entworfene Szenario realisierbar, ist es überhaupt wünschenswert? Oder droht uns eher eine Entwicklung, wie in dem „Negativen Extremszenario“ beschrieben? Lassen sich die in der „Berliner Erklärung zur Zukunft der Städte“ als „äußerst dringlich“ empfohlenen Maßnahmen im globalen, aber auch im lokalen Rahmen hier bei uns „vor Ort“ durchsetzen?

Ihnen als der jüngeren Generation, den Schülerinnen und Schülern, kommt bei der Beantwortung dieser Fragen – darauf wurde bereits im Kapitel 1 (S. 6–17) hingewiesen – eine entscheidende Bedeutung zu. Sind Sie sich Ihrer Verantwortung, Ihrer „Betroffenheit“ bewusst? Erkennen Sie aktuelle Probleme und Entwicklungen, so wie sie z. B. in den beiden folgenden Teilkapiteln (S. 162–167) dargestellt werden? Nutzen Sie die gebotenen Chancen, u. a. im Rahmen des „Lokale *Agenda 21*“-Prozesses (z. B. S. 99–103) an der Gestaltung Ihres unmittelbaren Lebensraumes mitzuwirken?

Zur Mitgestaltung gehört, sich intensiv mit den Fragen nach einer wahrscheinlich eintretenden und einer wünschenswerten Zukunft zu beschäftigen. Erst wenn nach gründlichen Untersuchungen und Diskussionen festgestellt ist, was es zu vermeiden gilt und was angestrebt werden soll, kann nach Wegen gesucht werden, die ermittelten Ziele in konkrete Tagespolitik umzusetzen. In diesem Sinne bieten die Methoden der „Zukunftswerkstatt“ und vor allem der „Szenariotechnik“ (S. 170–171) zwei Ansätze, die neue Schlüsselqualifikation „Zukunftsfähigkeit“ zu entwickeln.

Der „Lokale Agenda 21“-Prozess eröffnet zudem die Chance, die beiden genannten Methoden unmittelbar „vor Ort“ anzuwenden. Im Rahmen einer „Zukunftswerkstatt“ können Sie Vorstellungen zur künftigen Gestaltung „Ihrer Stadt“ entwickeln, entsprechende Projekte planen und organisieren sowie Durchsetzungsstrategien diskutieren bzw. auch erproben. Die „Szenariotechnik“ soll helfen, Merkmale einer wahrscheinlichen Zukunft zu entwerfen um auf dieser Grundlage Maßnahmen zu erarbeiten, um erkannte unerwünschte Entwicklungen zu verhindern bzw. positive Trends zu verstärken.

Schrumpfende Städte

M 5.25 Das große Sterben?

„Wie wäre es mit einem Hirschgehege hinter dem Leipziger Hauptbahnhof? Platz genug, finden die Stadtväter, gebe es ja. Man nutzt einfach die Brache neben dem frisch renovierten Prunkbau des Bahnhofs, platziert auf einer neu angelegten Wiese sechs Hirsche und dazu einen Hochsitz. Zwischen einfahrenden Schnellzügen und dem Autolärm der Hauptstraße könnte so der öffentliche Raum genutzt werden, den sonst niemand braucht.

Der Plan mit den Hirschen im Stadtzentrum ist bezeichnend für die städtebauliche Situation in Leipzig. Allein im Stadtteil Volkmarsdorf, direkt hinter dem Bahnhof, steht jedes zweite Haus leer – viele davon sind Altbauten. Aus manchen Häuserdächern wachsen Birken, auf rissigen Plakaten werben Immobilienmakler um Käufer, die nicht kommen werden. ‚Unser Plan, hier ein Hirschgehege einzurichten, ist natürlich eine Art Groteske', sagt Wolfgang Kunz, der Leiter des Leipziger Stadtplanungsamtes. ‚Aber wir brauchen prägnante Beispiele, die auf den dramatischen Wohnungsleerstand ... hinweisen.'

Fast 60 000 Wohnungen stehen in Leipzig leer. Die Sachsenmetropole hat von 1989 bis 1998 fast hunderttausend Einwohner verloren, von 530 000 Bürgern schmolz die Einwohnerschaft auf 438 000. Dann gab es eine Gebietsreform, Randbezirke wurden eingemeindet.

Die Leipziger gehören zu den ersten, die sich mit Plänen einem Problem stellen, das bald überall auf der Tagesordnung stehen wird: Deutschlands Städte und Dörfer schrumpfen. Schon heute gibt es allein in Ostdeutschland 1,2 Millionen leer stehende Wohnungen. Im Jahr 2030 werden es voraussichtlich doppelt so viele sein.

Weil hier zu Lande immer weniger Kinder zur Welt kommen, werden viele Hochhäuser und Gründerzeit-Schmuckstücke nicht mehr gebraucht. Ganze Stadtteile und Dörfer wandeln sich zu Ghettos, in denen nur noch die Alten und Arbeitslosen bleiben. Fenster und Türen werden vernagelt, der Niedergang der Städte ist hier schon Realität. Nur die Seniorenheime sind hübsch herausgeputzt.

M 5.26 Aufgelassene Gebäude in Gotha (Thüringen)

Zum ersten Mal seit dem Dreißigjährigen Krieg droht Deutschland wieder die Verödung ganzer Landstriche. Das gilt auch für westdeutsche Regionen wie das Ruhrgebiet. Nach Berechnungen des Düsseldorfer Landesamtes für Datenverarbeitung verlor beispielsweise Essen seit 1990 37 000 Einwohner. Selbst florierenden Städten wie München wird der Rückgang prognostiziert: Spätestens ab dem Jahr 2030 soll auch dort die Bevölkerungszahl zurückgehen."

Matthias Lore: Schrumpfende Städte. Das große Sterben. In: SPIEGEL ONLINE vom 24. Juli 2003.

Weltweit geht der *Verstädterungsprozess* noch ungebremst weiter (S. 18–21). Gegenwärtig kommen jeden Tag 190 000 Stadtbewohner hinzu, das sind ungefähr zwei Einwohner pro Sekunde. Die Entwicklung, die Probleme und auch die Faszination von „Boomtowns", „Global Citys" oder „Megapolen" beherrschen in den Medienberichten über den Urbanisierungsprozess die Schlagzeilen. Dabei wird leicht übersehen, dass nicht alle Städte an diesem globalen Wettlauf beteiligt sind. Nicht nur in den hochentwickelten Staaten Europas und Nordamerikas, auch in Asien, Afrika und Mittelamerika gibt es Regionen, in denen Städte – offen und sichtbar oder versteckt und vertuscht – schrumpfen.

Die ostdeutsche Schrumpfungslandschaft

M 5.27
Die Leerstands-spirale

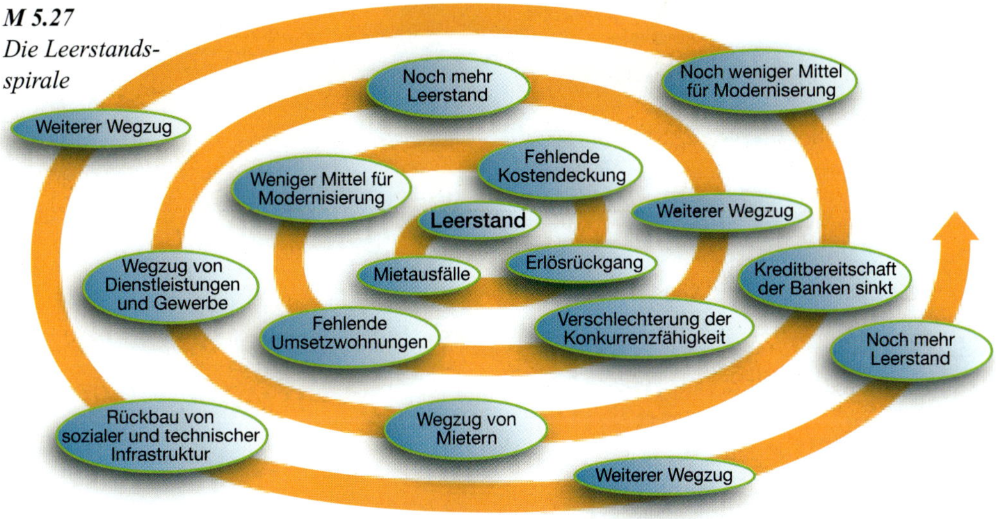

Nach Matthias Bernt: Risiken und Nebenwirkungen des Stadtumbaus. In: Schrumpfende Städte. Halle/Leipzig. Februar 2004. S. 44, auf http://www.shrinkingcities.com: Publikationen: Katalog: Arbeitsmaterialien: Halle/Leipzig

M 5.28 Destruktives Aufbauwerk

„Folgende Aufschrift findet sich auf einem Schild vor einer der großen, jetzt leer gezogenen Wohnscheiben ... in der Neustadt von Hoyerswerda:

Abriss-Hochhaus
Albert-Einstein-Straße 1–5
Dieses Projekt wird aus Mitteln des Freistaates Sachsen und der Bundesanstalt für Arbeit gefördert. Entwurfsverfasser ...

Wie es an dieser Stelle, gleich neben der Lausitzhalle, demnächst aussehen wird, lässt sich ein paar Meter weiter am Markt besichtigen. Dort ließ die städtische Wohnungsbaugesellschaft vor kurzem einen baugleichen Wohnblock abreißen, seither klafft in dem weiträumigen Geviert eine gespenstische Lücke ...

‚Projekt', ‚Entwurf', – dabei denkt man gemeinhin an etwas Konstruktives, Schöpferisches, Neues. In Hoyerswerda scheint man diesbezüglich anders zu denken. Hier scheint die schöpferische Arbeit darin zu bestehen, destruktive Akte als Aufbauwerke zu drapieren. Und nicht nur hier. Die Leipziger Stadtverwaltung überschrieb ihr Vorhaben, demnächst 700 Häuser aus der Gründerzeit abzureißen, mit ‚Neue Gründerzeit' ...

Die beiden Schlüsselindustrien Hoyerswerdas (wie der gesamten Region), Braunkohle und Energiewirtschaft, ernähren nur noch einen Bruchteil der Bevölkerung. Neue Arbeitsplätze gibt es nur wenige, die Arbeitslosenquote liegt bei 25 %. Land und Leute leiden nicht nur unter der Unterentwicklung, sondern, paradoxerweise, auch unter dem ‚Fortschritt'. Im nahe gelegenen Schwarze Pumpe entstand das modernste Kraftwerk auf Braunkohlenbasis weltweit. Die Investitionssumme betrug 3,5 Milliarden DM [1,79 Mrd. Euro]. ... Gerade genug, um etwas mehr als 300 Menschen langfristig mit Arbeit zu versorgen ...

Der Deindustrialisierung folgt die schleichende Entstädterung auf dem Fuße. Beherbergte die ‚zweite sozialistische Stadt der DDR' 1989 etwa 70 000 Einwohner, sind es gegenwärtig weniger als 50 000. Die Ursachen sind vielschichtig – Abwanderung in den Westen der Arbeit nach, Umzug ins Umland, mehr Sterbefälle als Geburten, politische Fehlsteuerung, ..."

Wolfgang Engler: Friede den Landschaften. In ebenda, S. 57–58

5.18 *Entwickeln Sie, ausgehend von M 5.27, ein Wirkungsgeflecht (s. S. 76–77) zum Thema „Schrumpfende Städte", indem Sie auch mögliche politische und soziale Folgen einbeziehen.*
5.19 *Diskutieren Sie Gegenmaßnahmen.*

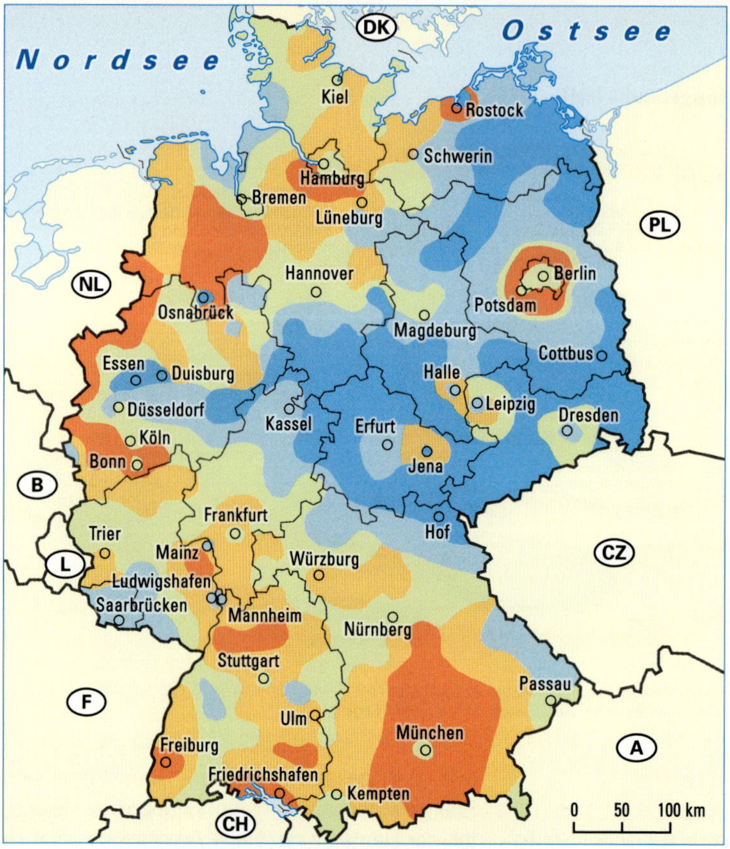

M 5.29 a *Bevölkerungsentwicklung in Deutschland – Trend bis 2020*

- stark abnehmend
- leicht abnehmend
- stabil
- leicht zunehmend
- stark zunehmend

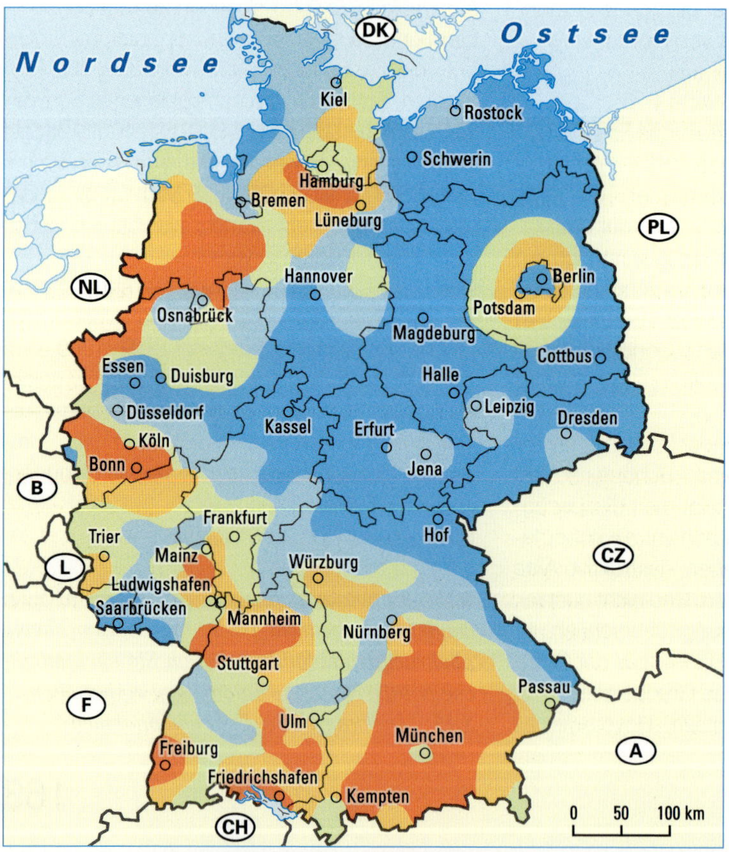

M 5.29 b *Bevölkerungsentwicklung in Deutschland – Trend bis 2050*

Verändert nach Bundesamt für Bauwesen und Raumordnung (Hrsg.): Raumordnungsbericht 2005. Bonn: Selbstverlag 2005

M 5.30 Shrinking Cities weltweit (Auswahl, 1950–2000, Städte mit > 0,5 Mio. Ew.)

M 5.31 Kein neues Phänomen

„In den vergangenen 50 Jahren haben etwa 370 Städte mit mehr als 100 000 Einwohnern vorübergehend oder dauerhaft einen Bevölkerungsverlust von mehr als 10 % hinnehmen müssen. In Extremfällen erreichte die Verlustrate sogar eine Höhe von bis zu 90 % (Âbâdân, Iran).

Während in der Geschichtsschreibung der Niedergang von Städten meistens als katastrophisches Ausnahmeereignis dargestellt wird (Atlantis, Troja, Pompeji etc.), beweist die Untersuchung der vergangenen 50 Jahre eine gegenteilige Entwicklung. Schrumpfende Städte sind mehr und mehr zu einem dauerhaften Phänomen geworden. Zwar sind die Bevölkerungsgewinne der wachsenden Städte deutlich höher als die Verluste der schrumpfenden Städte, aber die Anzahl der schrumpfenden Städte hat stark zugenommen. Ihre Anzahl ist zwischen 1950 und 2000 um 330 % angestiegen, während der allgemeine Anstieg von Städten über 100 000 Einwohnern nur 240 % betragen hat. Damit haben die schrumpfenden Städte – entgegen allen Vermutungen, die durch die ständigen Wachstumsszenarien entstehen – in größerem Maße zugenommen als die Boom Towns.

Der Verlust an Bevölkerung erstreckte sich in einigen Städten über einen Zeitraum von über 50 Jahren (z. B. in den meisten schrumpfenden Städten der USA). In anderen Fällen dauerte die Periode der Schrumpfung nur wenige Jahre (z. B. Basrah, Irak; Manila, Philippinen). In Extremsituationen – etwa bei Kriegen oder Katastrophen – haben sich die Einwohnerverluste geradezu schockartig vollzogen und in kürzester Zeit einen Großteil der Bevölkerung zum Verlassen ihrer Stadt gezwungen."

http: //www.shrinkingcities.com: Internationale Untersuchung: Standorte: Globaler Kontext

5.20 *Stellen Sie „Schrumpfungsregionen" in Deutschland fest (M 5.29) und ermitteln Sie mögliche Ursachen.*

5.21 *Erläutern Sie den Unterschied zwischen einem bloßen Bevölkerungsrückgang und dem Schrumpfen einer Stadt.*

5.22 *Untersuchen Sie M 5.30 im Hinblick auf Regelhaftigkeiten bei der weltweiten Verteilung von schrumpfenden Städten.*

5.23 *Erarbeiten Sie für verschiedene Regionen mögliche Ursachen dieses Prozesses (Hilfe u.a. www.schrumpfende-stadt.de oder http://www.shrinkingcities.com).*

5.24 *Erläutern Sie Folgeprobleme für die betroffenen Städte und ihre Einwohner.*

Von Suburbia zu Post-Suburbia?

M 5.32 Stadtentwicklung in der Erlebnisgesellschaft

„Es ist nicht zu leugnen: ‚Erlebnis' gilt heute als Schlüsselwort der Freizeitforschung, seitdem sich die Freizeitindustrie zur Erlebnisindustrie gewandelt hat. Freizeitbereiche wie Tourismus, Medien, Kultur, Sport, Spiel und Unterhaltung stellen Erlebniswerte dar, auf die Menschen auch und gerade in wirtschaftlich schwierigen Zeiten nicht mehr verzichten können, ja nicht mehr verzichten wollen. Immer mehr Menschen suchen und finden hier ihre Erlebnisse und ihre Lebenserfüllung.

‚Erlebniswelt' gilt als Oberbegriff für eine Vielzahl und Vielfalt von Themenwelten und Shoppingcentern, Freizeit- und Vergnügungsparks im inner- und außerstädtischen Bereich … Gemeinsam ist allen Einrichtungen, dass hier eine Vielzahl von Angeboten zentral zusammengefasst ist. In Zeiten gesättigter Märkte verlangen die anspruchsvollen Erlebniskonsumenten nach einem emotionalen und realen Zusatznutzen: ‚Hotelbett + Animation + Event + Geselligkeit + Kulturangebot + Gesprächsstoff etc.' und nach einem Ereigniswert … Außerdem ist unbestritten, dass das Eventmarketing in den letzten Jahren Freizeitorte zunehmend als Konsumorte, Unterhaltungsorte, Erlebnisorte, Lernorte und Bildungsorte konzipiert hat. Die Grenzen zwischen Freizeitcentern, ‚Shopping Center' und ‚Entertainment Center' werden immer fließender.

Der Marktanteil der (Erlebnis-)Einkaufszentren in Europa liegt gegenwärtig bei 12,6 Prozent, bezogen auf die Gesamtausgaben in Europa. In den USA beträgt der Anteil 51 Prozent, in Norwegen 30 Prozent, in Großbritannien 25 Prozent und in Deutschland etwa 8 Prozent. Hier deuten sich für die Zukunft noch Potenziale an."

Horst W. Opaschowski: Kathedralen des 21. Jahrhunderts. Erlebniswelten im Zeitalter der Eventkultur. B.A.T. Hamburg: Freizeit-Forschungsinstitut 2000, S. 19ff.

M 5.33 Urban Entertainment Center →

Die Ursachen der dargestellten Entwicklung liegen in der zunehmenden Freizeit in den westlichen Konsumgesellschaften mit ihrer hohen *Mobilität*. Die Folgen für die Gestaltung der urbanen Räume und ihres Umlandes sind vielfältig und gravierend. Sie verstärken einen Prozess, der in den USA bereits weit fortgeschritten, in Europa erst in Ansätzen zu beobachten ist, nämlich die Entstehung posturbaner Strukturen und Siedlungsansätze. Bei den Urban Entertainment Centern lagern sich nicht nur Hotelkomplexe an, sondern allmählich auch Servicebetriebe, dann Gewerbe- und Wohngebiete. Hier, wie an den Kreuzungspunkten der Highways am Rande der Stadtregion, an den „*Edge Cities*" (S. 30–31, S. 128), entstehen damit pseudo-urbane Kerne. Da sie keine funktionalen Verflechtungen mit den ihrer zentralen Funktionen mehr und mehr beraubten Kernstädten aufweisen, können sie nicht als suburban bezeichnet werden. Sie stellen vielmehr eigenständige Knoten in einem Raummuster dar, das häufig als „Patchwork" (M 5.34) bezeichnet wird.

Die dargestellte Entwicklung geht also über den Prozess der *Suburbanisierung* hinaus (S. 124 bis 129). Sie wirft mehrere Fragen auf, deren Beantwortung entscheidend ist für die künftige Struktur unserer urbanen Räume. Wird diese Entwicklung mit derselben Ausprägung wie in den USA auf Europa, auf Deutschland übergreifen? Was bedeutet sie für die *Kernstädte*? Bluten sie aus?

M 5.34 Post-Suburbia

Nach Axel Borsdorf: On the way to Post-suburbia? Changing structures in the outskirts of European cities. In: A. Borsdorf/P. Zembri (Hrsg.): European Cities. Insights on Outskirts. Structures. Paris 2004, S. 5–28

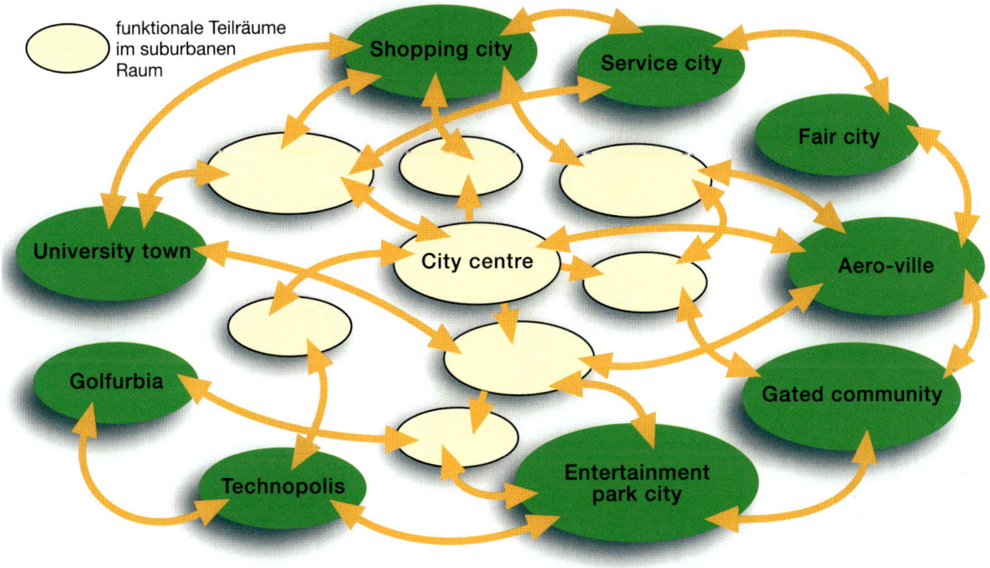

M 5.35 Abkopplung des Umlandes

„In den USA hat die Suburbanisierung früher eingesetzt als in Europa, und sie ist angesichts anderer politischer Vorgaben, schwacher Kommunen, fehlender Regionalplanung, eines praktisch unbegrenzten Raumangebotes, Investorenstädtebaus sowie anderer Mentalitäten der Nachfrager viel umfassender gewesen. Vielerorts hat der Einzelhandel fast vollständig die Kernstädte verlassen, die Mehrheit der Wohnbevölkerung (und zwar die finanziell stärkere) hat sich an Umlandstandorten niedergelassen. Und auch die neuen Büros etablieren sich in erheblichem Maße im suburbanen Raum. Selbst in New York, dessen Kern Manhattan geradezu den Inbegriff von Bürokonzentrationen versinnbildlicht, liegt die Mehrheit der Büroflächen außerhalb. Noch viel weiter ist die Entwicklung in den Städten des Mittelwestens, Südens und Westens der USA. In fast allen Stadtregionen sind an den peripheren Autobahnkreuzen Edge Cities entstanden, keine niedlichen Gewerbeparks, sondern gewaltige Zentrenkonzentrationen mit Büros, Einzelhandel und Wohnen.

Diese Entwicklung bildet den Hintergrund für jüngere amerikanische Studien, in denen der Begriff ‚Post-Suburbia' eingeführt wurde. Mit diesem Terminus soll eine neue Reifestufe in der Umlandentwicklung benannt werden. Pendlerbeziehungen, die sich von den Kernstädten gelöst haben, eigenständige Arbeitsmärkte und ein deutlicher Anstieg der Ausgaben für Kultur sind wichtige Merkmale für eine Abkopplung des Umlandes von den Kernstädten. Im Bereich von Los Angeles gibt es Räume, die sich in den vergangenen 60 Jahren von landwirtschaftlichen Gebieten über city-orientierte suburbs zu eigenständigen und unabhängigen neuen Stadtzonen entwickelt haben … [Es] ist die Frage, inwieweit sich in den amerikanischen Prozessen auch Warnungen oder Erklärungen für Prozesse in Deutschland (und Europa) verbergen."

Jürgen Aring: Postsuburbia – Herausforderungen für stadtregionales Management. In: Kommunalverband Großraum Hannover (Hrsg.): Beiträge zur regionalen Entwicklung, H. 90. Hannover 2001, S. 119–120

5.25 *Überprüfen Sie bei der Erkundung eines Shopping Centers in Ihrer Nähe die Aussagen des Quellentextes von M 5.32.*

5.26 *Vergleichen Sie den Prozess der Suburbanisierung mit der Post-Suburbia-Entwicklung.*

5.27 *Erörtern Sie Folgen dieser Entwicklung für die Kernstadt und das Umland.*

Szenarien: Stadt der Zukunft

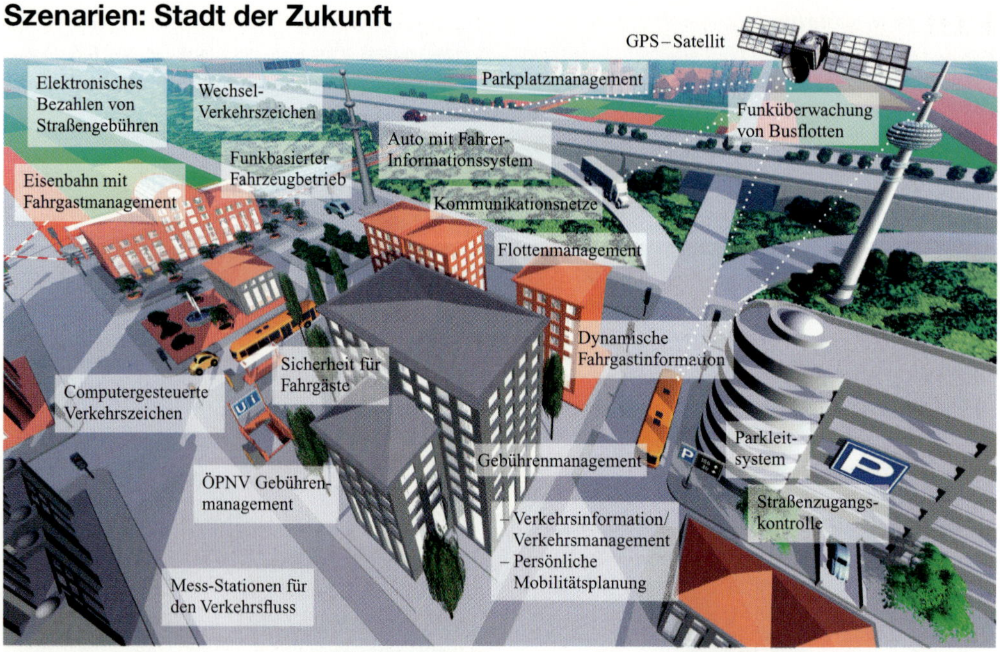

***M 5.36** Stadt der Zukunft: Optimales Mobilitätsmanagement*

Siemens AG (Hrsg.): Lösungen für Städte von morgen. München: Siemens 2000. S. 18f.

Unser Lebensraum „Stadt“ bzw. unsere „Stadtlandschaft“ wandelt sich in immer schnellerem Tempo. Verschiedene gesellschaftliche Gruppen und vor allem wirtschaftliche Interessen nehmen Einfluss auf seine zukünftige Gestaltung. In welche Richtung läuft diese Entwicklung? Wie werden wir morgen leben? Wie sieht die Stadt der Zukunft, wie sieht die Zukunft der Städte aus?
Bei der Suche nach möglichen Antworten bedient sich heute die Forschung neben der Methode „Zukunftswerkstatt“ vor allem der „Szenariotechnik“ (S. 170–171). Sie soll helfen, unter Einbeziehung der gesellschaftlichen Rahmenbedingungen Merkmale einer wahrscheinlichen Zukunft zu erarbeiten und alternative Zukunftsbilder zu entwerfen. Hieraus sollen dann Strategien und Maßnahmen zur Verwirklichung des gewünschten Positiv-Szenarios abgeleitet werden.
Die auf dieser Doppelseite vorgestellten Szenarien greifen jeweils einen Teilaspekt der Stadtentwicklung bzw. einen bestimmten Städtetyp heraus.

***M 5.37** Szenario: Wettbewerbsorientierte Stadt*

„Die Entwicklung der wettbewerbsorientierten Stadt wird überwiegend von ökonomischen Kräften gesteuert. Leitziel ist die Akkumulation von Kapital und die Bindung von Investoren. Der lokale Staat hat seine paternalistischen Funktionen aufgegeben und operiert nun als ‚Unternehmen Stadt‘. Seine Aufgabe besteht darin, durch geeignete Rahmenbedingungen und Maßnahmen privatwirtschaftliche Aktivitäten zu initiieren und zu stimulieren. Um dieses Ziel zu erreichen, werden die städtischen Aufgaben auf die Durchführung von wirkungsmächtigen Schlüsselprojekten konzentriert, die von Public-Private-Partnerships durchgeführt werden.
Notwendigerweise führt eine derartige Bündelung finanzieller Ressourcen zu weiteren Beschneidungen im Gesundheits-, Bildungs- und Sozialwesen … Konjunkturelle Entwicklung und Arbeitsmarktentwicklung werden zukünftig entkoppelt bleiben. Daher begünstigt die wettbewerbsorientierte Stadt … eine soziale Polarisierung. Da die wettbewerbsorientierte Stadt marktgesteuert ist, spielen ökologische Aspekte bzw. Aspekte der Nachhaltigkeit kaum eine Rolle.“

Klaus Zehner: a. a. O., S. 206–207

M 5.38 Positives Extremszenario: Die reife Stadt der Überalterung

„Demographie: Wie Beispiele in Schweden oder Finnland gezeigt haben, lässt sich die Geburtenrate in Städten durchaus erhöhen. Allerdings zeitigt ein familienfreundlicheres Umfeld erst nach 25 Jahren die ersten Erfolge, zu spät, um dieses Szenario noch zu beeinflussen. Deshalb versuchen sich die Städte durch Zuwanderung gut ausgebildeter junger Menschen, insbesondere aus Schlüsselbranchen, zu verjüngen ... Einschränkende Bestimmungen gegen Einwanderung oder doppelte Staatsbürgerschaft werden aufgehoben ...
Wirtschaft: Konzepte zur Lösung der Probleme einer alternden Bevölkerung werden die Arbeitsmärkte nachhaltig beeinflussen, und zwar durch:

- ein größeres Arbeitskräfteangebot infolge einer längeren Lebensarbeitszeit
- lebenslanges Lernen und die Integration des Lernvorgangs in den Arbeitsprozess ...

Gesellschaft: ... Durch die gezielte Mittelvergabe an Schulen in armen Stadtvierteln werden bildungspolitische Ungleichgewichte weitgehend abgebaut, sodass die innerstädtischen Gebiete ihr Kainsmal allmählich verlieren ... Die zu niedrige Zahl junger Menschen erhöht die Bereitschaft, in jeden Einzelnen zu investieren und das Humankapital für einen hohen Lebensstandard und insbesondere zur Alterssicherung einer wachsenden Zahl älterer Menschen zu stärken ... Neue informelle Beziehungen zwischen Nachbarn sowie Verbindungen von Selbsthilfegruppen bieten nach und nach einen Familienersatz ...
Umwelt: ... Neue Verkehrsleitsysteme ... entlasten die Straßen und beschleunigen den Verkehrsfluss, weil jedes einzelne Fahrzeug wirtschaftlicher eingesetzt wird ... Preise werden vermehrt als Lenkungsinstrumente für einen sparsamen Umgang mit Wasser, Strom und Heizenergie eingesetzt ... Hohe Preise für fossile Brennstoffe und Atomenergie unterstützen den energiepolitisch revolutionären Übergang in das Zeitalter von Sonnenenergie und Wasserstoff ...
Stadtbild: .... Durch höhere Umzugsmobilität innerhalb der Stadtviertel ziehen mehr ältere Bewohner in geeignete kleine Häuser oder Wohnungen um. Auf diese Weise werden Mehrgenerationennachbarschaften gefördert. Das Zusammenleben mehrerer Generationen auf engem Raum bildet die Voraussetzung für generationsübergreifende gegenseitige Hilfen ... Die Städte bekämpfen, gestützt auf ihre Planungskompetenzen, die Neigung der Immobilienmärkte zu niedrigen Dichten und zu stark auf das Auto ausgerichtete Lebensweisen ..."

Peter Hall/Ulrich Pfeifer: URBAN 21. Der Expertenbericht zur Zukunft der Städte. Stuttgart/München: Deutsche Verlagsanstalt 2000, S. 192ff.

M 5.39 Autofreies Wohnen

5.28 Beurteilen Sie die vorgestellten Szenarien anhand folgender Kriterien: realistisch, wünschenswert, abschreckend.

5.29 Diskutieren Sie Möglichkeiten, vorgestellte positive Entwicklungen zu verstärken oder negative Tendenzen zu verhindern.

5.30 Führen Sie mit Ihrer Lerngruppe selbst eine Szenariotechnik durch (S. 170–171).

Szenariotechnik – ...

Die Szenariotechnik soll helfen, Merkmale einer *wahrscheinlichen* Zukunft zu erarbeiten, wobei sich der Gegenwarts- und Realitätsbezug mit zunehmender Entfernung von der Ausgangssituation zwar verringert, aber nie ganz aufgehoben wird. In sachlich-analytischer Vorgehensweise werden Einflussfaktoren in ihrer wahrscheinlichen Wirkung auf künftige Entwicklungen ermittelt. Für die Umsetzung im Unterricht empfehlen sich folgende Schritte:

1. Vorbereitung (Plenum):
Ausgangspunkt ist – wie bei der Zukunftswerkstatt – ein gesellschaftliches Problem, das von der Mehrheit der Teilnehmer als vorrangig lösungsbedürftig angesehen wird. Nach der Themenauswahl, entsprechenden praktischen Vorbereitungen und Hinweisen auf Zielsetzung sowie Verfahren der Szenariotechnik sollte ein auflockerndes „Warming up" für die nötige Einstimmung sorgen.

2. Problemanalyse (Plenum):
In einer umfassenden Bestandsaufnahme wird nun das ausgewählte Thema sachlich, zeitlich und räumlich eingegrenzt. Anhand gezielter Leitfragen („Was ist zu beobachten?" „Wer ist in welcher Weise betroffen?" „Welche Fakten und Zusammenhänge sind bekannt?" „Warum wird das Problem als gesellschaftlich relevant, lösungsbedürftig und auch lösungsfähig angesehen?") erfolgt eine genaue Problembeschreibung.

3. Analyse der Einflussbereiche (Plenum):
In diesem Schritt geht es darum, Einflussfaktoren aufzuspüren, die unmittelbar auf das Untersuchungsfeld einwirken. Hierzu bieten sich Verfahren wie „Brain storming" gekoppelt mit dem Einsatz von Teilnehmerkärtchen, einer Pin-Wand oder von Plakaten zur bildhaften Darstellung der Ergebnisse an. In der Plenumsdiskussion muss es auch darum gehen, mögliche Vernetzungen und Wechselwirkungen aufzudecken (M 5.40).

4. Entwicklung von Szenarien
(Kleingruppen):
In dieser Phase, die gleichsam den Höhepunkt der Szenariotechnik darstellt, werden nun auf der Grundlage der ermittelten Einflussfaktoren und ihrer wahrscheinlichen Entwicklung ganzheitliche Zukunftsbilder erstellt. Sie sollen in möglichst sinnfälliger Weise künftige Entwicklungen mit ihren Konsequenzen aufzeigen.
Im arbeitsteiligen Verfahren sollen dabei ein positives Extremszenario als günstigst mögliche und ein negatives Extremszenario als schlechtest mögliche Zukunftsentwicklung sowie ein Trendszenario als Fortschreibung der heutigen Situation entstehen. Die verschiedenen Zukunftsentwürfe werden in anschaulicher Form (z. B. tabellarischer Vergleich auf einer Wandzeitung) dem Plenum verbal vorgestellt. Sie bilden die Grundlage für die anschließende Diskussion möglicher Problemlösungen.

5. Entwicklung von Strategien und Maßnahmen zur Problemlösung (Plenum):
In dieser abschließenden Phase werden nun Konsequenzen aus den entworfenen Szenarios gezogen. Es gilt, zukunftsorientierte Maßnahmen vorzuschlagen, um wünschenswerte positive Trends zu begünstigen oder unerwünschte Entwicklungen zu verhindern. Folgende Leitfragen können die Abschlussdiskussion strukturieren: Was kann der Einzelne, was können wir als Gruppe tun (z. B. in einem Verein, in einer Bürgerinitiative oder als Mitarbeiter im „Lokale Agenda 21"-Prozess)? Welchen Beitrag kann die Schule leisten? Was sollten oder könnten Politiker und Staat, Betriebe, Verbände, Wissenschaft und Kirche tun?

***M 5.40** Der „Szenario-Trichter"*

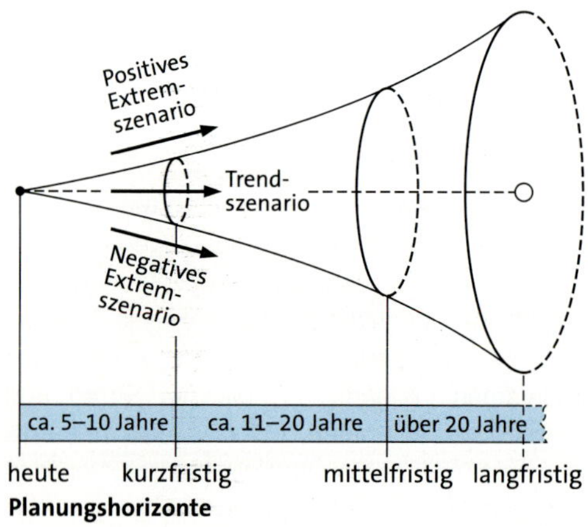

***M 5.41** Infarktbedroht – die deutschen Städte*

„Die deutsche Wiedervereinigung und die Öffnung der ehemaligen Ostblockstaaten für den internationalen Handel hat einen sprunghaften Anstieg der Verkehrsströme, insbesondere des Individualverkehrs mit dem Auto bzw. Lkw, gebracht. Hinzu kommen Belastungen durch Unternehmerkonzepte, deren Lagerlogistik darauf abzielt, nur noch kurzfristige Lagerbestände zu halten und den Nachschub an Gütern, Roh- und Hilfsstoffen durch tägliche Zulieferungen auf die Straße zu verlagern (‚just-in-time').

In vielen Städten der Bundesrepublik bricht der Verkehr (in Stoßzeiten) zusammen. Einige Städte versuchen, eine ‚Politik der autofreien Stadt' zu praktizieren und richten autofreie Zonen ein. Durch ‚Park and Ride-Systeme' wird versucht, die Autoströme in die Städte an der Peripherie aufzufangen. Das Autobahn- und Straßennetz erweist sich dem steigenden Verkehrsaufkommen nicht mehr gewachsen. Die täglichen Staumeldungen werden immer länger. Eine zuverlässige Zeitplanung ist – zumindest über größere Entfernungen – mit dem Auto nicht mehr möglich.

Die Folgekosten des Autoverkehrs (Lärm, Luftverschmutzung, Energieverbrauch, Unfälle, Stress usw.) müssen von der Gesellschaft getragen werden und werden dadurch zu ‚sozialen Kosten'. Eine Belastung des Autofahrers mit den tatsächlichen Kosten würde einen Benzinpreis von 2,50 bis 4,00 € ergeben.

Die Bundesrepublik kann ihre internationalen Verpflichtungen, den CO_2-Ausstoß bis zum Jahre 2010 um 25–30 Prozent zu reduzieren, nicht einhalten. Durch die Öffnung des Europäischen Binnenmarktes droht in den nächsten 20 Jahren eine weitere Verdoppelung der Verkehrsströme, insbesondere in Ost-West-Richtung. Der Bundesrepublik und ganz Europa droht der ‚Verkehrsinfarkt'."

Peter Weinbrenner: Die Wiedergewinnung der Zukunft als universale Bildungsaufgabe. = Schriften zur Didaktik der Wirtschafts- und Sozialwissenschaften, H. 41, Bielfeld: Universität, Fakultät für Wirtschaftswissenschaften o. J., S. 22

***M 5.42** Futuristische Stadt*

Aktuell: die chinesische Stadt auf dem „Langen Marsch“ in die Zukunft

***M 5.43** Traditionelle chinesische Stadt im Schema ...*

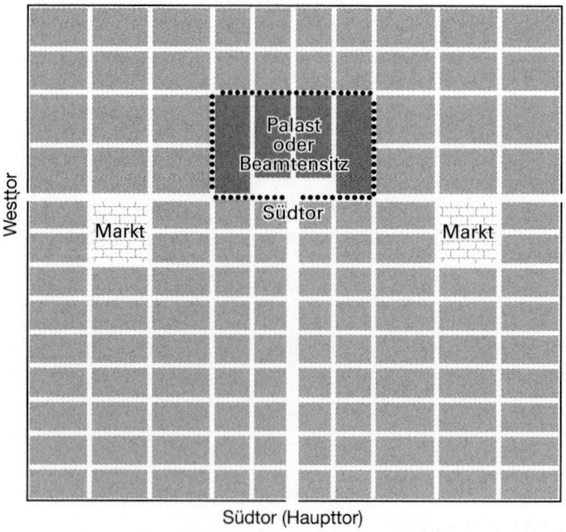

***M 5.44** Die traditionelle chinesische Stadt*

„Die Stadt [Peking] war von mächtigen Mauern umschlossen. Ihre viereckige Anlage entsprach nach chinesischen Vorstellungen der Gestalt der Erde und war steinerner Ausdruck der Weltordnung... In der Mitte lag der Kaiserpalast, die „Verbotene Stadt“, mit 9999 Räumen, die kein normaler Sterblicher je betreten durfte. Er bildete das Herz des Reiches. Kein anderes Gebäude durfte ihn oder die Stadtmauern überragen. Die wichtigste Straße der Stadt war die Nord-Süd-Achse. Sie verlief durch die Mitte des Kaiserpalastes. Auf oder unmittelbar neben ihr lagen die bedeutendsten Bauwerke. Sie galt als Symbol der Erdachse und wies in Richtung der lebensspendenden Sonne, in die glückbringende Richtung. Nach Süden öffneten sich alle Gebäude der Stadt. Das übrige, streng nach den Himmelsrichtungen angelegte Stadtgebiet erstreckte sich symmetrisch zur zentralen Nord-Süd-Achse.“
Lothar Rother, gekürzt

Das Größenspektrum chinesischer Städte reicht von Global Citys wie Shanghai (je nach Abgrenzung ca. 10 bis fast 17 Mio. Ew.) bis zu kleinen Landstädten mit einigen 10 000 Einwohnern. Trotz jahrzehntelanger Bevölkerungspolitik mit dem Ziel, die räumliche und die natürliche Bevölkerungsbewegung zu lenken, ist der Anteil städtischer Bevölkerung enorm gewachsen. Vor 50 Jahren lebten 80 Mio. Chinesen (ca. 13%) in Städten, heute sind es fast 40 % der Bevölkerung (knapp 500 Mio. Ew.). Diese Zunahme wird allerdings auch durch administrative Veränderungen beeinflusst.

Die steigende Urbanisierung ist eine unmittelbare Folge der wirtschaftlichen und sozialen Veränderungen, insbesondere seit den Wirtschaftsreformen von 1978. Seither verläuft der *Verstädterungsprozess* besonders schnell.

Die Überformung der traditionellen chinesischen Stadt vollzog sich in folgenden Etappen:

a) Europäer, die sich während der halbkolonialen Phase ansiedelten, brachten ihren Kolonialstil in einzelne chinesische Städte ein.
b) Im Sinne der kommunistischen Ideologie sollten ab 1949 die parasitären „Konsumentenstädte“ in „Produzentenstädte“ umgewandelt werden. Dies führte u.a. zur Ansiedlung von Kombinaten am damaligen Stadtrand und zum Bau von Plattensiedlungen für die Angehörigen der jeweiligen Danweis. Es wurde die räumliche Zuordnung der verschiedenen *Daseinsgrundfunktionen* angestrebt. Der Stadtrand war auch das Ansiedlungsgebiet großflächiger Universitäts- und Forschungsanlagen. In den Stadtzentren wurden Monumentalbauten im sowjetischen Zuckerbäckerstil errichtet und für Aufmärsche der kommunistischen Massenorganisationen ein großer Platz geschaffen.

***M 5.45** In Peking sind die Bagger losgelassen*

"Die Regierung will ein ‚neues Peking‘, sie hat dieses Versprechen tausendmal plakatiert, und seit dem Zuschlag für die Olympischen Spiele 2008 ist endgültig kein Halten mehr ... So vernarrt in die Moderne ist die Regierung, dass sie dabei ist, einen Frevel zu begehen, der nicht einmal den Invasoren der vergangenen Jahrhunderte gelang: die praktisch restlose Auslöschung des alten Peking ... Ganze Viertel verwandeln sich über Nacht in einen Haufen Schutt."
Kai Strittmatter: Chai, das Todesmal. In: Süddeutsche Zeitung vom 3.12. 2001. München, S.12

M 5.46 … und im historischen Stadtplan (Old City von Kanton = Guangzhou am Anfang des 20. Jh. – ca. 1 : 22 000)

❶ Kaiserpalast
❷ Vizekönig
❸ Gouverneur
❹ Finanzverwaltung Provinz
❺ Führende Militärs
❻ Klöster

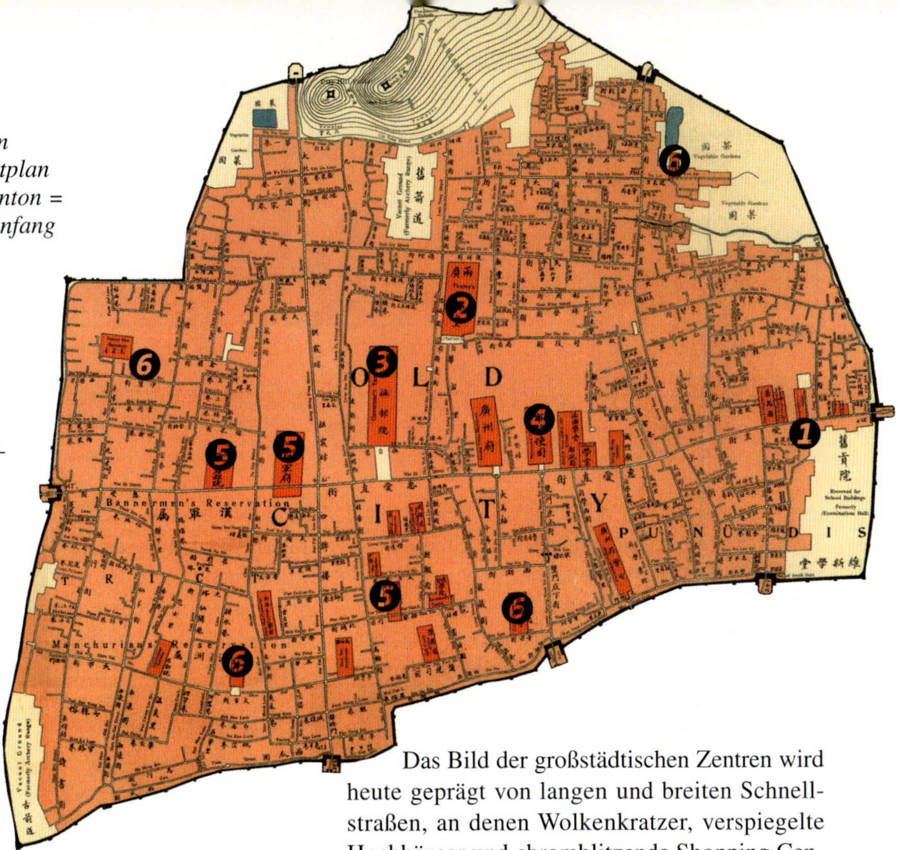

c) Seit den Reformen von 1978 wurden die chinesischen Städte Ausdruck einer hemmungslosen wirtschaftlichen Entwicklung, wobei Stadtsanierung hauptsächlich als flächenhafter Abriss und anschließender Neuaufbau ganzer Stadtviertel im westlichen Stil verstanden wird. Das führt zur totalen Überformung der boomenden chinesischen *Metropolen*.

M 5.47 Die moderne chinesische Stadt

„Städte, noch vor zehn Jahren mit ihrem für unser westliches Auge exotischen Straßenleben, mit lebhaften Märkten, Garküchen und Eselskarren in holprigen Gassen, haben eine kurze Zeit der Metamorphose durchlebt und präsentieren sich heutzutage mit ihren schnell hochgezogenen, gleichartigen Wolkenkratzern monoton, … atmosphärisch langweilig. Shanghai dabei mal ausgenommen. Selbst in Peking sind kaum noch pittoreske Viertel zu entdecken. Monumentale Neubauten säumen achtspurige Schnellstraßen, Avenuen und Fußgängerzonen. Allerdings entschädigt die Hauptstadt mit ihren großartigen Sehenswürdigkeiten aus der Kaiserzeit …“

Kiki Baron: Den Osten träumen, den Westen bekommen. In: Süddeutsche Zeitung vom 17.12. 02. München, S.42

Das Bild der großstädtischen Zentren wird heute geprägt von langen und breiten Schnellstraßen, an denen Wolkenkratzer, verspiegelte Hochhäuser und chromblitzende Shopping Center sich abwechseln. Hochhäuser setzen deutliche vertikale Akzente und haben so zu einem Wandel der Stadtsilhouette (M 5.48) beigetragen, in der ursprünglich ein- und zweigeschossige Gebäude das Bild bestimmten. Zwar spielt die Wohnfunktion in den Innenstädten noch eine gewisse Rolle, aber es zeigt sich eine deutliche Citybildung im westlichen Stil.
Die moderne chinesische Stadt hat sich ringförmig um den alten Stadtkern entwickelt. Im weiteren Außenbereich werden seit Jahrzehnten Satellitenstädte zur Entlastung der *Kernstädte* errichtet. Die Satellitenstädte werden häufig in größerer Entfernung von der Kernstadt errichtet, da der unmittelbare Stadtrand für die Landwirtschaft, insbesondere auch den stadtnahen Gemüseanbau, freizuhalten ist.
Auf die Entlastungsstädte konzentrieren sich bestimmte Industriezweige, z. B. der Fahrzeugbau in Anting bei Shanghai (Joint Venture VW). Allerdings mangelt es an öffentlichen und privaten Nachfolgeinvestitionen für die *Infrastruktur*. Die Satelliten sind deshalb für die Innenstadtbewohner unattraktiv und eher Zielgebiet von Migranten aus dem Umland bzw. Hinterland.

M 5.48 *Schema einer chinesischen Stadtsilhouette in der Gegenwart*

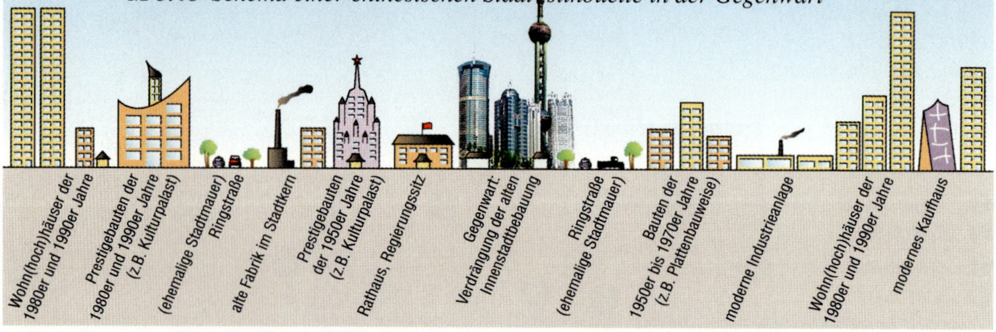

Die Ausweisung von Wirtschaftssonderzonen hat auch die betroffenen chinesischen Städte stark verändert. Deren Flächen sind meist ein weiteres Element einer geplanten funktionalen Stadtentwicklung, wie sich am Beispiel von Shanghai zeigen lässt: Gegenüber dem alten Stadtzentrum wurde auf der Ostseite des Huangpu die Wirtschaftssonderzone Pudong errichtet, die in einigen Jahrzehnten eine größere Fläche umfassen wird als die heutige Kernstadt und sich bereits jetzt zum Wachstumsmotor Shanghais entwickelt hat. Den sich dabei vollziehenden funktionalen Wandel (fünf funktionale Stadtviertel) zeigt M 5.50.
1986 schrieb man im Generalentwicklungsplan für Shanghai fest, hier das größte Handels- und Wirtschaftszentrum Asiens aufzubauen. Shanghai wurde damit Kulminationspunkt moderner chinesischer Stadtentwicklung. Der „Kopf des Drachens“ (der Jangtsekiang erschließt von hier bis Chongqing ein Gebiet mit 25% der Bevölkerung Chinas) hat ein hervorragendes Standortpotenzial: Zentrum einer fruchtbaren Ebene mit mehr als 200 Mio. Ew., traditionsreicher chinesischer Industriestandort seit ca. 150 Jahren, die Kaufkraft der Bevölkerung ist mit am höchsten in ganz China, gut ausgebildetes Arbeitskräftepotenzial, nicht zuletzt wegen zahlreicher Hochschulen und Universitäten. Shanghai besitzt unter den chinesischen Millionenstädten die beste Verkehrsinfrastruktur. Vorläufiger Höhepunkt von deren Entwicklung war die Eröffnung der Transrapid-Magnetschwebebahn zum neuen internationalen Großflughafen im Dezember 2002 (weiterführende Informationen und Materialien dazu z.B. in der Internetbegleitung dieses Schulbuches).
Mit seinen fast 16 Mio. Ew. ist Shanghai auf dem Weg zur Global City; die „Washington Post“ ernannte die Stadt zur derzeit aufregendsten unseres Planeten.

M 5.49 *Offenes Ziel*

„Aber wofür soll das Modell Shanghai stehen? Für eine Rückkehr des Manchester-Kapitalismus mit billigen, ausgepressten Arbeitskräften und einer superreichen Avantgarde? Für einen gemäßigten Sozialismus, der versucht, alle Bewohner einigermaßen gerecht am steigenden Lebensstandard teilhaben zu lassen? Für eine wie immer geartete maoistische Utopie vom besseren ‚neuen Menschen‘?“

Erich Follath u.a.: Der Kopf des Drachens. In: Der Spiegel, H. 50/2002. Hamburg: Spiegel-Verlag 2002, S. 136

Tatsächlich zeigt sich eine deutliche soziale Differenzierung in der derart modernen chinesischen Stadt: Verschiedene Einkommens- und Sozialschichten führen neuerdings zu einer nicht gekannnten sozialräumlichen Differenzierung bzw. Viertelsbildung. Teuren Wolkenkratzervierteln, bewohnt von der New Economy-Generation, stehen Elendsquartiere an den Stadträndern und in Mischgebieten gegenüber, wo die Wanderarbeiter leben. Die einst herrschende Arbeiterklasse wurde zum „Strandgut der Revolution von 1978“. Sie sorgt für das Entstehen von Marginalsiedlungen.

5.31 *Vergleichen Sie anhand von M 5.43 – 5.48 die traditionelle und die moderne chinesische Stadt.*
5.32 *Entwickeln Sie mithilfe von M 5.50 ein Modell der funktionsräumlichen Gliederung der modernen chinesischen Stadt (vgl. Methodendoppelseite 36 – 37).*

M 5.50 Funktionale Stadtgliederung von Shanghai mit der Wirtschaftssonderzone Pudong

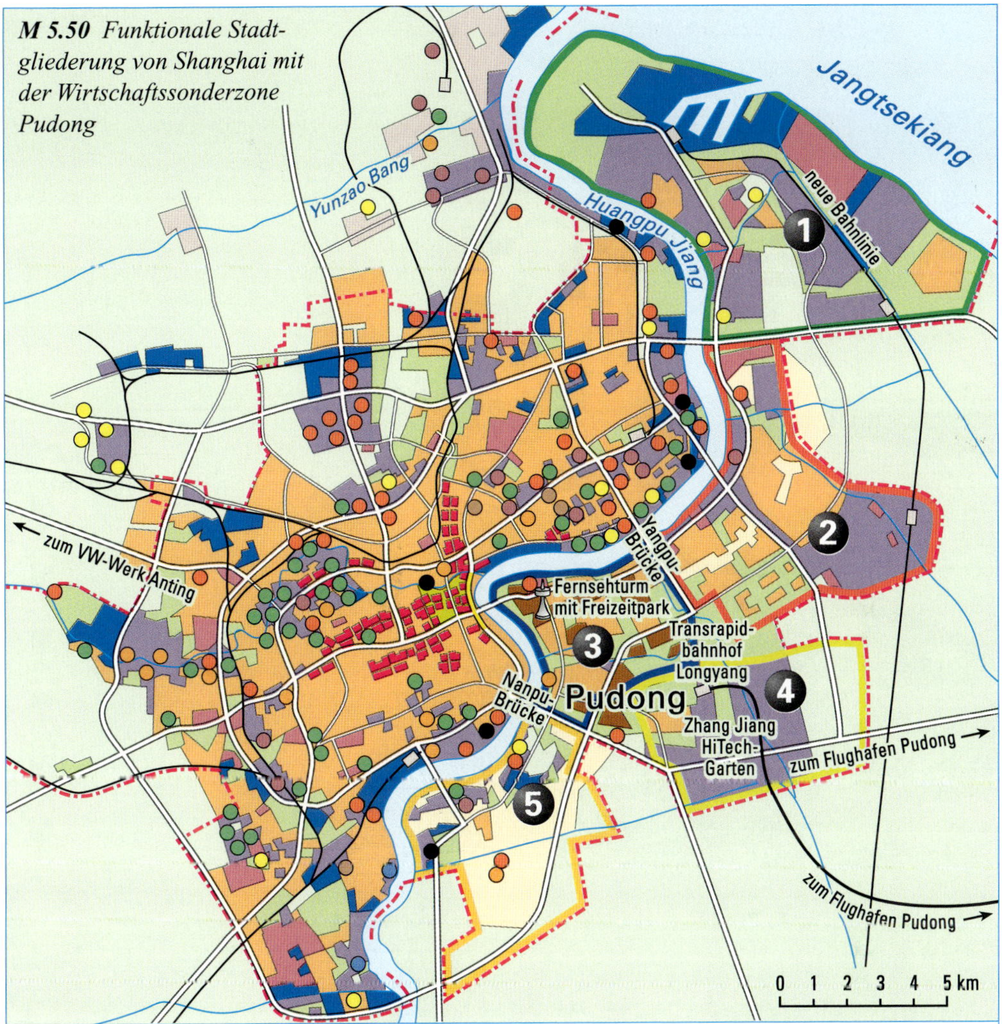

Industriestandorte

- Kraftwerk
- Schwerindustrie, Verhüttung
- Maschinenbau, Metallverarbeitung
- Elektroindustrie, Elektronik
- Chemische Industrie, Raffinerie
- Textilindustrie, Bekleidung
- Keramik, Baustoffindustrie
- Lebensmittelindustrie

Verkehr

- Eisenbahn mit wichtigem Haltepunkt
- Transrapidstrecke
- Hauptstraße
- Nebenstraße
- alte Prachtstraße „Bund"

Flächennutzung

- Industrie
- Hafen-, Lagerfläche
- öffentliche Gebäude
- Wohnungsbau
- Park, Grünanlage
- Handel, Dienstleistungen
- altes Zentrum
- Haupteinkaufsstraße
- sonstige Bebauungsfläche
- Reisfelder
- sonstiger landwirtschaftlicher Anbau, Gemüse
- Grenze zwischen der Kernstadt und dem Umland

Enwicklung der Wirtschaftssonderzone Pudong bis 2010

1. Waigaoqiao-Gaoqiao-Hafen- und Freihandelszone
2. Qingningsi-Jinqiao-Exportindustriezone: Elektronik, Maschinenbau, Textilindustrie
3. Lujiazui-Huamu-Finanz- und Dienstleistungszentrum
4. Beicai-Zhangjiang-Hightech-Industrie und Wissenschaftszentrum
5. Zhoujiadu-Liuli-Industrie- und Wohnzone

NEC

M5.51 *Mit Höchstgeschwindigkeit unter Identitätsverlust auf dem Weg zur „Schönen neuen Welt" – die chinesische Stadt*

Literatur

Aufgeführt sind nur grundlegende Werke. Über spezielle Literatur geben die Quellenangaben zu den diversen Materialien des Buches Auskunft.

Bücher

Albers, Gerd: Stadtplanung. Darmstadt: Wissenschaftliche Buchgesellschaft 1992

Bronger, Dirk: Metropolen, Megastädte, Global Cities. Die Metropolsierung der Erde. Darmstadt: Wissenschaftliche Buchgesellschaft 2004

Bundesamt für Bauwesen und Raumordnung (Hrsg.): Städte der Zukunft. Auf der Suche nach der Stadt von morgen. Werkstatt: Praxis Heft 4. Bonn 2000

Bundesministerium für wirtschaftliche Zusammenarbeit (Hrsg.): Eine Zukunft für Städte schaffen. BMZ Spezial. Berlin 2000

Fezer, Fritz: Das Klima der Städte. Perhes Geographie Kolleg. Gotha und Stuttgart: Klett-Perthes 1995

Gaebe, Wolf: Urbane Räume. Stuttgart: Ulmer 2004, UTB 2511

Gormsen, Erdmann, und *Andreas Thimm (Hrsg.):* Megastädte in der Dritten Welt. Mainz: Johannes Gutenberg Universität 1994

Hall, Peter, und *Ulrich Pfeiffer:* URBAN 21. Der Expertenbericht zur Zukunft der Städte. Stuttgart, München: Deutsche Verlags-Anstalt 2000

Heineberg, Heinz: Stadtgeographie. Grundriss Allgemeine Geographie. Paderborn, München, Wien, Zürich: Schöningh 2000. UTB 2166

Heinritz, Günter: Zentralität und zentrale Orte. Stuttgart: Teubner 1979

Hofmeister, Burkhard: Die Stadtstruktur. Darmstadt: Wissenschaftliche Buchgesellschaft 1980

Hofmeister, Burkhard: Stadtgeographie. Das geographische Seminar. Braunschweig: Westermann 1999

Köck, Helmut (Hrsg.): Städte und Städtesysteme. Handbuch des Geographieunterrichts Bd. 4. Köln: Aulis 1992

Korby, Wilfried: Das Jahrtausend der Städte. SII-Arbeitsmaterialien. Gotha und Stuttgart: Klett-Perthes 2004

Krätke, Stefan: Stadt – Raum – Ökonomie. Einführung in aktuelle Problemfelder der Stadtökonomie und Wirtschaftsgeographie. Basel, Boston, Berlin: Birkhäuser 1999

Lanz, Stefan, und *Jochen Becker:* Metropolen. Hamburg: Rotbuch Verlag 2001

Lichtenberger, Elisabeth: Stadtgeographie – Begriffe, Konzepte, Modelle, Prozesse. Stuttgart: Teubner 1998

Lichtenberger, Elisabeth: Die Stadt. Von der Polis zur Metropolis. Darmstadt: Wissenschaftliche Buchgesellschaft 2002

Schöller, Peter: Die deutschen Städte. Erdkundliches Wissen. Wiesbaden: Steiner 1980

Schwarz, Gabriele: Allgemeine Siedlungsgeographie, Teil 2: Die Städte. Berlin: de Gruyter 1989

Stemshorn, Max (Hrsg.): Dream City. Zur Zukunft der Stadträume. Ostfildern-Ruit: Hatje Cantz 2001

Stewig, Reinhard: Die Stadt in Industrie- und Entwicklungsländern. Paderborn, München, Wien, Zürich: Schöningh 1983, UTB 1247

Sukopp, Herbert, und *Rüdiger Wittig (Hrsg.):* Stadtökologie. Stuttgart: Fischer 1998

von der Ruhren, Norbert (Hrsg.): Stadt/Raumordnung. Klausur- und Abiturtraining Geographie 1. Köln: Aulis 1993

von der Ruhren, Norbert (Hrsg.): Stadt, Raumplanung. Materialien-Handbuch Geographie Bd. 5. Köln: Aulis 2000

Worldwatch Institute: Zur Lage der Welt 2002. Frankfurt am Main: Fischer Taschenbuch Verlag 2002

Zehner, Klaus: Stadtgeographie. Perthes Geographie Kolleg. Gotha und Stuttgart: Klett-Perthes 2001

Zeitschriften

Geographie und Schule, 19. Jg., Heft 109 (10/2001); (Themenheft) Suburbanisierung. Köln: Aulis

Geographie und Schule, 19. Jg., Heft 110 (12/2001), (Themenheft) Megastädte. Köln: Aulis

Geographie und Schule, 21. Jg., Heft 118 (4/2001); (Themenheft) Ökologische Stadterneuerung. Köln: Aulis

Geographie und Schule, 23. Jg., Heft 129 (2/2001); (Themenheft) Suburbanisierungsprozesse in Megastädten. Köln: Aulis

Geographie und Schule, 27. Jg., Heft 157 (10/2005); (Themenheft) Marginalsiedlungen. Köln: Aulis

Geographische Rundschau, 51. Jg., Heft 10/1999: (Themenheft) Europäische Metropolen. Braunschweig: Westermann

Geographische Rundschau, 52. Jg., Heft 7-8/2000; (Themenheft) Stadtgeographie. Braunschweig: Westermann

Geographische Rundschau, 56. Jg., Heft 4/2004; (Themenheft) Global Cities. Braunschweig: Westermann

Petermanns Geographische Mitteilungen, 145. Jg., Heft 5/2001; (Themenheft) Nachhaltige Stadtentwicklung. Gotha und Stuttgart: Klett-Perthes

Petermanns Geographische Mitteilungen, 147. Jg., Heft 4/2004; (Themenheft) Megastädte. Gotha und Stuttgart: Klett-Perthes

Praxis Geographie, 30. Jg., Heft 11/2000; (Themenheft) Die Zukunft unserer Städte. Braunschweig: Westermann

Praxis Geographie, 31. Jg., Heft 5/2001; (Themenheft) Stadt und Globalisierung. Braunschweig: Westermann

Praxis Geographie, 31. Jg., Heft 10/2001; (Themenheft) Metropolen. Braunschweig: Westermann

Internet

Megacities – innovations for Urban Life: http://www.megacitiesproject.org
Weltbank: http://worldbank.org
Megacities – Schreckbild oder Chancen für die Entwicklungsländer: http://www.1kas.de/international/konferenz02-06-17/index.html
Siedlungsentwicklung, Wohnen und Nachhaltigkeit: http://nibis.ni.schule.de/~nachsied
TU Hamburg-Harburg: Internet Ressourcen zum Thema Nachhaltige Stadtentwicklung: http://www.tu-harburg.de/b/kuehn/themen/sus.html
United Nations Centre for Human Settlement (Habitat): http://www.unchs.org
Weltkonferenz URBAN 21 – Zur Zukunft der Städte: http://www.urban21.de

Einzelbeispiele von Megacities:
Bejing: http://www.beijing.gov.cn/english/index.htm
London: http://www.london.gov.uk
Mexiko City: http://www.df.gob.mx
Moskau: http://www.md.mos.ru/eng/index.htm
New York: http://www.ci.nyc.ny.us
Paris: http://www.paris.fr
Tokyo: http://www.chijhonbu.metro.tokyo.jp/english/index.htm

Surftipp: http://www.geo-im-netz.de
Themenbeiträge, Unterrichtstipps und kommentierte Links
www.klett-verlag.de/geographie/fundamente
Internetauftritt zu diesem Buch

Glossar

(enthält nur Begriffe, die zusätzlichen Erklärungsbedarf erfordern)

A

Agenda 21:
Teildokument der ‚Deklaration von Rio' (Welt-Umweltkonferenz in Rio de Janeiro 1992); sie beschreibt Maßnahmen für das 21. Jahrhundert zur Umsetzung der dort getroffenen Umweltvereinbarungen.

Agglomeration:
Prozess der räumlichen Konzentration von Bevölkerung und/oder Arbeitsplätzen, insbesondere in der Industrie.

Altstadt:
Ältester Teil einer Stadt, in Deutschland meist im Mittelalter entstanden; die Altstadt unterscheidet sich in der Bebauung und Straßenführung deutlich von den jüngeren Erweiterungen, die häufig den Namen „Neustadt" tragen, im Gegensatz zu den Erweiterungen des 19. und 20. Jahrhunderts aber oft noch zur Altstadt gerechnet werden.

B

Ballungsgebiet:
Ein großes Gebiet, das durch die räumliche Ballung von Menschen, Gebäuden und Infrastruktureinrichtungen gekennzeichnet ist; da der Begriff vielfach mit negativen Wertinhalten (Luftverschmutzung, Verkehrsüberlastung und anderes mehr) besetzt ist, wurde er in der Raumordnung der Bundesrepublik durch den Begriff → Verdichtungsraum ersetzt.

Bauleitplan:
Von der Gemeinde aufgestellte Richtlinie (in Form von kartographischen Plänen) für die städtebauliche Entwicklung des Gemeindegebietes; es wird unterschieden zwischen vorbereitenden Bauleitplänen (→ Flächennutzungspläne) und verbindlichen Bauleitplänen (→ Bebauungspläne).

Bebauungsplan:
Teil des → Bauleitplans. Er regelt verbindlich die Art und das Maß der baulichen Nutzung einzelner Teile der Gemeinde, deswegen auch „verbindlicher Bauleitplan" genannt.

C

CBD (Central Business District):
Der zentrale Geschäftsbereich der US-amerikanischen Stadt mit einer Ballung von Einrichtungen des Tertiären Sektors, vor allem Büros, Versicherungen, Banken, Hotels und Dienstleistungseinrichtungen.

Charta von Athen:
Ein Manifest mit einem programmatischen Katalog von 95 Leitsätzen zum Städtebau, das 1933 auf einem internationalen Städtebaukongress in der Nähe von Athen entwickelt und 1941 von dem Architekten Le Corbusier veröffentlicht wurde.

City:
Der zentral gelegene Teilraum einer größeren Stadt mit einer Konzentration von Einrichtungen des Tertiären Sektors, die hochrangigen kommerziellen und kulturellen Zwecken dienen.

Conurbanisation:
Englischer Begriff für eine großstädtische Siedlungsagglomeration.

Counterurbanization:
Abnahme der Bevölkerung in den Kernstädten und dem suburbanen Raum.

D

Daseinsgrundfunktionen (Grunddaseinsfunktionen):
Grundlegende raumwirksame Aktivitäten des Menschen; im einzelnen gehören dazu: arbeiten, wohnen, sich versorgen, sich bilden, sich erholen, am Verkehr teilnehmen, in Gemeinschaft leben; der Begriff Daseinsgrundfunktionen ging aus der → Raumplanung hervor, bei der diese Funktionen besondere Berücksichtig finden müssen.

Downtown:
Die Innenstadt oder – nach unserem Sprachgebrauch – die City der US-amerikanischen Stadt; gekennzeichnet durch eine geringe Wohndichte und eine hohe Arbeitsplatzkonzentration des Tertiären Sektors.

E

Edge City:
Außenstadtzentrum mit einer stark ausgeprägten Büro- und Dienstleistungsfunktion, aber nur untergeordneter Wohnfunktion;

Edge Citys entstanden in den 1980er Jahren an der Peripherie US-amerikanischer Großstädte und finden sich heute weltweit in fast allen Metropolen der Welt.

Eingemeindung:
Verwaltungsmäßige Eingliederung einer bislang selbstständigen Gemeinde in eine größere Gemeinde; Eingemeindungen ergeben sich infolge einer städtischen Entwicklung oder werden durch die Raumplanung ingang gesetzt.

Entwicklungsachse:
Ein Instrument der Raumordnung, das durch eine Bündelung von Verkehrs- und Versorgungslinien sowie durch eine Konzentration von Siedlungen entlang dieser Achsen gekennzeichnet ist; zusammen mit den Zentralen Orten bildet das Konzept der Entwicklungsachsen das raumordnerische Instrument des „punkt-axialen Systems“.

F

Flächennutzungsplan:
Teil des → Bauleitplans einer Gemeinde; er legt fest, wie die Gemeindefläche nach den voraussehbaren Bedürfnissen genutzt werden soll.

Formeller Sektor:
Im Gegensatz zum → informellen Sektor jener Zweig der Wirtschaft, der steuerlich erfasst ist und durch gesetzliche Vorschriften oder Auflagen geregelt wird.

Fragmentierung einer Stadt:
„Zerbrechen“ bzw. Auflösen einer Stadt in sozial stark gegensätzliche Viertel, oft ausgelöst durch die Abwanderung der Ober- und Mittelschichten in die Suburbs bzw. die Ansiedlung von Gruppen der Unterschicht in → Marginalvierteln.

G

Gartenstadt:
Eine geplante, mit Grünflächen durchsetzte Stadt, die vorwiegend zur Entlastung industrieller Ballungsräume entworfen wurde.

Gated Communities:
Enklaven des gehobenen Lebensstils, die sozialräumlich deutlich von den anderen Stadtgebieten abgegrenzt sind; sie entstanden/entstehen durch die Abwanderung der oberen Einkommensgruppen aus den → Innenstädten und ihre Ansiedlung in landschaftlich bevorzugten Stadtrandlagen; der Zugang zu diesen Wohnvierteln ist in der Regel nur den Bewohnern (mit elektronischer Kennkarte) möglich.

Gebietskategorie:
Unterteilung des Bundesgebietes aus raumordnerischer Sicht in Gebiete unterschiedlicher struktureller Merkmale; unterschieden werden z. B.: „ländliche Räume“, „Verdichtungsräume“, „verstädterte Räume“ oder „schwach strukturierte Räume“.

Gentrification:
Aufwertungsprozess von Stadtteilen durch eine aufwändige Sanierung (Luxussanierung) von Gebäuden – meist verbunden mit der Verdrängung einkommensschwacher Bevölkerungsgruppen.

Getto (amerikanisch ghetto):
Wohnviertel von ethnischen und sozialökonomischen Minderheiten; ursprünglich ein Ausdruck für Judenviertel in orientalischen, später auch in europäischen Städten.

Global City:
Eine → Weltstadt mit besonders starker Integration in die Weltwirtschaft; Kriterien, die eine Global City kennzeichnen: hohe Einwohnerzahl, internationales Finanzzentrum, Standort von Hauptquartieren oder Regionalzentren multinationaler Unternehmen, Sitz großer internationaler Institutionen, Knotenpunkt internationaler Transportnetze.

Globalisierung:
Seit Ende des 20. Jahrhunderts besonders dynamisch ablaufender Prozess, in dem Produktion, Handel mit Gütern und Dienstleistungen, Kapital, Kommunikation und Technologie über nationale Grenzen hinweg in einem ‚Weltbinnenmarkt‘ zusammenwachsen.

Großstadt:
In der amtlichen deutschen Statistik eine Stadt mit mindestens 100 000 Einwohnern.

Großwohnsiedlung:
Planmäßig errichtete große Wohnsiedlung im Randbereich von Städten; Großwohnsiedlungen wurden verstärkt ab Mitte der 1960er Jahre angelegt, um neuen Wohnraum zu schaffen, die Suburbanisierung zu lenken und eine Zersiedelung des städtischen Umlandes zu vermeiden.

I

Informeller Sektor:
Jener Zweig/Sektor der Wirtschaft, der weder von der Steuer erfasst noch von anderen gesetzlichen Vorschriften geregelt wird; als ‚Schattenwirtschaft' kommt der informelle Sektor besonders häufig in den Entwicklungsländern vor (z.B. Schuhputzer, Kinderarbeit in der Teppichindustrie).
Infrastruktur:
Gesamtheit der Einrichtungen eines Raumes, die die Grundlage für die wirtschaftlichen Tätigkeiten in diesem Raum darstellen, z. B. Verkehrseinrichtungen, Einrichtungen des Bildungswesens, Ver- und Entsorgungseinrichtungen.
Innenstadt:
Baulicher und funktionaler Kernbereich einer Stadt; der Begriff Innenstadt wird in der Literatur zumeist nicht klar definiert und nicht sauber abgegrenzt von anderen Bezeichnungen für zentral gelegene Standorträume einer Stadt, wie z. B. Stadtkern, Stadtmitte oder → Central Business District (CBD); in der Regel umfasst die Innenstadt die City, die Altstadt sowie frühe Stadterweiterungen des 19. Jh.s.

K

Kernstadt:
Innerhalb einer städtischen Agglomeration die zentrale Stadt in ihren Verwaltungsgrenzen.
Kleinstadt:
In der amtlichen deutschen Statistik eine Stadt mit bis zu 20 000 Einwohnern.
Konversion:
Umwandlung ehemals militärischer Flächen und Anlagen für zivile Nutzungen; in den Ländern der früheren Sowjetunion und den ehemaligen Ostblockstaaten insbesondere die Umstellung von Betrieben der Rüstungsindustrie auf die Produktion von Zivilgütern.

L

Landflucht:
Wanderungsbewegung größeren Ausmaßes aus dem ländlichen Raum in Städte, ausgelöst in der Regel durch unzureichende Lebensbedingungen auf dem Land.
Luxussanierung: → Gentrification

M

Mall:
Shopping Center am Rand von (besonders US-amerikanischen) Großstädten „auf der grünen Wiese" mit Waren- und Kaufhäusern, einem großen Parkraumangebot und vielfach auch Vergnügungs- bzw. Freizeiteinrichtungen.
Marginalisierung:
Abdrängung von Bevölkerungsgruppen an den Rand der Gesellschaft, die dort vielfach am Rande des Existenzminimums leben.
Marginalsiedlung:
Hüttensiedlung am Rande von Städten und innerstädtische Slums in Ländern der Dritten Welt.
Megalopolis:
Aus mehreren Großstädten zusammengewachsene Riesenstadt; im engeren Sinne die Städteballung im Nordosten der USA zwischen Boston und Washington.
Megapolisierung:
Konzentration von Bevölkerung und Funktionen eines Landes in einer Megastadt.
Megastadt:
Großstadt bzw. Metropole mit einer Bevölkerung von mehr als 5 Mio. Einwohnern, einer hohen Bevölkerungsdichte (über 2000/km²) sowie einer monozentrischen Struktur.
Metropole:
Hauptstadt eines Landes oder Millionenstadt mit herausragenden politischen, wirtschaftlichen, kulturellen und gesellschaftlichen Funktionen.
Metropolisierung:
Verstädterungsprozess, besonders in den Entwicklungsländern, der auf eine einzige Stadt, meist die Hauptstadt, ausgerichtet ist, sodass diese zur das ganze Land beherrschenden Metropole wird.
Metropolregion:
Ein → Agglomerationsraum mit mindestens 1 Mio. Einwohnern, der sich – gemessen an wirtschaftlichen Kriterien wie Wettbewerbsfähigkeit, Wertschöpfung, Wirtschaftskraft und Einkommen – besonders dynamisch entwickelt und international besonders heraushebt; in Deutschland zählen laut Beschluss der Ministerkonferenz für Raumordnung (MKRO) folgende Räume als Metropolregionen:

Hamburg, Rhein-Ruhr, Rhein-Main, Stuttgart, München, Berlin und das so genannte „Sachsendreieck" (Dresden, Chemnitz, Halle/Leipzig).

Migration (Wanderung):
Nach der amtlichen deutschen Statistik jeder Wechsel des Wohnsitzes, bei dem die Gemeindegrenze überschritten wird; im weiteren Sinne Wanderbewegungen größerer Bevölkerungsgruppen, ausgelöst z. B. durch Krieg und existenzielle Not.

Mittelstadt:
In der amtlichen deutschen Statistik eine Stadt mit einer Einwohnerzahl von 20 000 bis 100 000.

Mobilität:
Die Fähigkeit und Bereitschaft des Menschen zu Veränderungen, insbesondere des Wohnstandortes; man unterscheidet zwischen räumlicher Mobilität (Binnenwanderung, Ein- und Auswanderungen) und sozialer Mobilität (sozialer Aufstieg und sozialer Abstieg); in der heutigen Industrie- und Dienstleistungsgesellschaft wird die Fähigkeit zur Mobilität zunehmend immer wichtiger, ist es doch infolge der ständigen Neuerungen besonders erforderlich, sich räumlich und beruflich zu verändern.

N

Nachhaltige Stadtentwicklung:
Ressourcenschonender und umweltverträglicher Städtebau; Ziel einer nachhaltigen Stadtentwicklung ist es, die städtischen Lebensverhältnisse zu verbessern, ohne die Chancen künftiger Generationen einzuschränken.

New Town:
Stadt, die im 19. und besonders im 20. Jahrhundert nach modernen funktionalen Gesichtspunkten geplant und – meist auf der ‚grünen Wiese' – erbaut wurde.

O

Ökologischer Fußabdruck:
Methode zur Erkennung und Quantifizierung der Umweltauswirkungen bestimmter menschlicher Aktivitäten; mit dem ökologischen Fußabdruck lässt sich insbesondere der Ressourcenverbrauch des Menschen bildlich in Form des Flächenverbrauchs darstellen – mit dem Ziel, Bewertungskriterien für ein ressourcenschonendes und nachhaltiges Wirtschaften zu entwickeln.

Ökosystem:
Eine Funktionseinheit, die sich aus biotischen (lebenden) und abiotischen (unbelebten) Faktoren zusammensetzt; diese Faktoren stehen in Wechselwirkung zueinander und bilden ein Wirkungsgefüge, z. B. Wälder, Flüsse, aber auch Städte.

ÖPNV (Öffentlicher Personennahverkehr):
Personenverkehr mit öffentlichen Verkehrsmitteln.

P

Pavement Dweller:
Obdachlose Menschen, die ohne ein Dach über dem Kopf an Straßenrändern und auf Bürgersteigen hausen.

Pendler:
Person, die regelmäßig eine größere Entfernung zurücklegt, um zum Arbeits- oder Ausbildungsplatz zu gelangen, da dieser nicht in der Wohngemeinde liegt.

Primacy (Primatstellung):
Existenz einer überragenden Stadt gegenüber den nächst größeren Städten eines Landes; von demographischer Primacy spricht man, wenn diese so genannte → Primatstadt die nächst größeren Städte bevölkerungsmäßig überragt, von funktionaler Primacy, wenn die ausgeprägte Dominanz – zusätzlich zum Bevölkerungsübergewicht – in allen Lebensbereichen besteht; bezieht sich die funktionale Primacy nicht nur auf die nationale, sondern auch auf die globale Maßstabsebene, spricht man von globaler Primacy.

Primatstadt:
Eine Großstadt, die hinsichtlich ihrer Einwohnerzahl und Bedeutung alle anderen Städte eines Landes deutlich übertrifft.

Pull-Faktoren:
Gründe, die für die Bevölkerung oder Wirtschaft anziehend wirken und damit eine Wanderbewegung auslösen; im engeren Sinne die Anziehungskraft der großen Städte in den Entwicklungsländern auf die Bevölkerung in den ländlichen Räumen.

Push-Faktoren:
Gründe, die die Bevölkerung oder die Wirtschaft zum Abwandern bewegen, vor allem die unzureichenden Lebensumstände und Einkommensmöglichkeiten in den ländlichen Räumen der Entwicklungsländer.

Q

Quartered City:
Kritische Bezeichnung für die Zergliederung einer Stadt in mehrere schichtspezifische Viertel bzw. Enklaven (Quartiere) – Ergebnis einer sozialen Entmischung bzw. → Segregation.

R

Raumordnung:
Die in einem Raum (Staatsgebiet) angestrebte räumliche Ordnung von Siedlungen, Wirtschafts- und Infrastruktureinrichtungen etc.

Raumordnungspolitik:
Gesamtheit der staatlichen Maßnahmen zur planmäßigen Gestaltung eines Raumes; Ziel der Raumordnungspolitik ist es, ein Miteinander der im Raum wirkenden wirtschaftlichen und gesellschaftlichen Kräfte zu ermöglichen und das Leben der Menschen – auch künftiger Generationen – zu sichern.

Raumplanung:
Sammelbezeichnung für alle planerischen Maßnahmen zur Raumentwicklung auf den verschiedenen Ebenen (Land, Region, Gemeinde).

Reichweite:
Begriff aus der Sozialgeographie, mit dem der Einzugsbereich eines → Zentralen Ortes umrissen wird.

S

Segregation:
Prozess der räumlichen Trennung und Abgrenzung unterschiedlicher gesellschaftlicher Gruppen, Ethnien, Religionsgemeinschaften etc.

Slum:
Elendssiedlung, meist in den Großstädten der Entwicklungsländer; man unterscheidet die innerstädtischen Elendssiedlungen (Slums im engeren Sinne) und die randstädtischen Elendssiedlungen (Marginalsiedlungen).

Smog:
Durch Zusammenziehung von ‚smoke' (Rauch) und ‚fog' (Nebel) gebildetes Wort; es bezeichnet eine dunstige Luftmasse mit einer erhöhten Schadstoffkonzentration.

Sozialistische Stadt:
Bezeichnung für einen Stadttyp in den ehemals sozialistischen Ländern, der hinsichtlich seiner Physiognomie, Struktur und Funktion die wirtschaftlichen, sozialen und ideologischen Grundzüge des Sozialismus widerspiegelte; wichtige Elemente: Zentraler Platz und Magistralen für politische Kundgebungen und militärische Aufmärsche.

Squattersiedlung:
Hüttensiedlung, vor allem am Rande großer Städte in den Entwicklungsländern, die auf fremdem Boden ohne Erlaubnis der Behörden oder des Besitzers errichtet wird.

Stadtklima:
Lokales Klima, das sich in größeren Städten und Ballungsräumen entwickelt; die fehlende Vegetation, die Versiegelung großer Flächen und die Wärme- und Abgaserzeugung aus Haushalten, Verkehr und Industrie bewirken spürbare klimatische Unterschiede zur umgebenden Landschaft.

Stadtökologie:
Wissenschaftliche Untersuchung der geo- und/oder bioökologischen Funktionszusammenhänge im Lebensraum Stadt.

Stadtplanung:
Im weitesten Sinne die Raumplanung auf Gemeindeebene;
Aufgabe der Stadtplanung ist es, für das Stadtgebiet einen → Flächennutzungsplan aufzustellen, d. h. es in bestimmte Funktionsbereiche aufzuteilen (Wohnen, Gewerbe, Verkehr, Naherholung) und in einem zweiten Schritt verbindliche → Bebauungspläne festzuschreiben.

Stadtrecht:
Das einer Siedlung verliehene Recht den Titel „Stadt" zu führen, meist von früheren Landesherren als Privileg verliehen; zu den mit dem Stadtrecht verbundenen Privilegien gehören u. a. das Recht zur Selbstverwaltung und Befestigung, das Markt-, Stapel-, Zoll- und Münzrecht.

Stadtregion:
Modell, mit dem die Verflechtungen zwischen einer Stadt und ihrem Umland erfasst und dargestellt werden; in dem Begriff soll vor allem zum Ausdruck kommen, dass im Zuge der Landflucht bzw. → Suburbanisierung die ehemals klaren Gegensätze zwischen Stadt und Land heute verwischt sind.
Stadtsanierung:
Sammelbegriff für Maßnahmen, die der Behebung städtebaulicher Missstände sowie der Erneuerung und der Erhaltung der Funktionsfähigkeit von Stadtteilen dienen.
Städtenetze:
Kooperationsformen benachbarter Städten einer Region mit dem Ziel, die Potenziale zu bündeln, um gemeinsame Aufgaben besser erfüllen zu können; Städtenetze sind dadurch gekennzeichnet, dass die Kommunen bzw. Städte als Partner agieren, d. h. freiwillig und gleichberechtigt Potenziale und Aktivitäten bündeln.
Stoffflussanalyse:
Methode zur Erfassung der Güter- und Stoffflüsse zwischen der Anthroposphäre, d. h. der vom Menschen gestalteten Welt, und der natürlichen Umwelt; mit Hilfe technisch-naturwissenschaftlicher Kriterien werden Prozesse und Lager (sie entstehen durch die Anhäufung von Gütern und Stoffen) sowie deren Veränderungen erfasst; Ziel der Stoffflussanalyse ist es, den Ressourcenverbrauch des Menschen zu erfassen und so Bewertungskriterien für ein nachhaltiges Wirtschaften zu gewinnen.
Suburb:
Gemeinde im suburbanen, d. h. im Einflussbereich einer größeren Stadt liegenden Raum mit einer Einwohnerzahl von mindestens 5 000.
Suburbanisierung:
Flächenhaftes Wachstum der Städte am Stadtrand, vor allem durch Abwanderung der Wohnbevölkerung aus dem inneren Stadtgebiet, häufig über die Stadtgrenzen hinaus ins nahe Umland.

T

Tertiärer Sektor (Dienstleistungssektor):
Er umfasst alle Berufsgruppen, die Dienstleistungen erbringen, z. B. Handel, Verkehr, Verwaltung, Bildungswesen sowie die freien Berufe wie Ärzte, Rechtsanwälte etc.
Tertiärisierung:
Veränderung von Arbeitsplätzen des Sekundären Sektors durch wachsende Dienstleistungsaufgaben; Ersatz von Arbeitsplätzen des Primären und Sekundären Sektors durch solche des Tertiären Sektors.

U

Umland (Stadt-Umland):
Bezeichnung für einen (unscharf) abgegrenzten Raum außerhalb einer Stadt oder eines Zentralen Ortes, der enge Verflechtungen mit dem Zentrum aufweist (→ Stadtregion).
Urbanisierung:
Häufig synonym verwendeter Begriff zu → Verstädterung; im engeren Sinne meint Urbanisierung die Ausbreitung städtischer Lebens- und Bauformen in ehemals ländlichen Gebieten.
Urban Sprawl (→ Zersiedlung):
Weitgehend ungegliedertes Flächenwachstum von Städten über die Stadtgrenzen hinaus.

V

Verdichtungsraum:
Raum mit einer Konzentration von Bevölkerung, Arbeitsstätten, Infrastruktureinrichtungen etc.; in der amtlichen deutschen Statistik durch bestimmte Abgrenzungskriterien (Mindestfläche, Mindesteinwohnerzahl und anderes mehr) festgelegt.
Verstädterung:
1. Wachstum der Städte eines Landes hinsichtlich ihrer Einwohnerzahl und/oder Fläche,
2. Vermehrung der städtischen Siedlungen eines Landes,
3. Wachsen des Anteils der Menschen, die in Städten leben, an der Gesamtbevölkerung eines Landes.

Verstädterungsgrad:
Maßzahl zur Darstellung des Ausmaßes der Verstädterung eines Landes; sie gibt den prozentualen Anteil der Stadtbevölkerung an der Gesamtbevölkerung an.
Verstädterungsrate:
Maßzahl zur Angabe des Wachstums der Verstädterung eines Landes; sie gibt den Zuwachs der Verstädterung bzw. des → Verstädterungsgrades an.

W

Weltstadt:
Eine Stadt mit einer großen Einwohnerzahl (meist über eine Mio.) und überragender internationaler Bedeutung; vielfach Vorstufe einer → Global City.

Z

Zentraler Ort:
Eine Stadt mit überregionaler Bedeutung, in der Dienstleistungen und Güter über den Eigenbedarf ihrer Bewohner hinaus angeboten werden; in der Raumordnung und Landesplanung unterscheidet man entsprechend der jeweiligen Bedeutung des Zentralen Ortes zwischen Unterzentren, Mittelzentren und Oberzentren.
Zentralität:
Bedeutung einer Stadt für ihr Umland; der Grad der Zentralität ergibt sich aus dem Grad des Bedeutungsüberschusses einer Stadt, d.h. aus der Quantität und Qualität von Diensten und Gütern, die für einen Einzugsbereich, der über die Stadt hinausgeht, angeboten werden.
Zersiedlung:
Flächenhafte, oft ungeordnete Ausbreitung von Siedlungsteilen, wodurch das Landschaftsbild oft nachhaltig gestört wird (→ Urban Sprawl).

Register (G) – im Glossar erklärt

Bildnachweis

Aéroports de Paris: S. 150, M 5.2d (Halary); Agenda, Hamburg: S. 73, M 2.87 (Boethling); Andersson, o.A.: S. 93, M 3.33; AP, Frankfurt a.M.: S. 13, M 1.13 (Aurora/ Clark); Argum, München: S. 4, M 1.1 links unten (Einberger); Bilderberg, Hamburg: S. 4, M 1.1 oben (Enders), S. 148, M 5.1: Harmonische Stadt (Engler); Böhn, Würzburg: S. 176, M 5.51 links Mitte; Braun, Bamberg: S. 128, M 4.41; Brehm, Waiblingen: S. 22, oben; Brodengeier, Dresden: S. 176/177, M 5.51 Hintergrundbild; BW Photoagentur, München: S. 148, M 5.1: Telematische Stadt (Wild); Caro Fotoagentur, Berlin: S. 148, M 5.1: Gated Community (Kaiser); S. 166, M 5.33 (Kaiser); CentrO,Oberhausen: S. 45, M 2.27: Logo; Corbis, Düsseldorf: S. 5, M 1.1 unten links (Corwin), S. 61, M 2.62 (Arthus-Bertrand), S. 148, M 5.1: Stadt der Zukunft (Bognár), S. 155, M 5.11a (Yamashita), S. 155, M 5.11b (Saba/Wagner), S. 156, M 5.12a (Arthus-Bertrand), S. 156, M 5.12b (Lovell), S. 156, M 5.12c (Fuste Raga), S. 158, M 5.15 (Mooney), S. 160, M 5.21 (Crump); Daniel, Kerpen: S. 58, M 2.51; Das Fotoarchiv, Essen: S. 8. M 1.4 (Sackermann); Deutscher Entwicklungsdienst, Bonn: S. 6, M 1.2 (Neumann); Dollinger und Galitz Verlag, Hamburg: S. 49, M 2.34 Eventlabs GmbH, Hamburg: S. 20, M 1.30; f1 online digitale Bildagentur, Frankfurt a.M.: S. 148, M 5.1I (URF); Flüchter, Bochum: S. 148, M 5.1: Ausbreitung der Städte; Fondation Le Corbusier, Paris F: S. 47, M 2.31 a und b (VG Bild-Kunst, Bonn 2005); Glowinski, Berlin: S. 176, M 5.51 links unten; Grohe, Kirchentellinsfurt: S. 13, M 1.14; Haas, Zürich: S. 14, M 1.15; Hahn, Stuttgart: S. 4, M 1.1 unten; Hebestreit, Erfurt: S. 115, M 4.15; Hild, Vögelsen: S. 150, M 5.2b; Jäckel, Erfurt: S. 162, M 5.26; Janoschka, Frankfurt a.M.: S. 148, M 5.1: Schrumpfende Stadt; Japan Graphic Inc., Tokyo J: S. 5, M 1.1 rechts oben; Jehle, Karlsruhe: S. 169, M 5.39; Klett-Archiv, Stuttgart: S. 41, M 2.20; Kluyver, Hamburg: S. 20, M 1.31; Kölnarena, Köln: S. 148, M 5.1: Schöne neue Welt; Kraus, Wäschenbeuren: S. 5, M 1.1 unten rechts; Kreus, Aachen: S. 38, M 2.12 alle Fotos; Kroß, Bochum: S. 150, M 5.2c; laif Bildarchiv, Köln: S. 171, M 5.42 (Bialobrzeski); Landesarchiv, Berlin: Titelbild oben Landesmedienzentrum Baden-Württemberg, Stuttgart: S. 125, M 4.36b; Luftbild & Pressefoto, Berlin: S. 107, M 4.1; luftbild-design.de, Düsseldorf: S. 112, M 4.17 (Kuttler&Schnieders); Maresch, Rutesheim: S. 4/5, M 1.1 Bund unten; Mauritius, Mittenwald: S. 5, M 1.1 oben (Mehlig); Müller, Würzburg: S. 177, M 5.51 rechts Mitte und unten; Newig, Flintbek: S. 4/5, M 1.1 Bund oben; Partner für Berlin, Berlin: Titelbild unten, S. 52, M 2.39 (FTB-Werbefotografie); Paumann, Wien A: S. 97, M 3.41; Picture-Alliance, Frankfurt a.M.: S. 17, M 1.21 (dpa); S. 148, M 5.1: Traumatische Stadt (dpa); Presse- und Informationsamt der Stadt Frankfurt a.M.: S. 80, M 3.3; Pyritz, Schloß Holte-Stukenbrock: S. 116, M 4.18 und 4.19; Reinke, Kamen: S. 55, M 2.46; Reiter, München: S. 10, M 1.7; RKW, Düsseldorf: S. 115, M 4.16 (Esch); Römisch-Germanisches Museum, Köln: S. 40, M 2.16 Rother, Schwäbisch Gmünd: S. 4, M 1.1 links oben; S. 148, M 5.1: Polarisierung, S. 176, M 5.51 links oben, S. 177, M 5.51 rechts oben; SI-Centrum, Stuttgart: S. 130, M 4.45 Logo, S. 131, M 4.47; Siemens AG, München: S. 12, M 1.11, S. 172, M 5.54;

Simmons Aerofilms Ltd., Cheddar GB: S. 43, M 2.22;
Stadt Bretten: S. 108, M 4.2;
Stadt Freiburg i.Br.: S. 102, M 3.50;
Stadt Köln: S. 51, M 2.37a (Richard), S. 51, M 2.37b (Bosse);
Stadtplanungsamt Düsseldorf: S. 113, M 4.10;
STEG, Görlitz: S. 123, M 4.33a und b;
Steinhart, o.A.: S. 11, M 1.10 (Bar-On-Steinhart);
Stuttgarter Luftbild Elsässer, Ennepetal: S. 20, M 1.29;
Technologie-Region K.E.R.N. e.V., Rendsburg: S. 146, M 4.76;
Testermale, o.A.: S. 94, M 3.34
Transglobe Agency, Hamburg: S. 5, M 1.1 rechts unten (Ehlers);
Umweltamt der Stadt Stuttgart: S. 84, M 3.9a und b, S. 88, M 3.21;
Vario-Press, Bonn: S. 150, M 5.2a (Classen); S. 159, M 5.18 (Baumgarten);
Visma GmbH, Stuttgart: S. 125, M 4.36a;
von der Ruhren, Aachen: S. 67, M 2.74; S. 70, M 2.80; S. 74, M 2.91;
wir, vier-Städtequartett Damme, Diepholz, Lohne, Vechta: S. 143, M 4.71;

Kartennachweis

S. 38, M 2.15: Landesvermessungsamt NRW, Bonn, 1119/2005;
S. 44, M 2.25: Landesvermessungsamt NRW, Bonn, 1069/2005;
S. 45, M 2.27, Karte: Staatsbibliothek zu Berlin –Preußischer Kulturbesitz, Kartenabteilung (Reprogrundlage);
S. 46, M 2.29: Regionalverband Ruhr, Essen;
S. 54, M 2.47: Wista-Managment GmbH, Berlin;
S. 55, M 2.45: Senatsverwaltung für Stadtentwicklung, Berlin (nach: Karte der Stadtumbaugebiete, Förderkulisse Stadtumbau Ost);
S. 71, M 2.82: Wissenschaftliche Buchgesellschaft, Darmstadt (aus: Bronger, D. (2004): Metropolen, Megastädte, Global Cities. WBG,Darmstadt, S. 160);
S. 110, M 4.4: Ausschnitt aus Köln-Atlas 1:15000, mit Genehmigung der Stadt Köln, Amt für Liegenschaften, Vermessung und Kataster vom Mai 2005;
S. 113, M 4.9: Stadtplanungsamt Düsseldorf (nach: Entwicklungsgebiete Düsseldorf, Bereich Bahnhof Bilk und Wehrhahnlinie);
S. 117, M 4.22: Institut für Geographie der Universität Gießen (aus: Christiansen, T. und Gumm, T. (2003): Kurzer Weg zum Ideal. In: Rheinischer Merkur, Nr. 40, 02.10.2003, S. 18);
S. 118, M 4.24, S. 119, M 4.27, S. 120, M 4.28, S. 121, M 4.30: Amt für Stadtentwicklung, Karlsruhe;
S. 128, M 4.41: Braun, Bamberg (nach: Braun, B. (2002): Zentrenentwicklung im internationalen Vergleich: Nordamerika – Australien – Europa. In: Mayr, A. (Hrsg.): Stadt und Region. Dynamik von Lebenswelten. Tagungsbericht und wissenschaftliche Abhandlungen 53. Geographentag Leipzig. Leipzig, Deutsche Gesellschaft für Geographie, S. 195–209;
S. 134, M 4.54 a und b, S. 135, M 4.55, S. 136, M 4.56, S. 141, M 4.67, S. 145, M 4.74, S. 164, M 5.29a und b: Bundesamt für Bauwesen und Raumordnung, Bonn (M 4.56 nach: Adam, B. und Gödecke-Stellmann. J: Metropolregionen – Konzepte, Definitionen und Herausforderungen. Bonn, Informationen zur Raumordnung, H. 9/2002, S. 514, 518; M 4.67 und M 5.29a und b aus bzw. nach Raumordnungsbericht 2005);
S. 165, M 5.30: Büro Philipp Oswald, Berlin (Bearbeitung: Tim Rieniets);

Hinweis:
Nicht in allen Fällen war es möglich, die Rechteinhaber der Ausstattungselemente ausfindig zu machen. Berechtigte Ansprüche werden selbstverständlich im Rahmen der üblichen Vereinbarungen abgegolten.